Arbeitsrechtliche Aspekte der Arbeitnehmerähnlichen im Rundfunk

Studien zum deutschen und europäischen Medienrecht

herausgegeben von Dieter Dörr und Udo Fink

mit Unterstützung der Dr. Feldbausch Stiftung

Bd. 23

PETER LANG
Frankfurt am Main · Berlin · Bern · Bruxelles · New York · Oxford · Wien

Johannes Gerhard Reitzel

Arbeitsrechtliche Aspekte der Arbeitnehmerähnlichen im Rundfunk

PETER LANG
Europäischer Verlag der Wissenschaften

Bibliografische Information der Deutschen Nationalbibliothek
Die Deutsche Nationalbibliothek verzeichnet diese Publikation in
der Deutschen Nationalbibliografie; detaillierte bibliografische
Daten sind im Internet über <http://www.d-nb.de> abrufbar.

Zugl.: Mainz, Univ., Diss., 2006

D 77
ISSN 1438-4981
ISBN 978-3-631-55900-0
© Peter Lang GmbH
Europäischer Verlag der Wissenschaften
Frankfurt am Main 2007
Alle Rechte vorbehalten.

Das Werk einschließlich aller seiner Teile ist urheberrechtlich
geschützt. Jede Verwertung außerhalb der engen Grenzen des
Urheberrechtsgesetzes ist ohne Zustimmung des Verlages
unzulässig und strafbar. Das gilt insbesondere für
Vervielfältigungen, Übersetzungen, Mikroverfilmungen und die
Einspeicherung und Verarbeitung in elektronischen Systemen.

www.peterlang.de

VORWORT

Lang andauernde, sich wiederholende Tätigkeiten einzelner Personen für ein Rundfunkunternehmen müssen nicht zwangsläufig im Rahmen eines Arbeitsverhältnisses erledigt werden. Neben dem Arbeitsverhältnis kommt ein freies Mitarbeiterverhältnis in Betracht, sofern der Mitarbeiter programmgestaltend tätig ist. Nach einer Reihe von Entscheidungen des Bundesarbeitsgerichts zu Beginn der achtziger Jahre, die noch – weg von der freien Mitarbeit – zum Arbeitnehmerschutz tendierten, hat das Bundesverfassungsgericht aufgrund der Rundfunkfreiheit und der damit gebotenen Programmvielfalt für die Möglichkeit programmgestaltender, freier Mitarbeit entschieden.

Die Arbeit beschäftigt sich mit den freien Mitarbeitern, die zu den Rundfunkunternehmen, wenn nicht in persönlicher, so aber doch in wirtschaftlicher Abhängigkeit stehen, also mit den arbeitnehmerähnlichen Personen. Insbesondere zeigt die Arbeit, welche Umstände einen freien Mitarbeiter als arbeitnehmerähnlich qualifizieren und wie dieser Mitarbeiter im Vergleich zu seinen Arbeitnehmer-Kollegen unter Berücksichtigung der bestehenden Tarifverträge behandelt wird.

Die vorliegende Arbeit wurde im Frühjahr 2006 vom Fachbereich Rechts- und Wirtschaftswissenschaften der Johannes Gutenberg-Universität als Dissertation angenommen. Ich danke Frau Professor Dr. Dagmar Kaiser für die vielfältigen Anregungen und ihre sorgsame Betreuung der Dissertation. Ebenso möchte ich ihr und Herrn Professor Dr. Dr. h.c. Dr. h.c. Horst Konzen für die rasche Erstellung der Gutachten danken.

Ich widme diese Arbeit meiner Frau, meiner Familie und meinen Freunden, die meinen Werdegang begleitet und mich immer unterstützt haben.

Mainz, im Oktober 2006   Johannes Reitzel

INHALTSVERZEICHNIS

Vorwort 5

Übersicht der verwendeten Tarifverträge 13

Abkürzungsverzeichnis 15

Einleitung 19

Erstes Kapitel: Grundlagen arbeitnehmerähnlicher Beschäftigung im Rundfunk 21

A. Beschäftigte als Arbeitnehmerähnliche 21
    I. Abgrenzung zwischen Arbeitnehmer und freiem Mitarbeiter 21
        1. Bezeichnung im Vertrag als Ausgangspunkt 22
        2. Abgrenzung anhand des zugrunde liegenden Schuldverhältnisses 23
        3. Unabhängige Dienstleistung und abhängige Arbeitsleistung 23
    II. Abgrenzung zwischen freiem Mitarbeiter und Arbeitnehmerähnlichem 27
        1. Unabhängige Dienstleistung 27
        2. Wirtschaftliche Abhängigkeit und soziale Schutzbedürftigkeit 27
        3. Arbeitnehmerähnlichkeit durch autonome Begriffsbestimmung? 29
    III. Zusammenfassung 30

B. Grundlagen der Beschäftigung 30
    I. Verträge zwischen Beschäftigten und Unternehmen 30
        1. Zugrundeliegender Vertragstypus 30
        2. Umfassendes Dauerschuldverhältnis 31
        3. Praxis der Rundfunkunternehmen 32
    II. Tarifstruktur 33
    III. Zusammenfassung 34

Zweites Kapitel: Unterschiede zwischen Arbeitnehmerähnlichem und Arbeitnehmer 36

A. Materiellrechtliche Unterschiede 36
    I. Begründung des Beschäftigungsverhältnisses 36

1. Zustandekommen 36
   a) Abschlussfreiheit 37
   b) Verbot geschlechtsbezogener Benachteiligung,
      § 611 a BGB 38
   c) Zugrunde liegender Vertragstypus 39
   d) Formerfordernisse 41
   e) Anwendung der §§ 307 ff. BGB 43
   f) Ergebnis 44
2. Fehlerhafte Begründung 45
   a) Nichtigkeit 45
   b) Anfechtung 47
   c) Rechtsfolgen 50
   d) Zusammenfassung 55
3. Ergebnis 56

II. Pflichten des Beschäftigten 57
1. Höchstpersönlichkeit der Leistungsverpflichtung 57
2. Arbeitszeit (Umfang, Lage, Überstunden) 59
   a) Situation der Arbeitnehmer 59
   b) Situation der Arbeitnehmerähnlichen 64
   c) Ergebnis 78
3. Befreiung von der Leistungspflicht 79
   a) Situation der Arbeitnehmer 80
   b) Situation der Arbeitnehmerähnlichen 88
   c) Ergebnis 104
4. Ort der Arbeitsleistung 105
   a) Situation der Arbeitnehmer 106
   b) Situation der Arbeitnehmerähnlichen 106
   c) Ergebnis 108
5. Schlechtleistung des Beschäftigten 109
   a) Keine Gewährleistungspflicht des Arbeitnehmers 109
   b) Gewährleistungspflicht des Arbeitnehmerähnlichen 109

6. Nebenpflichten der Beschäftigten	112
a) Verhaltenspflichten und Loyalitätsobliegenheiten; Treuepflichten	112
b) Wettbewerb und Nebentätigkeit	116
7. Zusammenfassung	122
III. Pflichten des Beschäftigungsgebers	125
1. Beschäftigungspflicht	125
a) Beschäftigungspflicht gegenüber dem Arbeitnehmer	125
b) Beschäftigungspflicht gegenüber dem Arbeitnehmerähnlichen	126
c) Ergebnis	131
2. Vergütung	132
a) Entgeltfortzahlungspflicht gegenüber dem Arbeitnehmer	132
b) Pflicht zur Vergütung gegenüber dem Arbeitnehmerähnlichen	133
c) Ergebnis	135
3. Entgelt ohne Arbeit	136
a) Situation der Arbeitnehmer	136
b) Situation der Arbeitnehmerähnlichen	140
c) Ergebnis	154
4. Anspruch auf Erteilung eines Zeugnisses	155
a) Arbeitnehmer	156
b) Arbeitnehmerähnliche	156
5. Zusammenfassung	159
IV. Haftung der Vertragsparteien	160
1. Haftung des Beschäftigten	160
a) Haftung des Arbeitnehmers gegenüber dem Arbeitgeber	160
b) Haftung des Arbeitnehmerähnlichen gegenüber dem Beschäftigungsgeber	163
c) Ergebnis	167
2. Haftung des Beschäftigungsgebers	167
a) Haftung des Arbeitgebers gegenüber dem Arbeitnehmer	167
b) Haftung des Dienstherren bzw. Bestellers gegenüber dem Arbeitnehmerähnlichen	168
3. Zusammenfassung	170

V. Beendigung und Änderungen des Beschäftigungsverhältnisses 171
 1. Situation der Arbeitnehmer 171
  a) Zeitablauf bei befristeten Arbeitsverhältnissen 172
  b) Einverständliche Aufhebung des Beschäftigungsverhältnisses 176
  c) Anwendung der §§ 312 ff. BGB 176
  d) Ordentliche Kündigung unter Berücksichtigung des KSchG 180
  e) Außerordentliche Kündigung 182
  f) Sonderkündigungsschutz 183
  g) Anhörung des Betriebsrats bzw. Personalrats 184
  h) Weiterbeschäftigungsanspruch 185
  i) Wiedereinstellungsanspruch 185
  j) Änderungskündigung 186
  k) Zusammenfassung 187
 2. Situation der Arbeitnehmerähnlichen 187
  a) Zeitablauf 189
  b) Einverständliche Aufhebung des Beschäftigungsverhältnisses 190
  c) Anwendung der §§ 312 ff. BGB auf die Arbeitnehmerähnlichen 191
  d) Ordentliche Kündigung oder Beendigung? 193
  e) Außerordentliche Kündigung 203
  f) Sonderbeendigungsschutz 204
  g) Anhörung des Betriebs- oder Personalrats? 207
  h) Weiterbeschäftigungsanspruch 208
  i) Wiedereinstellungsanspruch 208
  j) Änderung des Inhalts der Beschäftigung 209
  k) Zusammenfassung 213
 3. Ergebnis 214
 B. Rechtsschutz 216
  I. Zuständigkeit der Arbeitsgerichte für Arbeitnehmer 216
  II. Zuständigkeit der Arbeitsgerichte für Arbeitnehmerähnliche 216
  III. Zuständigkeit für Statusstreitigkeiten 217

IV.	Ergebnis	218
C.	Zusammenfassung	218

Drittes Kapitel: Notwendigkeit des Instituts Arbeitnehmerähnlicher und alternative Beschäftigungsmodelle   **224**

A.	Verfassungsrang der Interessen der Medienunternehmen	224
I.	Juristische Personen als Berechtigte der Rundfunkfreiheit	224
	1. Öffentlich-rechtliche Anstalten	225
	2. Private Unternehmen	226
II.	Schutzbereich der Rundfunkfreiheit	227
	1. Persönlicher Schutzbereich des Rundfunks	228
	2. Sachlicher Schutzbereich des Rundfunks	228
	a) Allgemeines	228
	b) Insbesondere: Freiheit der Beschäftigungspolitik	229
	c) Einschränkung der Freiheit durch das Erfordernis der Programmgestaltung	230
	d) Schranken der Rundfunkfreiheit	232
III.	Wirkung der Rundfunkfreiheit auf die Unternehmen	232
	1. Grundrechtswirkung zwischen Privaten	232
	2. Wirkung gegenüber öffentlich-rechtlichen Rundfunkanstalten	234
	3. Judikative als Adressat	234
IV.	Ergebnis	235
B.	Alternativen zur Figur des Arbeitnehmerähnlichen	236
I.	Ausweitung des Arbeitnehmerbegriffs?	237
	1. Verzicht auf das rechtliche Institut der Arbeitnehmerähnlichen	237
	2. Statuserweiternde Annahme von Arbeitsverhältnissen	239
II.	Schutz der Arbeitnehmerähnlichen durch Analogie	245
III.	Befristete Arbeitsverhältnisse statt Arbeitnehmerähnlichkeit?	247
IV.	Ausbau der Tarifverträge hin zu mehr sozialem Schutz?	253

V. Ausbau der Gesetze hin zu mehr sozialem Schutz?		254
C. Ergebnis		254

Viertes Kapitel: Zusammenfassung 256

Literaturverzeichnis 262

ÜBERSICHT DER VERWENDETEN TARIFVERTRÄGE

Bayrischer Rundfunk
    Manteltarifvertrag für den Bayrischen Rundfunk
    Tarifvertrag für arbeitnehmerähnliche Personen
    Durchführungs-Tarifvertrag Nr. 1 – Honorarfortzahlung im Krankheitsfalle – zum TV für arbeitnehmerähnliche Personen
    Durchführungs-Tarifvertrag Nr. 2 – Zahlung von Zuschüssen bei Schwangerschaft – zum TV für arbeitnehmerähnliche Personen
    Durchführungs-Tarifvertrag Nr. 3 – Gewährung von bezahltem Urlaub – zum TV für arbeitnehmerähnliche Personen
    Durchführungs-Tarifvertrag Nr. 7 – Fort- und Weiterbildungsmaßnahmen für arbeitnehmerähnliche Personen

Deutsche Welle
    Tarifvertrag für arbeitnehmerähnliche der Deutschen Welle

Hessischer Rundfunk
    Manteltarifvertrag für den Hessischen Rundfunk
    Tarifvertrag über die Gewährung von Bestandsschutz
    Tarifvertrag über die Gewährung von Sozialleistungen

Mitteldeutscher Rundfunk
    Manteltarifvertrag für den MDR
    Tarifvertrag für Freie Mitarbeiterinnen und Freie Mitarbeiter des Mitteldeutschen Rundfunks

N-TV
    Tarifvertrag für Arbeitnehmerähnliche Personen

Norddeutscher Rundfunk
    Manteltarifvertrag für Arbeitnehmer beim NDR
    TV für befristete Programmmitarbeit beim NDR
    Tarifvertrag für auf Produktionsdauer Beschäftigte
    Tarifvertrag für arbeitnehmerähnliche Personen
    Tarifvertrag über die Zahlung von Zuschüssen bei Schwangerschaft arbeitnehmerähnlicher Personen
    Tarifvertrag für den Urlaub für arbeitnehmerähnliche Personen

Tarifvertrag über Zahlungen im Krankheitsfall für arbeitnehmerähnliche Personen

Südwestrundfunk
Manteltarifvertrag für den Südwestrundfunk
Tarifvertrag über Mindestbedingungen für die Beschäftigung freier Mitarbeiter und Mitarbeiterinnen
Tarifvertrag für arbeitnehmerähnliche Personen

Saarländischer Rundfunk
Manteltarifvertrag für den Saarländischen Rundfunk
Tarifvertrag für die beim SR beschäftigten arbeitnehmerähnlichen Personen nach § 12 a TVG

TPR
Manteltarifvertrag für die Arbeitnehmerinnen und Arbeitnehmer in Unternehmen des privatrechtlichen Rundfunks

Westdeutscher Rundfunk
Manteltarifvertrag des Westdeutschen Rundfunks Köln
Tarifvertrag für auf Produktionsdauer Beschäftigte des WDR
Tarifvertrag über den Sozial- und Bestandsschutz von Beschäftigten, die der WDR für einzelne Programmvorhaben über lange oder längere Zeit verpflichtet

Zweites Deutsches Fernsehen
Manteltarifvertrag für das ZDF
Tarifvertrag für auf Produktionsdauer Beschäftigte beim ZDF
Bestandsschutztarifvertrag für arbeitnehmerähnliche Personen beim ZDF
Ergänzungs-Tarifvertrag Nr. 1 zum Bestandsschutztarifvertrag für arbeitnehmerähnliche Personen – Urlaubstarifvertrag
Ergänzungs-Tarifvertrag Nr. 2 zum Bestandsschutztarifvertrag für arbeitnehmerähnliche Personen – Zahlung im Krankheitsfalle
Ergänzungs-Tarifvertrag Nr. 3 zum Bestandsschutztarifvertrag für arbeitnehmerähnliche Personen – Mutterschutztarifvertrag

ABKÜRZUNGSVERZEICHNIS

AcP	Archiv für civilistische Praxis (Zeitschrift)
AGBG	Gesetz zur Regelung der allgemeinen Geschäftsbedingungen
AN	Arbeitnehmer
ANÄ	Arbeitnehmerähnlicher
AN-Ähnlich	arbeitnehmerähnlich
AP	Arbeitsgerichtliche Praxis, Sammlung arbeitsgerichtlicher Rechtsprechung (Loseblattsammlung)
ArbGG	Arbeitsgerichtsgesetz in der Fassung der Bekanntmachung vom 02. Juli 1979, zuletzt geändert durch VO vom 18.05.2004
ArbSchG	Gesetz über die Durchführung von Maßnahmen des Arbeitsschutzes zur Verbesserung der Sicherheit und des Gesundheitsschutzes der Beschäftigten bei der Arbeit (Arbeitsschutzgesetz) vom 07. August 1996, zuletzt geändert am 23.04.2004
ArbuR	Arbeit und Recht (Zeitschrift)
ArbZG	Arbeitszeitgesetz vom 06.06.1994, zuletzt geändert am 24.12.2003
AuA	Arbeit und Arbeitsrecht (Zeitschrift)
BAG	Bundesarbeitsgericht
BB	Der Betriebs-Berater (Zeitschrift)
BErzGG	Gesetz zur Erziehung und zur Elternzeit (Bundeserziehungsgeldgesetz) in der Fassung der Bekanntmachung vom 09.02.2004
BetrVG	Betriebsverfassungsgesetz in der Fassung der Bekanntmachung vom 25.09.2001, zuletzt geändert am 18.05.2004
BFG RP	Landesgesetz über die Freistellung von Arbeitnehmerinnen und Arbeitnehmern zum Zwecke der Weiterbildung des Landes Rheinland-Pfalz (Bildungsfreistellungsgesetz) in der Fassung vom 30.03.1993, zuletzt geändert durch Gesetz vom 16.12.2002
BGB	Bürgerliches Gesetzbuch in der Fassung der Bekanntmachung vom 02.01.2002, zuletzt geändert am 21.04.2005
BPersVG	Personalvertretungsgesetz des Bundes in der Fassung der Be-

	kanntmachung vom 15.02.1974, zuletzt geändert am 4.11.2004
BR	Bayrischer Rundfunk
BSchG	Gesetz zum Schutz der Beschäftigten vor sexueller Belästigung am Arbeitsplatz (Beschäftigtenschutzgesetz) vom 24. Juni 1994
BT-Drs.	Bundestags-Drucksache
BUrlG	Mindesturlaubsgesetz für Arbeitnehmer (Bundesurlaubsgesetz) vom 08.01.1963, zuletzt geändert am 07.05.2002
BV	Betriebsvereinbarung
BVerfG	Bundesverfassungsgericht
BVerfGE	Entscheidung des Bundesverfassungsgerichts
BW	Baden-Württemberg
Däubler/ Kittner	Däubler/ Kittner/ Klebe, Betriebsverfassungsgesetz mit Wahlordnung, Kommentar für die Praxis
DB	Der Betrieb (Zeitschrift)
DB	Der Betrieb
DStR	Deutsches Steuerrecht (Zeitschrift)
DW	Deutsche Welle
EFZG	Gesetz über die Zahlung des Arbeitsentgelts an Feiertagen und im Krankheitsfall (Entgeltfortzahlungsgesetz) vom 26.05.1994, zuletzt geändert am 23.12.2003
ErfK	Erfurter Kommentar zum Arbeitsrecht
EWiR	Entscheidungen zum Wirtschaftsrecht
EzA	Entscheidungssammlung zum Arbeitsrecht (Loseblatt)
Fitting	Kommentar zum Betriebsverfassungsgesetz
FM	Freier Mitarbeiter
FS	Festschrift
GewO	Gewerbeordnung in der Fassung der Bekanntmachung vom 22.02.1999, zuletzt geändert am 24.12.2003
GRUR	Gewerblicher Rechtsschutz und Urheberrecht (Zeitschrift)
GS	Großer Senat des BAG
HR	Hessischer Rundfunk
i.V.m.	in Verbindung mit

JArbSchG	Gesetz zum Schutze der arbeitenden Jugend (Jugendarbeitsschutzgesetz) vom 12.02.1976, zuletzt geändert am 27.12.2003
JuS	Juristische Schulung (Zeitschrift)
JZ	Juristenzeitung (Zeitschrift)
Kap.	Kapitel
KindArbSchV	Verordnung über den Kinderarbeitsschutz (Kinderarbeitsschutzverordnung) vom 23.06.1998
KSchG	Kündigungsschutzgesetz in der Fassung der Bekanntmachung vom 25.08.1969, zuletzt geändert am 23.04.2004
KZfSS	Kölner Zeitschrift für Soziologie und Sozialpsychologie
LAG	Landesarbeitsgericht
LPersVG	Personalvertretungsgesetz eines Landes
Medicus Schuldrecht AT	Schuldrecht I, Allgemeiner Teil, Lehrbuch von Dieter Medicus
MüKo	Münchner Kommentar zum Bürgerlichen Gesetzbuch
MünchArbR	Münchner Handbuch zum Arbeitsrecht
MuSchG	Gesetz zum Schutze der erwerbstätigen Mutter (Muterschutzgesetz) in der Fassung der Bekanntmachung vom 20.06.2002, zuletzt geändert am 18.11.2003
NJW	Neue Juristische Wochenschrift (Zeitschrift)
NJW-RR	Rechtsprechungsreport der Neuen Juristische Wochenschrift
NWB	Neue Wirtschafts-Briefe für Steuer- und Wirtschaftsrecht (Loseblattsammlung)
NZA	Neue Zeitschrift für Arbeitsrecht (Zeitschrift)
NZA-RR	Rechtsprechungsreport der Neuen Zeitschrift für Arbeitsrecht
Palandt	Palandt, Kommentar zum BGB
PersVG	Personalvertretungsgesetz
RdA	Recht der Arbeit (Zeitschrift)
Rn.	Randnummer
RP	Rheinland-Pfalz
SAE	Sammlung arbeitsrechtlicher Entscheidungen (Zeitschrift)
SchwbG	Schwerbehindertengesetz

SGB	Sozialgesetzbuch
SR	Saarländischer Rundfunk
Staudinger	J. von Staudingers Kommentar zum BGB
SWR	Südwestrundfunk
TPR	Manteltarifvertrag Privater Rundfunk; Manteltarifvertrag für die Arbeitnehmerinnen und Arbeitnehmer in Unternehmen des privatrechtlichen Rundfunks
TV	Tarifvertrag
TVG	Tarifvertragsgesetz in der Fassung vom 25.08.1969, zuletzt geändert am 25.11.2003
TzBfG	Gesetz über Teilzeitarbeit und befristete Arbeitsverträge (Teilzeit- und Befristungsgesetz)
UrhG	Gesetz über Urheberrecht und verwandte Schutzrechte (Urheberrechtsgesetz) in der Fassung der Bekanntmachung vom 15.03.1974, zuletzt geändert am 04.11.2004
WDR	Westdeutscher Rundfunk
ZDF	Zweites Deutsches Fernsehen
ZfA	Zeitschrift für Arbeitsrecht
ZGS	Zeitschrift für das gesamte Schuldrecht
ZIP	Zeitschrift für Wirtschaftsrecht und Insolvenzpraxis
ZUM	Zeitschrift für Urheber- und Medienrecht
BR-Drs.	Bundesrats-Drucksache

Im Übrigen werden die Abkürzungen des Abkürzungsverzeichnisses der Rechtssprache von *Hildebert Kirchner*, 5. Auflage, Berlin 2003, verwendet.

EINLEITUNG

Die Unternehmen des Rundfunks beschäftigen in einem besonders großen Umfang freie Mitarbeiter und speziell arbeitnehmerähnliche Personen, weil deren Beschäftigung im Vergleich zu der von fest angestellten Mitarbeitern flexibler gestaltet werden kann. Die Beschäftigung arbeitnehmerähnlicher Personen ist möglich, weil das Arbeitsrecht in den Rundfunkunternehmen im Lichte der Rundfunkfreiheit des Art. 5 Abs. 1 S. 2 GG betrachtet wird. Das Grundrecht gewährleistet den Rundfunkunternehmen im Rahmen ihrer Personalentscheidungen weitgehende Freiheit bei der Frage des Status des Beschäftigten. Den Medienunternehmen wird dadurch die erforderliche Flexibilität im Rahmen der Personalentscheidungen an die Hand gegeben, um den Zuschauern die durch die Grundrechte gewährleistete Programmvielfalt bieten zu können. Die arbeitnehmerähnlichen Personen schließen mit den Rundfunkunternehmen immer wieder neue Dienst- oder Werkverträge, aufgrund derer sie für die Unternehmen persönlich und im wesentlichen ohne Mitarbeit von Arbeitnehmern tätig werden. Sie werden also wie freie Mitarbeiter für die Erfüllung bestimmter Arbeiten herangezogen. Durch den Umstand, dass die Arbeitnehmerähnlichen nur wenige oder sogar nur einen Auftraggeber haben, sind diese anders als freie Mitarbeiter wirtschaftlich vom Unternehmen abhängig und vergleichbar einem Arbeitnehmer sozial schutzbedürftig.

Die Beschäftigung der Arbeitnehmerähnlichen hat sich in den Rundfunkunternehmen etabliert. Es existieren zwar keine aktuellen Informationen, die den Umfang der Beschäftigung der freien Mitarbeiter oder Arbeitnehmerähnlichen im Vergleich zu den Festangestellten bestimmen. Verlässliche Angaben fehlen insbesondere, weil vergleichbare Messwerte fehlen. Als freie Mitarbeiter werden schon Personen bezeichnet, die als Fachleute für bestimmte Themen bereit stehen, im Zweifel aber nur ein einziges Mal als solche beschäftigt werden. Ob eine Person für ein bestimmtes Unternehmen arbeitnehmerähnlich ist, bestimmen die Tarifvertragsparteien, die in den Medientarifverträgen unterschiedliche Kriterien für die Arbeitnehmerähnlichkeit verwenden können. Die Tarifverträge regeln für die Arbeitnehmerähnlichen in den Rundfunkunternehmen begleitende Ansprüche, wie Bestandsschutz, Urlaub und Entgeltfortzahlung.

Die Arbeit stellt die rechtlichen und tatsächlichen Unterschiede heraus, die sich bei der Behandlung von Arbeitnehmern und Arbeitnehmerähnlichen in den Rundfunkanstalten ergeben. Beim diesem Vergleich werden die für die Arbeitnehmer und Arbeitnehmerähnlichen geschlossenen Tarifverträge berücksichtigt. Die Unterschiede werden dann mit den Privilegien verglichen, die die Rundfunkunternehmen aufgrund der verfassungsrechtlich gewährleisteten Rundfunkfreiheit genießen.

Die Arbeit ist wie folgt untergliedert:

Das *erste Kapitel* behandelt die rechtlichen Grundlagen der Beschäftigung arbeitnehmerähnlicher Personen. Die Beschäftigten werden definiert und die bestehenden Rechtsverhältnisse und Rechtsgrundlagen herausgestellt.

Das *zweite Kapitel* untersucht rechtliche und tatsächliche Unterschiede, die zwischen Arbeitnehmern und Arbeitnehmerähnlichen bestehen. Durch die jahrzehntelange Beschäftigung arbeitnehmerähnlicher Mitarbeiter im Bereich der Programmgestaltung haben sich umfangreiche, dem Schutz der Mitarbeiter dienende kollektivrechtliche Vorschriften gebildet, die den Arbeitnehmerähnlichen möglicherweise ein dem Arbeitnehmer vergleichbares Schutzsystem bieten. Daher werden die einzelnen individual- und kollektivrechtlichen Rechte und Pflichten der jeweiligen Parteien unter Berücksichtigung der geschlossenen kollektivrechtlichen Vereinbarungen einer näheren Betrachtung zugeführt.

Anhand der Ergebnisse des zweiten Kapitels steht fest, inwieweit Arbeitnehmer und Arbeitnehmerähnliche unterschiedlich behandelt werden. Diese Ergebnisse werden im *dritten und letzten Kapitel* in einem ersten Schritt dahingehend untersucht, ob sie im Hinblick auf die grundrechtlich gewährleistete Privilegierung durch Art. 5 Abs. 1 S. 2 GG erforderlich sind. In einem zweiten Schritt werden alternative Beschäftigungsformen untersucht, die möglicherweise statt der arbeitnehmerähnlichen Beschäftigung für eine programmgestaltende Mitarbeit in den Medien in Betracht kommen, dafür aber die Interessen der Beschäftigten weniger beeinträchtigen.

Die Arbeit beschränkt sich auf Rundfunk und Fernsehen. In diesem Bereich ist das Grundrecht der Rundfunkfreiheit zu beachten, so dass die Besonderheiten der Arbeitnehmerähnlichen in den Medien exemplarisch dargestellt werden können. Die „Neuen Medien" des Internets bilden natürlich einen wirtschaftlich wichtigen neuen Zweig in der Unternehmenslandschaft; in diesem besteht aber kein weitergehender zu beachtender Schutz als in den hier behandelten Unternehmen, weil diesen kein weitergehender verfassungsrechtlicher Schutz zukommt.

ERSTES KAPITEL: GRUNDLAGEN ARBEITNEHMERÄHNLICHER BESCHÄFTIGUNG IM RUNDFUNK

Rundfunk- und Fernsehanstalten beauftragen seit Mitte der sechziger Jahre mit einer kleinen Stammbelegschaft fester Arbeitnehmer eine Vielzahl von freien Mitarbeitern. Dass die freien Mitarbeiter neben der Anstalt weitere Auftraggeber haben, ist zumindest nicht häufig[1]. Die umfangreiche Beschäftigung freier Mitarbeiter hat ein Regelungsbedürfnis für diese Form der Beschäftigung hervorgerufen, so dass Legislative und Judikative auf die neben dem Arbeitsverhältnis genutzte arbeitnehmerähnliche Beschäftigungsform aufmerksam geworden sind. Das Tarifvertragsgesetz enthält eine Legaldefinition des Arbeitnehmerähnlichen: Arbeitnehmerähnlich ist, wer wirtschaftlich abhängig und vergleichbar einem Arbeitnehmer sozial schutzbedürftig ist, § 12 a Abs. 1 Ziff. 1 TVG. Weitere Gesetze, etwa das BUrlG oder das ArbGG, gelten auch für arbeitnehmerähnliche Personen. Die Gerichte hatten sich darüber hinaus mit der Abgrenzung der unterschiedlichen Beschäftigungsformen zu beschäftigen. Im Folgenden wird die Gruppe der arbeitnehmerähnlichen Beschäftigten definiert und ihre Stellung im Arbeitsrecht und allgemeinen Zivilrecht erläutert. Darauf werden die Praxis der Rundfunk- und Fernsehunternehmen und die bestehende Tarifstruktur dargestellt.

A. Beschäftigte als Arbeitnehmerähnliche

Die Stellung der arbeitnehmerähnlichen Person im Arbeitsrecht ist nicht nur hinsichtlich ihrer rechtlichen Behandlung umstritten. Umstritten ist auch, wer arbeitnehmerähnlich ist. Im Folgenden sollen die unterschiedlichen rechtlichen Konstruktionen möglicher Beschäftigungsverhältnisse gegeneinander abgegrenzt werden.

I. Abgrenzung zwischen Arbeitnehmer und freiem Mitarbeiter

Wer freier Mitarbeiter ist, ist kein Arbeitnehmer. Gegenstand der folgenden Untersuchung sind die Kriterien, anhand derer die Abgrenzung der beiden Beschäftigungsverhältnisse vorgenommen wird.

---

[1] *Appel/Frantzioch*, Sozialer Schutz in der Selbständigkeit, ArbuR 1998, S. 93 ff., S. 95; *Uthoff/Deetz/Brandhofe/Nöh*, Funktionsverluste des Rundfunks, Anlagen 29 ff., S. 199 ff.

1. Bezeichnung im Vertrag als Ausgangspunkt

Das Arbeitsverhältnis kann vom freien Mitarbeiterverhältnis bereits durch die unter den Parteien gewählte Bezeichnung abgegrenzt werden. Danach besteht ein Arbeitsverhältnis, wenn die Beschäftigung als Arbeitnehmer oder im Rahmen eines Arbeitsverhältnisses vereinbart wird. Dagegen kommt ein freies Mitarbeiterverhältnis zustande, wenn die „freie Mitarbeit" des Beschäftigten vereinbart wird.

Die Bezeichnung im zugrunde liegenden Vertrag kann aber nicht mehr als ein Ausgangspunkt für die rechtliche Einordnung der Beschäftigung sein[2], da der Rechtsbegriff des Arbeitnehmers nicht vertragsdispositiv ist; *falsa demonstratio non nocet*. Das Arbeitsrecht beinhaltet Schutzgesetze[3], deren Anwendung nicht zwischen den Parteien disponibel, sondern zwingend ist. Könnte man einen Beschäftigten, der dem zugrunde liegenden Rechtsverhältnis nach als Arbeitnehmer zu qualifizieren ist, allein durch eine andere Bezeichnung als freien Mitarbeiter den arbeitsrechtlichen Schutzvorschriften entziehen, wäre die Indisponibilität arbeitsrechtlicher Schutzvorschriften nicht gegeben. Deshalb ist – soweit Inhalt und Begriff auseinander fallen – auf Inhalt und Charakter des Beschäftigungsverhältnisses abzustellen[4].

Entsprechen also Durchführung und Inhalt eines Beschäftigungsverhältnisses dem eines Arbeitsverhältnisses, dann ist dieses Verhältnis unabhängig von der Bezeichnung durch die Parteien als Arbeitsverhältnis zu qualifizieren. Wählen die Parteien einen hiervon abweichenden Inhalt, kann die Beschäftigung auch in einer anderen rechtlichen Form, beispielsweise in freier Mitarbeit, erfolgen; es

---

[2] BAG vom 15.03.1978, 5 AZR 819/76, AP Nr. 26 zu § 611 BGB Abhängigkeit; BAG vom 03.04.1990, 3 AZR 258/88, AP Nr. 11 zu § 2 HAG; BAG vom 22.04.1998, 5 AZR 342/97, AP Nr. 26 zu § 611 BGB Rundfunk; Palandt/*Weidenkaff*, Einf v § 611, Rn 10; ErfK/*Preis*, § 611 BGB Rn 48; *Eckert*, AN oder FM - Abgrenzung, Chancen, Risiken in DStR 1997, S. 705 ff; *Goretzki*, Scheinselbständigkeit, BB 1999, S. 635; *Hromadka*, Arbeitnehmerbegriff und Arbeitsrecht, NZA 1997, S. 569; *Papier*, Arbeitsmarkt und Verfassung, RdA 2000, S. 1; *Reiserer*, Freie Mitarbeit, BB 2003, S. 1557.

[3] *Löwisch*, Arbeitsrecht, Rn. 25 f.; Schaub, Arbeitsrechtshandbuch/*Schaub*, § 2 Rn. 5; *Reinecke*, Neudefinition des Arbeitnehmerbegriffs durch Gesetz und Rechtsprechung, ZIP 1998, S. 581.

[4] BAG vom 30.11.1994, 5 AZR 704/93, AP Nr. 74 zu § 611 BGB Abhängigkeit; BAG vom 22.03.1995, 5 AZB 21/94, AP Nr. 21 zu § 5 ArbGG 1979; BAG vom 22.04.1998, 5 AZR 2/97, AP Nr. 24 zu § 611 BGB Rundfunk; BGH vom 25.06.2002, X ZR 83/00, AP Nr. 11 zu § 139 ZPO.

besteht demnach durch eine inhaltlich freie Gestaltung die Möglichkeit der Vertragstypenwahl[5].

2. Abgrenzung anhand des zugrunde liegenden Schuldverhältnisses

Das Arbeitsverhältnis ist eine besondere Art des Dienstverhältnisses mit einer sozial ausgerichteten Gestaltung der Rechte und Pflichten der Vertragsparteien[6]. Neben den §§ 611 ff. BGB kommen zusätzliche Schutzgesetze zur Anwendung, die sowohl individualvertraglichen als auch kollektivrechtlichen Einfluss auf das Vertragsverhältnis haben. Ein Werkvertrag kann demnach nicht Grundlage des Arbeitsverhältnisses sein. Dagegen kann die freie Mitarbeit nicht nur in Form eines Dienstvertrags, sondern ebenso in der des Werkvertrags gemäß § 631 BGB, des Auftrags gemäß § 662 BGB oder des Geschäftsbesorgungsvertrags gemäß § 675 BGB zustande kommen[7].

Soweit der freien Mitarbeit kein Dienstverhältnis zugrunde liegt, kann demnach anhand des zugrunde liegenden Vertragstyps differenziert werden; dagegen sind weitere Abgrenzungsmerkmale erforderlich, wenn ein Dienstvertrag zugrunde liegt.

3. Unabhängige Dienstleistung und abhängige Arbeitsleistung

Charakteristischstes Merkmal zur Abgrenzung des Arbeitnehmers vom freien Mitarbeiter ist das der abhängigen Beschäftigung des Arbeitnehmers[8].

Die Rechtsprechung unterscheidet zwischen Arbeits- und freiem Dienstvertrag mit dem Kriterium, ob der Erbringer der Dienste von seinem Vertragspartner persönlich abhängig ist oder nicht. Ob eine persönliche Abhängigkeit vorliegt, ergibt eine Anwendung des § 84 Abs. 1 S. 2 HGB:

> Selbständig ist, wer im wesentlichen frei seine Tätigkeit gestalten und seine Arbeitszeit bestimmen kann.

---

[5] ErfK/*Preis*, § 611 BGB Rn. 49; *Hromadka*, Arbeitnehmerbegriff und Arbeitsrecht, NZA 1997, S. 569.

[6] Palandt/*Weidenkaff*, Einf v § 611 Rn 5; MünchArbR/*Richardi* § 6 Rn. 2.

[7] *Hromadka*, Arbeitnehmerähnliche Person, NZA 1997, S. 1249.

[8] *Löwisch*, Arbeitsrecht, Rn. 4 ff.; Schaub, Arbeitsrechtshandbuch/*Schaub*, § 8; ErfK/*Preis*, § 611 BGB Rn. 44 ff.; Staudinger/*Richardi*, Vorbem zu §§ 611 BGB, Rn. 136 ff; *Hromadka*, Arbeitnehmerbegriff und Arbeitsrecht, NZA 1997, S. 569.

Die Norm enthält eine über ihren unmittelbaren Anwendungsbereich hinausgehende gesetzliche Wertung[9]; Arbeitnehmer ist daher derjenige Mitarbeiter, der *nicht* im Wesentlichen frei seine Tätigkeit gestalten und seine Arbeitszeit bestimmen kann[10]; wer kein Arbeitnehmer ist, erbringt seine Leistung im Rahmen freier Beschäftigung. Zur Beantwortung der Frage, wann ein Beschäftigter seine Tätigkeit frei gestalten und seine Arbeitszeit bestimmen kann, besteht keine eindeutige und immer gültige Formel; vielmehr kommt es auf die Besonderheiten des jeweiligen Arbeitsverhältnisses an:

> Erforderlich ist eine Gesamtwürdigung aller maßgebenden Umstände des Einzelfalls[11].

Wegen der notwendigen Einzelfallbetrachtung existiert eine Vielzahl von Entscheidungen, die sich mit einer Abgrenzung des Arbeitnehmers vom freien Mitarbeiter in unterschiedlichen Dienstleistungssektoren beschäftigt[12]. Allgemein verwendete Kriterien sind die Eingliederung in eine fremde Arbeitsorganisation[13], die fachliche Weisungsgebundenheit[14], die Weisungsgebundenheit nach Ort und Zeit[15] und die personelle und Abhängigkeit des Beschäftigten[16]: In den Jahren 1978 und 1980 hat das BAG ausgeführt, dass sich die arbeitnehmertypische Abhängigkeit an dem Umstand zeigen könne, dass die Beschäftigten bei ihrer Arbeit auf den personellen und technischen Apparat des Unternehmens angewiesen seien[17]. Die Abhängigkeit kann sich auch am Maß der Einbindung des Beschäftigten in die Organisation des Unternehmens zeigen; auch bei einer Einbindung in die Organisationsstruktur bleibt die Unabhängigkeit aber bestehen,

---

[9] BAG vom 22.04.1998, 5 AZR 342/97, AP Nr. 26 zu § 611 BGB Rundfunk; BAG vom 09.03.2005, 5 AZR 493/04; *Reinecke*, Neudefinition des Arbeitnehmerbegriffs durch Gesetz und Rechtsprechung, ZIP 1998, S. 581.

[10] BAG vom 09.03.2005, 5 AZR 493/04; BAG vom 26.09.2002, 5 AZB 19/01, AP Nr. 83 zu § 2 ArbGG 1979; Schaub, Arbeitsrechtshandbuch/*Schaub*, § 8 II.3.; Staudinger/*Richardi*, Vorbem zu §§ 611 ff Rn 136, 141; *Baumbach/Hopt*, HGB, § 84 Rn. 35 f.; *Galperin*, Entscheidungsanmerkung zu BAG, in SAE 1968 S. 75.

[11] BAG vom 09.03.2005, 5 AZR 493/04.

[12] Überblick bei *Hochrathner*, Stausrechtsprechung des 5. Senats des BAG seit 1994, NZA-RR 2001, S. 561 ff.

[13] BAG vom 20.07.1994, AP Nr. 73 zu § 611 BGB Abhängigkeit; vgl. auch Eckert, Entscheidungsanmerkung, DStR 1998, S. 2023.

[14] BAG vom 10.11.1955, 2 AZR 591/54, AP Nr. 2 zu § 611 BGB Beschäftigungspflicht.

[15] BAG vom 19.05.1960, 2 AZR 197/58, AP Nr. 7 zu § 5 ArbGG 1953.

[16] BAG vom 12.09.1996, 5 AZR 104/95, AP Nr. 122 zu § 611 BGB Lehrer, Dozenten.

[17] BAG vom 15.03.1978, 5 AZR 819/76, AP Nr. 26 zu § 611 BGB Abhängigkeit; BAG vom 23.04.1980, 5 AZR 426/79, AP Nr. 34 zu § 611 BGB Abhängigkeit.

wenn der Beschäftigte die sonstigen Umstände der Dienstleistung selbst gestaltet[18]. Auch die Weisungsgebundenheit des Beschäftigten spricht für seine abhängige Stellung und damit für die Arbeitnehmereigenschaft: Kann ein Beschäftigter im Rahmen der übernommenen Leistungen seine Arbeitszeit selbst bestimmen, spricht diese Freiheit für seine Unabhängigkeit; besteht dagegen ein zeitliches Weisungsrecht des Unternehmens, ist von der Abhängigkeit des Beschäftigten auszugehen[19]. Ebenso kann die örtliche Weisungsgebundenheit ein Indiz für die abhängige Beschäftigung sein. Wird der Ort, an dem die Tätigkeit zu erbringen ist, für den Mitarbeiter vom Unternehmen festgelegt, spricht diese Weisungsbindung des Mitarbeiters für seine organisatorische Einbindung in das Unternehmen und damit für das Vorliegen abhängiger Beschäftigung[20]. Dagegen ist regelmäßig nicht mehr von einem Arbeitsverhältnis auszugehen, wenn der zur Leistung Verpflichtete nach den tatsächlichen Umständen nicht in der Lage ist, die versprochenen Leistungen alleine zu erfüllen, sondern auf Hilfskräfte angewiesen ist und sich dieser auch zur Erfüllung bedienen darf[21].

Auch für die Rundfunkmitarbeiter gelten die allgemeinen Abgrenzungskriterien, die durch besondere Umstände des Einzelfalls konkretisiert werden. Die frühere Rechtsprechung hatte bereits aus dem Umstand, dass ein Beschäftigter von personellem und materiellem Apparat der Rundfunkanstalt abhängig ist, auf dessen Eingliederung in die Anstalt geschlossen[22]. Folge der Eingliederung war es, dass die Beschäftigung als Arbeitsverhältnis qualifiziert worden ist. Davon hat sich die jüngere Rechtsprechung abgewandt, da bei der Frage der Abhängigkeit im Lichte der Rundfunkfreiheit zu berücksichtigen sei, dass es bereits in der Natur der Rundfunkmitarbeit liege, dass die Mitarbeiter auf Personal und technische Ausrüstung angewiesen seien[23]. Freilich gilt diese besondere Betrachtung der

---

[18] BAG vom 29.05.2002, 5 AZR 161/01, AP Nr. 152 zu § 611 BGB Lehrer, Dozenten.
[19] BAG vom 09.10.2002, 5 AZR 405/01, AP Nr. 114 zu § 611 BGB Abhängigkeit; BAG vom 22.08.2001, 5 AZR 502/99, AP Nr. 109 zu § 611 BGB Abhängigkeit.
[20] BAG vom 06.05.1998, 5 AZR 247/97, AP Nr. 102 zu § 611 BGB Abhängigkeit.
[21] BAG vom 04.12.2002, 5 AZR 667/01, AP Nr. 115 zu § 611 BGB Abhängigkeit; BAG vom 12.12.201, 5 AZR 253/00, AP Nr. 111 zu § 611 BGB Abhängigkeit.
[22] BAG vom 09.03.1977, 5 AZR 110/76, AP Nr. 21 zu § 611 BGB Abhängigkeit; BAG vom 15.03.1978, 5 AZR 819/76, AP Nr. 26 zu § 611 BGB Abhängigkeit.
[23] BAG vom 19.01.2000, 5 AZR 644/98, AP Nr. 33 zu § 611 BGB Rundfunk; BAG vom 30.11.1994, 5 AZR 704/93, AP Nr. 74 zu § 611 BGB Abhängigkeit; Überblick bei *Rüthers*, Rundfunkfreiheit und Arbeitsrechtsschutz, RdA 1985, S. 129; *Berger-Delhey/Alfmeier*, Freier Mitarbeiter oder Arbeitnehmer, NZA 1991, S. 257.

Rechtsverhältnisse im Lichte der Rundfunkfreiheit nur für die programmgestaltenden Mitarbeiter der Rundfunkanstalten; zu diesen gehören diejenigen, die

> typischerweise ihre eigene Auffassung zu politischen, wirtschaftlichen, künstlerischen oder anderen Sachfragen, ihre Fachkenntnisse (...), künstlerische Befähigung und Aussagekraft in die Sendung einbringen (...)[24].

Auf diese Unterscheidung wird später einzugehen sein (Seite 228 ff.).

Ist das Angewiesensein des Beschäftigten auf den personellen oder technischen Apparat der Anstalt für die Einordnung programmgestaltender Mitarbeiter als freie Mitarbeiter oder Arbeitnehmer nicht entscheidend, kommt es nach der jüngeren „Dienstplanrechtsprechung" des 5. Senats des BAG darauf an, ob der Beschäftigte frei seine Arbeitszeit disponieren kann oder nicht, etwa, weil er ohne sein Zutun in die wöchentlichen Dienstpläne eingetragen wird[25]:

> Die Arbeitnehmereigenschaft dieses Personenkreises ist gerade dann zu bejahen, wenn der Sender durch die einseitige Aufstellung von Dienstplänen ein Weisungsrecht hinsichtlich der Arbeitszeit ausübt[26].

Auch zeitliche Weisungen sind kein geeignetes Kriterium, wenn das Unternehmen lediglich aufgrund von Sachzwängen Vorgaben erteilt. Werden die Beschäftigten etwa aufgrund der beschränkten Verfügbarkeit bestimmter Einrichtungen in Zeitpläne eingetragen, reicht diese Eintragung nicht aus, eine Abhängigkeit des Beschäftigten zu belegen. Die Eintragung in einen Benutzungs- oder Belegungsplan ist daher für die Frage abhängiger Arbeit unschädlich, wenn die Einrichtung mehreren Benutzern zur Verfügung steht und der Plan die ordnungsgemäße Nutzung der Einrichtung gewährleistet[27]. Ein solcher Sachzwang besteht auch, wenn das Unternehmen aufgrund eines Bestandsschutztarifvertrags gehalten ist, einen Mindestbeschäftigungsanspruch des freien Mitarbeiters zu erfüllen[28]. Das Unternehmen ist in diesem Fall verpflichtet, den Mitarbeiter in einem bestimmten Umfang zu beschäftigen. Liegt die Beschäftigung unterhalb des Bestandsschutzes, besteht ein Ausgleichsanspruch des Mitarbeiters. Zur Vermeidung eines solchen Anspruchs kann der Mitarbeiter in die Dienstpläne

---

[24] BVerfG vom 28.06.1983, 1 BvR 525/82, AP Nr. 4 zu Art. 5 Abs. 1 GG Rundfunkfreiheit.
[25] BAG vom 30.11.1994, 5 AZR 704/93, AP Nr. 74 zu § 611 BGB Abhängigkeit; BAG vom 22.04.1998, 5 AZR 2/97, AP Nr. 24 zu § 611 BGB Rundfunk; *Niepalla*, Statusklagen, ZUM 1999, S. 353.
[26] BAG vom 22.04.1998, 5 AZR 2/97, AP Nr. 24 zu § 611 BGB Rundfunk.
[27] BAG vom 19.01.2000, 5 AZR 644/98, AP Nr. 33 zu § 611 BGB Rundfunk.
[28] BAG vom 20.09.2000, 5 AZR 61/99, AP Nr. 13 zu Art. 5 Abs. 1 GG Rundfunkfreiheit.

eingetragen werden, wenn er zuvor signalisiert hat, in diesem Zeitraum verfügbar zu sein.

Die Selbständigkeit eines programmgestaltenden Mitarbeiters darf demnach nicht durch Weisungen des Unternehmens eingeschränkt werden, es sei denn, die Weisungen erfolgen aufgrund von Sachzwängen.

II. Abgrenzung zwischen freiem Mitarbeiter und Arbeitnehmerähnlichem

Innerhalb der Gruppe der freien Beschäftigten kann die Untergruppe der arbeitnehmerähnlichen oder ständig freien Mitarbeiter herausgestellt werden[29].

1. Unabhängige Dienstleistung

Beiden Gruppen ist es gemein, dass sie ihre Leistungen, häufig aufgrund von Dienst- oder Werkverträgen, persönlich unabhängig und damit selbstständig erbringen. Gemeinsam bilden sie die Gruppe der freien oder selbständig Beschäftigten und lassen sich von den Arbeitnehmern durch das Kriterium persönlicher Abhängigkeit abgrenzen.

2. Wirtschaftliche Abhängigkeit und soziale Schutzbedürftigkeit

Das Kriterium, das die Arbeitnehmerähnlichen von den übrigen freien Mitarbeitern unterschiedet, ist das der wirtschaftlichen Abhängigkeit, weshalb die Arbeitnehmerähnlichen als die „Semi-Abhängigen" bezeichnet werden[30]. Eine Legaldefinition des Arbeitnehmerähnlichen findet sich in § 12a TVG; danach ist arbeitnehmerähnlich, wer

> wirtschaftlich abhängig und vergleichbar einem Arbeitnehmer sozial schutzbedürftig

ist. Streitig ist, ob die Definition des § 12a TVG nur für das TVG oder auch darüber hinaus gilt[31]. Der Streit kann jedoch dahinstehen, weil sich keine Unterschiede ergeben. Wirtschaftliche Abhängigkeit bedeutet, dass die Leistung für Rechnung von Auftraggebern erfolgt, die das Unternehmerrisiko tragen, aber andererseits die Dienstnehmer nach Höhe der Vergütung, Art und Dauer der Tä-

---

[29] *Hromadka*, Arbeitnehmerähnliche Person, NZA 1997, S. 1249; *Rost*, Arbeitnehmer und Arbeitnehmerähnliche im BetrVG, NZA 1999, S. 113.
[30] *Gottschall*, Freie Mitarbeit im Journalismus, KzfSS 1999, S. 635.
[31] Schaub, Arbeitsrechtshandbuch/*Schaub*, § 9 Rn. 1.

tigkeit vom Dienstgeber abhängig sind[32]. Soziale Schutzbedürftigkeit ist anzunehmen, wenn das Maß der Abhängigkeit nach der Verkehrsanschauung einen solchen Grad erreicht, wie er im Allgemeinen nur in einem Arbeitsverhältnis vorkommt, und wenn die geleisteten Dienste nach ihrer soziologischen Typik mit denen eines Arbeitnehmers vergleichbar sind[33].

In § 12a Abs. 1 TVG werden weitere Einschränkungen vorgenommen, die den Arbeitnehmerähnlichen – zumindest, soweit es sich um tarifvertragliche Regelungen handelt – definieren. So muss die Tätigkeit aufgrund von Dienst- oder Werkverträgen erfolgen, die Leistungen müssen persönlich und im Wesentlichen ohne Mitarbeiter für einen anderen erbracht werden und der Beschäftigte muss überwiegend für eine Person tätig sein oder bei einer Person durchschnittlich mehr als die Hälfte des erwerbsmäßigen Entgelts verdienen. Werden in einem Beschäftigungsverhältnis künstlerische, schriftstellerische oder – wie bei den Rundfunkunternehmen üblich – journalistische Leistungen erbracht, genügt es bereits, wenn eine Person ein Drittel seiner Einkünfte bei einem Unternehmen erwirbt, um als arbeitnehmerähnlich eingestuft zu werden, § 12a Abs. 3 TVG.

Wank geht davon aus, dass die wirtschaftliche Abhängigkeit des Beschäftigten, erkennbar an der Verteilung des Unternehmerrisikos, herangezogen werden müsse, um den Beschäftigten als freien Mitarbeiter oder als Arbeitnehmer zu qualifizieren[34]. Es sei also nicht die persönliche Abhängigkeit des Beschäftigten für die Einordnung entscheidend. Daher kann nach dessen Theorie keine Unterscheidung zwischen Arbeitnehmer und Arbeitnehmerähnlichem getroffen werden, weil beide Gruppen wirtschaftlich abhängig sind und damit dem Arbeitnehmerbegriff unterfallen. Nach *Wank* besteht also ein duales[35] und nicht ein dreigeteiltes System, das zwischen Arbeitnehmern, Arbeitnehmerähnlichen und freien Mitarbeitern bzw. Selbständigen differenziert. Der Meinung *Wanks* kann zumindest de lege lata nicht gefolgt werden, da sie eine Systematik der Beschäftigungsformen voraussetzt, die nicht mit der bestehenden gesetzlichen Systematik übereinstimmt. Das bestehende Recht geht davon aus, dass Beschäftigungen in drei Formen stattfinden können: In wirtschaftlicher und persönlicher Abhängigkeit als Arbeitnehmer, in wirtschaftlicher Abhängigkeit und persönlicher Un-

---

[32] BAG vom 08.06.1967, 5 AZR 461/66, AP Nr. 6 zu § 611 BGB Abhängigkeit; Schaub, Arbeitsrechtshandbuch/*Schaub*, § 9 Rn. 1; *Brox*, Arbeitsrecht, Rn. 91; *Jacobs*, Der arbeitnehmerähnliche Selbständige, ZIP 1999, S. 1549.
[33] BAG vom 02.10.1990, 4 AZR 106/90, AP Nr. 1 zu § 12a TVG.
[34] *Wank*, Arbeitnehmer und Selbständige, S. 122 ff.
[35] *Wank*, Arbeitnehmer und Selbständige, S. 94 ff.

abhängigkeit als Arbeitnehmerähnlicher und schließlich in wirtschaftlicher und persönlicher Unabhängigkeit als Selbständiger[36]. Auf diesen drei Stufen baut auch die gesetzliche Systematik auf. Es besteht ein umfassendes Arbeitsrecht, das den Schutz der Arbeitnehmer bezweckt. Manche dieser Gesetze gelten auch für die Arbeitnehmerähnlichen, zum Beispiel werden die Arbeitnehmerähnlichen in § 12a TVG, in § 5 ArbGG, § 2 Abs. 2 Ziff. 3 ArbSchG oder in § 2 BUrlG erwähnt. Die Selbständigen werden aus diesem Schutzsystem insgesamt ausgelassen. Das Gesetz setzt also die Dreiteilung möglicher Beschäftigung voraus. Ein nur duales System würde diese gesetzliche Ausgestaltung ignorieren.

3. Arbeitnehmerähnlichkeit durch autonome Begriffsbestimmung?

Fraglich ist, ob die Tarifvertragsparteien in den Tarifverträgen eine eigene Gruppe arbeitnehmerähnlicher Personen bestimmen können. Wäre dies der Fall, könnten die Tarifvertragsparteien beispielsweise verlangen, dass die Beschäftigten, um arbeitnehmerähnlich im Sinne ihres Tarifvertrags zu sein, nicht nur ein Drittel, sondern ihr gesamtes Einkommens im Unternehmen verdienen müssen. Umgekehrt könnten die Tarifvertragsparteien auch ein Interesse an einer Erweiterung des personellen Geltungsbereichs der Tarifverträge haben, so dass der Tarifvertrag schon bei einem anteiligen Einkommen von einem Viertel oder einem Fünftel zur Anwendung kommt. Diesem Versuch wurden allerdings bereits früh Schranken gesetzt, weil den Tarifvertragsparteien die Zuständigkeit fehlt, um ihren eigenen Wirkungsbereich zu erweitern. § 12a TVG erweitert die Tarifautonomie auf die Arbeitnehmerähnlichen, dabei

> ergeben sich die Voraussetzungen für den arbeitnehmerähnlichen Status zwingend aus § 12a Abs. 1 bis 3 TVG. Die gesetzliche Voraussetzung ist damit nicht tarifdispositiv. Die Tarifvertragsparteien können den Kreis der Personen, für die ihnen (...) die Tarifautonomie gesetzlich eingeräumt ist, somit über die gesetzlichen Voraussetzungen hinaus nicht erweitern. Vielmehr sind sie an die gesetzlichen Mindestvoraussetzungen gebunden[37].

Dadurch besteht aber nur eine Bindung an die Mindestvoraussetzungen, so dass der Kreis nicht erweitert werden kann. Dagegen besteht keine Bindung, den Kreis nicht zu verkleinern. Die tarifliche Regelungsfreiheit gibt den Parteien

---

36 Hromadka, Arbeitnehmerbegriff und Arbeitsrecht, NZA 1997, S. 569; Reinecke, Neudefinition des Arbeitnehmerbegriffs durch Gesetz und Rechtsprechung, ZIP 1998, S. 581; so auch Wank selbst: Wank, Arbeitnehmer und Selbständige, S. 173.

37 BAG vom 02.10.1990, 4 AZR 106/90, AP Nr. 1 zu § 12a TVG.

keine Pflicht zur Regelung. Die Tarifvertragsparteien können keine weiteren Voraussetzungen in der Gruppe der Arbeitnehmerähnlichen schaffen.

III. Zusammenfassung

Im dreiteiligen System der Beschäftigung ist der Arbeitnehmerähnliche einerseits persönlich unabhängig wie ein Selbständiger, dafür aber wie ein Arbeitnehmer wirtschaftlich vom Auftraggeber abhängig. Ob der Beschäftigung ein Werkvertrag, ein Auftrag oder ein Dienstvertrag zugrunde liegt, spielt für die Qualifikation als arbeitnehmerähnliches Rechtsverhältnis eine nur untergeordnete Rolle. Dies gilt auch für die Bezeichnung der Beschäftigungsform durch die Parteien: Diese können zwar die Form frei wählen, dieser Form wird aber unabhängig von ihrer Bezeichnung die entsprechende Rechtsfolge zugeordnet.

B. Grundlagen der Beschäftigung

Die folgende Untersuchung stellt die Grundlagen der Beschäftigung der Arbeitnehmerähnlichen heraus, die in der Mehrzahl der Rundfunk- und Fernsehunternehmen zur Anwendung kommen. Es handelt sich um einheitliche Merkmale in der Personalpolitik und der bestehenden Tarifvertragsstruktur.

I. Verträge zwischen Beschäftigten und Unternehmen

Je nach Unternehmen und zu verrichtender Tätigkeit werden unterschiedliche Verträge zwischen den Parteien geschlossen. Im Folgenden sollen die gleich bleibenden Parameter dargelegt werden.

1. Zugrundeliegender Vertragstypus

Die Arbeitnehmerähnlichen werden in den Medienunternehmen aufgrund von Dienst- oder Werkverträgen beschäftigt. Welcher Vertragstypus der Beschäftigung im Einzelfall zugrunde gelegt wird, steht aufgrund der bestehenden Vertragsfreiheit im Ermessen der einzelnen Unternehmen und wird nicht einheitlich praktiziert. In den Tarifverträgen wir die Art des Schuldverhältnisses nicht bestimmt. In der Praxis werden aber Beschäftigte, die weder auf weitere personelle Dienstleistungen des Unternehmens, zum Beispiel Tonstudio, Schneideräume, Archiv etc. mit entsprechendem Fachpersonal, noch auf dessen technischen Apparat angewiesen sind und deshalb ihre Leistungen auch nicht in den Räumen des Unternehmens erbringen, aufgrund von Werkverträgen beschäftigt. Die übrigen freien Mitarbeiter, deren Leistung eng mit der zeitlichen Inanspruchnahme in Zusammenhang steht, werden aufgrund von Dienstverträgen beschäftigt. Aufgrund dieses Werk- oder Dienstvertrags wird die konkret vereinbarte Leistung, also versprochenes Werk oder versprochener Dienst gegen Honorar, erbracht. Die einzelnen Verträge kommen immer wieder neu zwischen den beiden Parteien zustande.

2. Umfassendes Dauerschuldverhältnis

Betrachtet man isoliert die einzelnen Werk- und Dienstverträge, ergibt sich noch kein Unterschied zum freien Mitarbeiter. Arbeitnehmerähnlichkeit tritt erst ein, wenn der Beschäftigte wirtschaftlich abhängig ist und – im Fall der journalistischen Tätigkeit gemäß § 12a TVG – ein Drittel seines Einkommens durch die Tätigkeit bei einem Unternehmen einnimmt. Bei den Arbeitnehmerähnlichen ist es daher anerkannt,

> dass über die einzelne Auftragsvergabe hinaus ein andauerndes Rechtsverhältnis besteht[38].

Je nach zugrundeliegendem Tarifvertrag werden ab dem Erreichen des Status des Arbeitnehmerähnlichen die einzelnen, immer wieder neu zustande kommenden Dienst- oder Werkverträge modifiziert; man erkennt also ein die Einzelverträge übergreifendes Dauerschuldverhältnis an. Dieses zugrunde liegende Dauerschuldverhältnis begründet aber grundsätzlich nicht den Austausch der Hauptleistungen, also von Honoraren, Werks- und Dienstleistungen. Die Hauptleistungen werden aufgrund des Einzelvertrags in Verbindung mit den gesetzlichen Regelungen erbracht. Wie sich später zeigen wird (Seite 36 ff.), ergeben sich aus dem Dauerschuldverhältnis zusätzliche Ansprüche, wie Urlaubs-, Entgeltfortzahlungs-, Mutterschafts-, Beendigungs- und sonstige Sozialansprüche zugunsten der arbeitnehmerähnlich Beschäftigten, also einen arbeitnehmerähnlichen Status.

Das arbeitnehmerähnliche Rechtsverhältnis kann konkludent, durch eine so umfangreiche Beschäftigung, dass das Maß der definierten Arbeitnehmerähnlichkeit erreicht wird[39], oder durch Rechtsgeschäft, etwa einen Rahmenvertrag zwischen Unternehmen und freiem Mitarbeiter, zustande kommen.

---

[38] BAG vom 20.01.2004, 9 AZR 291/02, AP Nr. 1 zu § 112 LPVG RP.
[39] BAG vom 20.01.2004, 9 AZR 291/02, AP Nr. 1 zu § 112 LPVG RP.

3. Praxis der Rundfunkunternehmen

Die Arbeitnehmerähnlichen sind Teil der freien Mitarbeiter in den Medienunternehmen. In der Praxis werden sie entweder als „Feste Freie" bezeichnet oder als „12a-Mitarbeiter" – anknüpfend an die Norm des Tarifvertragsgesetzes, die den Arbeitnehmerähnlichen in den Medien für Tarifverträge definiert. Obwohl ein freier Mitarbeiter den Status des § 12a TVG, den der Arbeitnehmerähnlichkeit, aufgrund des tatsächlichen Umfangs seiner Beschäftigung erlangt, ist es das Ergebnis geplanter Personalpolitik, wer diesen Status erlangt und wer nicht. Freie Mitarbeiter, die nach dem Willen des Unternehmens solche bleiben sollen, dürfen nicht über eine bestimmte Verdienst- bzw. Beschäftigungsgrenze in einem bestimmten Zeitraum gelangen. Die Unternehmen schließen mit den Mitarbeitern, die im Status der Arbeitnehmerähnlichkeit beschäftigt werden sollen, Rahmenverträge, die den Umfang der zeitlichen Beschäftigung bzw. des Verdienstes regeln. Zur Überwachung dieses Statusverfahrens werden Computerprogramme geführt, in die die Personalverantwortlichen einer Abteilung die beabsichtigte Beschäftigung eines Mitarbeiters eingeben müssen[40]. Würde die beabsichtigte Beschäftigung den anfangs vereinbarten Status des Mitarbeiters verändern oder gefährden, bedürfte diese Beschäftigung einer besonderen Begründung durch die Personalverantwortlichen einer Abteilung[41]. Die Regelung und Überwachung dieser Verfahren wird Kommissionen übertragen, die für die Statusrechtsprechung der Arbeitsgerichte sensibilisiert sind und ihre internen Personalinstrumentarien an diese Rechtsprechung, in Kombination mit der eigenen Personalpolitik, anpassen[42].

---

[40] Vor einer Unterstützung durch EDV-Systeme wurden so genannte *Prognosezettel* an die Abteilung Honorare und Lizenzen übermittelt, vgl. Mitteilung beim WDR vom 11.09.1979, abgedruckt als Anlage 4 in *Uthoff/Deetz/Brandhofe/Nöh*, Funktionsverluste des Rundfunks, S. 169, näher S. 13; ebenso *Seidel*, Medienmensch im Tarifvertrag, ZUM-Sonderheft 2000, S. 660 ff., S. 664; *Dörr*, Freie Mitarbieter und Rundfunkfreiheit, FS Thieme, S. 911, S. 912; Gegenstand des Sachverhalts auch in BAG vom 22.04.1998, 5 AZR 2/97, AP Nr. 100 zu § 611 BGB Abhängigkeit.

[41] *Diejenige/derjenige, die/der die Beschäftigung veranlasst hat, muss begründen, warum nicht vor der Beschäftigung die Prüfung auf Einhaltung der Beschäftigungsgrenzen sowie die Buchung im EDV-System erfolgt sind*, Ziff. 3.5.2. der Dienstanweisung für die Beschäftigung freier Mitarbeiter beim NDR.

[42] *Dörr*, Freie Mitarbeit und Rundfunk, FS Thieme S. 911 ff., S. 912.

II. Tarifstruktur

Für die unterschiedlichen Beschäftigungsformen in den Medienunternehmen, die kein Arbeitsverhältnis sind, haben eine Vielzahl der Unternehmen (Haus-) Tarifverträge abgeschlossen.

Wichtigster Tarifvertrag für die Arbeitnehmer ist der Rahmentarifvertrag bzw. Manteltarifvertrag. Dieser ist nur auf die in einem Arbeitsverhältnis Beschäftigten und nicht auch auf die Arbeitnehmerähnlichen anwendbar. So sehen alle Manteltarifverträge in ihrem persönlichen Geltungsbereich die Anwendbarkeit nur für Arbeitnehmer vor[43]. Die Arbeitnehmerähnlichen werden aus dem Geltungsbereich ausgenommen[44]. Der Rahmentarifvertrag wird ergänzt durch eine Vielzahl von Durchführungstarifverträgen, die Details zu einzelnen Fragen der Beschäftigung regeln. Auch die Durchführungstarifverträge gelten exklusiv für Arbeitnehmer.

Für die befristet beschäftigten Arbeitnehmer sind häufig eigene Tarifverträge zustande gekommen, die sowohl die Form als auch die Gründe befristeter Beschäftigung regeln[45].

Für die übrigen Beschäftigten bestehen „Grundtarifverträge", die die Mindestbedingungen der Beschäftigung in den Unternehmen regeln. Sie gelten für die freien Mitarbeiter ebenso wie für die „Festen Freien", die Arbeitnehmerähnlichen. Sie werden als „Tarifverträge für die auf Produktionsdauer Beschäftigten" bezeichnet. In diesen werden grundsätzliche Rechte und Pflichten der Parteien und der Zusammenarbeit geregelt[46].

Für die Arbeitnehmerähnlichen, die „privilegierten Freien", die „Festen Freien" bzw. die „12-a-ler" bestehen zumindest in den öffentlich-rechtlichen Anstalten

---

[43] Ziff. 111.1 des MTV-AN beim NDR; § 1 Ziff. 1 des MTV-AN beim HR; Ziff. 111.1. des MTV-AN beim SWR; § 1 Abs. 1 des MTV-AN beim SR; Ziff. 1.1.1. Abs. 1 des MTV-AN beim MDR; § 2 Abs. 1 des MTV-AN beim WDR; § 1 S. 1 des MTV-AN beim ZDF.

[44] Ziff. 111.3, 111.4 des MTV-AN beim NDR; § 1 Ziff. 2 lit. d des MTV-AN beim HR; Ziff. 111.2., 111.3 des MTV-AN beim SWR; § 1 Abs. 3 des MTV-AN beim SR; Ziff. 1.1.2. lit. b. des MTV-AN beim MDR; § 2 Abs. 3 lit. c. des MTV-AN beim WDR; § 2 lit. d., f. des MTV-AN beim ZDF.

[45] So z. B. der TV für befristete Programmmitarbeit beim NDR; die Tarifverträge für auf Produktionsdauer Beschäftigte beim WDR, beim ZDF, beim NDR; beim SWR z. B. als „TV über die Mindestbedingungen für die Beschäftigung freier Mitarbeiter und Mitarbeiterinnen".

[46] *Seidel*, Medienmensch im Tarifvertrag, ZUM-Sonderheft 2000, S. 660 ff., S. 661.

weitergehende Tarifverträge[47]. Während die Tarifverträge für auf Produktionsdauer Beschäftigte nur auf die Beschäftigung selbst eingehen und Rechte und Pflichten nur in Bezug auf die Tätigkeit regeln, gewähren die Tarifverträge für arbeitnehmerähnliche Personen darüber hinaus unterschiedliche Formen von Bestandsschutz. An erster Stelle legen die Tarifverträge fest, wer überhaupt arbeitnehmerähnlich ist, wer also vom Schutzbereich des Tarifvertrags erfasst wird. Darüber hinaus werden einzelne Schutzpflichten zugunsten der Arbeitnehmerähnlichen begründet.

Die Tarifverträge für Arbeitnehmerähnliche werden häufig anhand weiterer Durchführungstarifverträge ergänzt: In diesen werden einzelne Bereiche zugunsten der Arbeitnehmerähnlichen geregelt, wie Urlaubsregelungen[48], Zahlungen im Krankheitsfall[49] oder bei Schwangerschaft[50] oder besonderer Bestandsschutz[51].

Die Tarifverträge für auf Produktionsdauer Beschäftigte und Arbeitnehmerähnliche werden entweder durch die Mitgliedschaft des Beschäftigten zur tarifschließenden Gewerkschaft oder durch individualvertragliche Bezugnahme Bestandteil des Beschäftigungsverhältnisses. Die einzelnen Dienst- und Werkverträge, die den Beschäftigten angeboten werden, verweisen auf die in den Medienunternehmen bestehenden kollektivrechtlichen Vereinbarungen.

III. Zusammenfassung

Die Beschäftigung von Arbeitnehmerähnlichen hat sich in den Rundfunk- und Fernsehunternehmen etabliert. Nicht nur für die Arbeitnehmer, sondern auch für die Arbeitnehmerähnlichen sind Tarifverträge zustande gekommen, die das Rechtsverhältnis der Arbeitnehmerähnlichen maßgebend bestimmen. Oft bestehen Grundtarifverträge und darüber hinaus, für bestimmte Bereiche, weitere Durchführungstarifverträge.

---

[47] Überblick bei *Nies*, Arbeitnehmerähnliche und Gewerkschaften, ZUM-Sonderheft 2000, S. 653 ff., S. 656.
[48] So z.B. Urlaubstarifvertrag beim ZDF; Durchführungs-TV Nr. 3 beim BR.
[49] So z.B. „TV über die Gewährung von Sozialleistungen" beim HR; TV über Zahlungen im Krankheitsfalle beim ZDF; Durchführungs-TV Nr. 1 beim BR.
[50] So z.B. „TV über die Gewährung von Sozialleistungen" beim HR; Mutterschutztarifvertrag beim ZDF; Durchführungs-TV Nr. 2 beim BR.
[51] So z.B. „TV über die Gewährung von Bestandsschutz" beim HR.

§ 12a TVG gibt den Tarifparteien eine Tarifautonomie auch für die Arbeitnehmerähnlichen. Diese Tarifautonomie kann nicht durch entsprechende Vereinbarungen in den Tarifverträgen erweitert werden, die Tarifvertragsparteien können also nicht für eine Gruppe, die weitere Beschäftigte außer den Arbeitnehmerähnlichen erfasst, Tarifverträge abschließen.

Im Rahmen ihrer tarifautonomen Regelungsbefugnis können die Parteien aber engere Voraussetzungen an bestimmte, im Tarifvertrag gewährte Ansprüche knüpfen. Die Parteien können daher für personelle Teilbereiche dieser Gruppen Regelungen treffen, besondere Formerfordernisse oder zeitliche Schranken vereinbaren oder umfangreiche Antragsregelungen einer Rechtsfolge vorstellen. Ebenso ist es möglich, innerhalb der Tarifverträge zu differenzieren. So kann eine Urlaubsregelung für alle Arbeitnehmerähnlichen im Sinne des § 12 a TVG vereinbart werden, während Regelungen zur Entgeltfortzahlung oder zum Beendigungsschutz lediglich einen Teil der Gruppe betreffen. Beispielsweise finden sich unterschiedliche Urlaubsregelungen, die als Anspruchsvoraussetzung nicht nur die Arbeitnehmerähnlichkeit, sondern darüber hinaus ein bestimmtes Lebensalter oder eine bestimmte Anzahl von Beschäftigungsjahren verlangen (Seite 96). Auch im Bereich des Bestandsschutzes nehmen die Tarifverträge Abstufungen vor; eine Beendigungsfrist sehen die Tarifverträge teilweise erst nach einer bestimmten Anzahl von Beschäftigungsjahren vor (Seite 199). Insbesondere nehmen die bestehenden Tarifverträge nach dem ihnen zugrunde liegenden System erst nach einem halb- oder sogar einjährigen Beschäftigungszeitraum[52] oder nach einem vom Beschäftigten beantragenden Verfahren[53] einen arbeitnehmerähnlichen Status an, weil die Voraussetzungen des Arbeitnehmerähnlichen erst nach diesem Zeitraum sicher feststehen würden.

Die Arbeitnehmerähnlichen werden also nicht immer gleich behandelt. Es muss danach differenziert werden, in welchem Unternehmen man sich befindet und welcher Anspruch dem Beschäftigten zustehen soll, da die Gruppe der nach § 12a TVG definierten Arbeitnehmerähnlichen innerhalb eines Unternehmens unterschiedlich behandelt werden kann.

---

[52] Ziff. 4.1.1. TV-ANÄ beim BR; § 5 TV-ANÄ beim WDR, § 2 Abs. 2 TV-ANÄ beim ZDF; anders Ziff. 5 TV-ANÄ beim NDR, Ziff. 5 TV-ANÄ beim SWR, § 4 ANÄ-TV der DW.
[53] § 4 ANÄ-TV beim HR.

ZWEITES KAPITEL: UNTERSCHIEDE ZWISCHEN ARBEITNEHMERÄHNLICHEM UND ARBEITNEHMER

Im Folgenden wird untersucht, in welchen Bereichen Unterschiede zwischen freiem Mitarbeiter und Arbeitnehmer bestehen. Die Untersuchung berücksichtigt, dass zugunsten der arbeitnehmerähnlichen Mitarbeiter bei den meisten Unternehmen Tarifverträge gemäß § 12a TVG zustande gekommen sind und dass noch häufiger auch Tarifverträge zugunsten der Festangestellten bestehen.

A. Materiellrechtliche Unterschiede

Die Flexibilität bei der Beschäftigung arbeitnehmerähnlicher Mitarbeiter zeigt sich insbesondere bei den individualrechtlichen Aspekten der Beschäftigung. Im Folgenden werden die Details zur Begründung der Beschäftigung, die Haupt- und Nebenleistungspflichten der Parteien und die Möglichkeiten zur Beendigung der Beschäftigung behandelt. Darüber hinaus ist es eine Frage der individuellen Vertragsbeziehung, ob und wann eine Haftung besteht.

I. Begründung des Beschäftigungsverhältnisses

Bereits bei Begründung des Beschäftigungsverhältnisses bestehen Unterschiede zwischen fest angestelltem Arbeitnehmer und arbeitnehmerähnlichem, freien Mitarbeiter.

1. Zustandekommen

Arbeits-, Dienst- und Werkvertrag sind gegenseitige[54] Verträge, die nach den allgemeinen zivilrechtlichen Regeln, §§ 145 ff. BGB, geschlossen werden[55].

Bei Abschluss des Beschäftigungsvertrags kann die Regel des § 113 BGB zum Tragen kommen: Will ein Minderjähriger ein Dienst- oder Arbeitsverhältnis eingehen, so gilt dieser nach § 113 BGB als unbeschränkt geschäftsfähig, soweit ihn der gesetzliche Vertreter ermächtigt hat[56]. Die Norm gilt aufgrund erwei-

---

[54] MünchArbR/*Richardi*, § 8 Rn. 1; Palandt/*Grüneberg*, Einf v § 320 Rn 5, 9.
[55] Erfk/*Preis*, § 611 BGB Rn. 4, 348; Schaub Arbeitsrechtshandbuch/*Schaub*, § 32 Rn. 16.
[56] Palandt/*Heinrichs*, § 113 Rn. 2; MüKo/*Schmitt*, § 113 Rn. 6.

ternder Auslegung auch für Werkverträge der Arbeitnehmerähnlichen[57]: Nach der ratio der Vorschrift, dem Minderjährigen einen Freiraum für die rechtliche Ausgestaltung seiner Erwerbstätigkeit zu geben, gilt die Norm für alle Rechtsverhältnisse, die den Minderjährigen gegenüber einem anderen zur persönlichen Leistung von Dienstleistungen gegen Entgelt verpflichten[58]. Nach Aussage der einzelnen Medienunternehmen werden Minderjährige aber nicht im Status eines Arbeitnehmerähnlichen beschäftigt. Wenn Minderjährige beschäftigt werden, handelt es sich um Schulpraktikanten, mit denen – wenn überhaupt – freie Dienst- oder Werkverträge zustande kommen. Praktikanten und Volontäre werden regelmäßig aus dem Anwendungsbereich der Tarifverträge ausgenommen[59].

a) Abschlussfreiheit

Beim Zustandekommen der Verträge gilt der Grundsatz der Vertragsfreiheit[60]. Der Dienst- bzw. Arbeitgeber ist frei in seiner Entscheidung, ob und mit wem er ein Vertragsverhältnis eingeht[61]. Für einen Arbeitgeber wird dies in § 105 S. 1 i.V.m. § 6 Abs. 2 GewO ausdrücklich klargestellt; soweit nicht zwingende Vorschriften, Tarifverträge oder Betriebsvereinbarungen entgegenstehen, können die Parteien Abschluss, Inhalt und Form des Arbeitsvertrages frei bestimmen. So deutlich wird der Abschluss des Mitarbeitervertrages eines Arbeitnehmerähnlichen nicht geregelt. § 105 S. 1 GewO spricht in seiner amtlichen Überschrift ausdrücklich von der „Freien Gestaltung des Arbeitsvertrages" und nicht von der freien Gestaltung des freien oder arbeitnehmerähnlichen Mitarbeitervertrags. Auch § 6 Abs. 2 GewO ist nicht für Arbeitnehmerähnliche oder die sonstigen freien Mitarbeiter anwendbar. Dies ist aber auch nicht erforderlich. Denn der Grundsatz der Vertragsfreiheit gilt für alle Verträge[62] und demnach auch für den Vertrag zur Beschäftigung des arbeitnehmerähnlichen Mitarbeiters.

---

[57] BAG vom 20.04.1964, 5 AZR 278/63; Palandt/*Heinrichs*, § 113 Rn. 2; MüKo/*Schmitt*, § 113 Rn. 6.
[58] Staudinger/*Knothe*, § 113 Rn. 9.
[59] Ziff. 1.2. ANÄ-TV beim NDR; Ziff. 1.2. lit. f. TV für auf Produktionsdauer Beschäftigte beim NDR; Ziff. 1.3. ANÄ-TV beim SWR; Ziff. 1.2. ANÄ-TV beim SR; Ziff. 1.1.2. lit. a. ANÄ-TV beim MDR; Ziff. 1.2. lit g. TV für auf Produktionsdauer Beschäftigte beim WDR; § 1 Abs. 2 ANÄ-TV beim WDR; § 1 Abs. 2 Ziff. 4 ANÄ-TV der DW; § 1 Ziff. 3 lit. b. ANÄ-TV beim ZDF.
[60] *Brox*, Arbeitsrecht, Rn. 161; Schaub, Arbeitsrechtshandbuch/*Schaub*, § 31 Rn. 2, Rn. 3 f.
[61] Ausnahmen in ErfK/*Preis* § 611 BGB Rn. 390.
[62] Palandt/*Heinrichs*, BGB, Einf v § 145 Rn 8 ff.

Daher gelten nur die allgemeinen und seltenen Fälle eines Kontrahierungszwangs, die im gesamten Zivilrecht Geltung verlangen. Als Anspruchsgrundlage kommt die wettbewerbsrechtliche Regelung der §§ 20 Abs. 1, 33 GWB in Betracht[63].

b) Verbot geschlechtsbezogener Benachteiligung, § 611 a BGB

In § 611 a Abs. 1 BGB besteht ein an den Arbeitgeber gerichtetes, geschlechtsbezogenes Benachteiligungsverbot. Gemäß § 611 a Abs. 2 BGB hat ein Bewerber einen finanziellen Entschädigungsanspruch, wenn der Arbeitgeber bei Begründung des Arbeitsverhältnisses gegen das in Absatz 1 geregelte Benachteiligungsverbot verstößt. Die Vorschrift wurde 1980 in das BGB eingefügt[64] und dient der Umsetzung der europäischen Gleichbehandlungsrichtlinie[65] vom 09.02.1976. Durch § 611 a BGB wird der Arbeitgeber aber nicht verpflichtet, einen bestimmten Bewerber einzustellen.

Der Wortlaut des § 611 a BGB ist auf Arbeitsverhältnisse beschränkt; die Norm spricht nur vom „Arbeitsverhältnis", vom Benachteiligungsverbot des „Arbeitnehmers" in Abs. 1; Adressat der Norm ist nur der „Arbeitgeber". Das weitergehende Dienst- oder sonstige Beschäftigungsverhältnis wird nicht erwähnt. Teilweise wird deshalb in der Literatur davon ausgegangen, dass die Norm ausschließlich für Arbeitsverhältnisse gelte[66]. Andere sind der Ansicht[67], dass eine richtlinienkonforme Auslegung weitergehend die „Beschäftigung" und damit sowohl Dienst- als auch Arbeitsverhältnisse erfasse[68]. Die Rechtsprechung hatte bislang keine Möglichkeit, Stellung zur Anwendung des § 611 a BGB auch auf Arbeitnehmerähnliche zu nehmen.

Allein die an die Legislative gerichtete, gemeinschaftsrechtliche Pflicht zur richtlinienkonformen Auslegung reicht aber nicht aus, eine so weitgehende Auslegung des § 611a BGB anzunehmen. Die amtliche Begründung zu § 611a BGB

---

[63] Vgl. *Schubert*, Arbeitnehmerähnliche Person, S. 183; *Kling/Thomas*, Wettbewerbs- und Kartellrecht, S. 430.
[64] Gesetz über die Gleichbehandlung von Männern und Frauen am Arbeitsplatz und über die Erhaltung von Ansprüchen bei Betriebsübergang, BGBL, Teil I S. 1308.
[65] EG-RL 76/207.
[66] MünchArbR/*Richardi*, § 11 Rn. 12; Staudinger/*Annuß*, § 611 a BGB Rn. 24.
[67] Staudinger/*Annuß*, § 611 a Rn. 1.
[68] Vgl. Richtlinie 76/207/EWG in seiner amtlichen Bezeichnung, in der Präambel, in Artikel 1 Abs. 1, 3 Abs. 1; ErfK/*Schlachter*, § 611 a BGB Rn. 6; Palandt/*Weidenkaff*, § 611 a Rn. 2; *Schubert*, Arbeitnehmerähnliche Person, S. 192.

lässt auch nicht den Schluss zu, dass die Norm über das Arbeitsverhältnis hinaus für weitere Dienstverhältnisse gelten soll. Vielmehr ist dort nur vom „Arbeitnehmer", vom „Arbeitgeber", vom „Arbeitsverhältnis" und vom „Arbeitsvertragsrecht" die Rede[69]. Daher ist davon auszugehen, dass sich das geschlechtsbezogene Benachteiligungsverbot neben dem Arbeitsverhältnis nicht auch auf sonstige Dienstverhältnisse erstreckt. Weder die freien Mitarbeiter noch die Arbeitnehmerähnlichen können den Schutz des § 611a BGB beanspruchen.

Eine Einschränkung kann die Vertragsfreiheit durch das neue Antidiskriminierungsgesetz oder allgemeine Gleichbehandlungsgesetz erfahren, das die Gleichbehandlung im Sinne des Artikels 3 GG verbessern und vier europarechtliche Richtlinien in nationales Recht umsetzen soll[70]. Ein Gesetzesentwurf befand sich bereits in der fünfzehnten Legislaturperiode im Gesetzgebungsverfahren. Der Entwurf erfasste auch die Arbeitnehmerähnlichen. Nach der legislativen Begründung wollte das Gesetz

alle Beschäftigten sowohl in der Privatwirtschaft als auch im öffentlichen Dienst

erfassen[71]. Bereits ein Bewerber um eine Beschäftigung galt als Beschäftigter. Die Rechtsfolgen blieben auf Schadensersatz beschränkt; ein Anspruch auf Beschäftigung war ausgeschlossen. Der Gesetzesentwurf verfiel der Diskontinuität, wurde aber nahezu unverändert von der Fraktion Bündnis 90/ Die Grünen in die sechzehnte Legislaturperiode eingebracht[72]. Die erste Beratung hat am 20. Januar 2006 stattgefunden und der Gesetzentwurf wurde in die Ausschüsse verwiesen[73].

c) Zugrunde liegender Vertragstypus

Beim Arbeitsvertrag handelt es sich immer um einen Dienstvertrag nach §§ 611 ff. BGB[74]. Der Arbeitsvertrag stellt also eine besondere Form des

---

[69] BT-Drs. 8/3317, S. 6 f.
[70] Antirassismus-Richtlinie (2000/43/EG), Rahmen-Richtlinie zur Umsetzung der Gleichberechtigung (2000/78/EG), Revidierte Gleichbehandlungsrichtlinie (2002/73/EG), Richtlinie zur Gleichstellung der Geschlechter (Europarats-Dok. Nr. 14438/04).
[71] BT-Drs. 15/4538, S. 31; Gesetzesentwurf der SPD-Fraktion, S. 78.
[72] BT-Drs. 16/297.
[73] Siehe unter „http://dip.bundestag.de/gesta/GESTA.online.16.pdf"
[74] ErfK/*Preis*, § 611 BGB Rn. 4; Schaub, Arbeitsrechtshandbuch/*Schaub*, § 28 Rn. 3; § 36 Rn. 1.

Dienstvertrags dar. Auch der freie Mitarbeiter und der Arbeitnehmerähnliche in den Medien werden in der Regel im Rahmen eines Dienstvertrages tätig, die Tätigkeit kann aber ebenso auf einem Werkvertrag nach §§ 631 ff. BGB beruhen[75]. Ein bestimmtes, noch herzustellendes Stück kann auch auf der Grundlage eines Werklieferungsvertrags geschuldet sein; ebenso kann die Recherche über ein bestimmtes Thema aufgrund eines Auftrags geschuldet sein[76].

Schließlich gehen auch § 12a TVG und die geschlossenen Tarifverträge davon aus, dass arbeitnehmerähnliche Personen aufgrund von Dienst- oder Werkverträgen für andere Personen tätig werden können[77].

Wird das Tätigwerden des Arbeitnehmerähnlichen aufgrund eines Werkvertrages vereinbart, so schuldet dieser dem Besteller den Erfolg seiner Tätigkeit[78]. Wer als Dienstnehmer tätig wird, schuldet dagegen nur das erfolgsorientierte Tätigwerden, in der Regel zu bestimmten Zeiten[79]. Wird ein freier Mitarbeiter mit der Erstellung eines Fernsehbeitrags beauftragt, so kann dies sowohl auf Dienst- als auch auf Werksvertragsbasis geschehen. Die Bezahlung für den Werkvertrag wird dann pro Minute Sendezeit abgerechnet (i. d. R. ein Tagessatz entspricht 60 Sekunden Sendebeitrag), die Bezahlung für den Dienstvertrag nach aufgewendeten Tagen[80].

Welcher Vertrag für welche Tätigkeit gewählt wird, handhaben die Rundfunkanstalten unterschiedlich. Es erscheint aber sinnvoll, bei einer teamorientierten und damit präsenzpflichtigen Tätigkeit eine zeitbezogene Vergütung und bei einer orts- und zeitunabhängigen Tätigkeit die erfolgsorientierte Vergütungsform und damit der entsprechende Vertragstypus zu wählen. So kann, wenn der Beschäftigte nicht anwesend ist, die Leistungserbringung durch die Fertigstellung des Produkts geprüft werden.

---

[75] Schaub, Arbeitsrechtshandbuch/*Schaub*, § 9 Rn. 2; *v. Ohlenhusen*, Freie Mitarbeit in den Medien, Rn. 89 f.
[76] ErfK/*Preis*, § 611 BGB Rn. 136.
[77] Diese Regelung wird auch von den zustande gekommenen Tarifverträgen übernommen, so z.B. Tarifvertrag des BR für Arbeitnehmerähnliche Personen Ziff. 1.1.1.
[78] Palandt/*Sprau*, Einf v § 631 Rn. 8; *Trittin*, Umbruch des Arbeitsvertrages, NZA 2001, S: 1003.
[79] MünchArbR/*Blomeyer*, § 48 Rn. 64; Schaub, *Schaub*, Arbeitsrechtshandbuch, § 28 Rn. 8.
[80] Vgl. Ziff. 4.2. Tarifvertrag für auf Produktionsdauer Beschäftigte beim NDR.

d) Formerfordernisse

Es kann erforderlich sein, dass zur Wirksamkeit eines Vertragsschlusses bestimmte Formvorschriften beachtet werden müssen. Die Missachtung von Formvorschriften kann die Nichtigkeit des Vertrags gemäß § 125 BGB zur Folge haben. Die Formvorschrift kann aber auch als Haupt- oder Nebenpflicht des Vertrags formuliert werden. In diesem Fall ist der Vertrag wirksam und der Formverstoß stellt lediglich eine Pflichtverletzung dar.

(1) Allgemeine Regelungen

Besondere gesetzliche Formerfordernisse für die Begründung eines Arbeits-, eines freien oder eines arbeitnehmerähnlichen Mitarbeitverhältnisses bestehen nicht[81].

Das Nachweisgesetz regelt zwar in § 2 die schriftliche Niederlegung des Vertragsinhaltes, diese ist aber nicht konstitutiv für die Wirksamkeit des geschlossenen Vertrages[82], da gemäß § 2 Abs. 1 S. 1 NachwG eine schriftliche Niederlegung erst nach Beginn und Aufnahme der Beschäftigung erfolgen muss. Die Pflicht der schriftlichen Niederlegung setzt damit ein vorheriges Zustandekommen des Vertrags voraus, so dass die Schriftform nicht Bedingung für das Zustandekommen sein kann. Nach § 1 NachwG ist das Gesetz nur für Arbeitsverhältnisse anzuwenden, so dass es nach seinem Wortlaut keine Anwendbarkeit für die arbeitnehmerähnlichen oder freien Mitarbeiter entfaltet. Dies folgt auch aus einem Umkehrschluss, denn in anderen Schutzgesetzen zeigt die Legislative ihren Willen zur Einbeziehung durch die ausdrückliche Erweiterung des Anwendungsbereichs[83], vgl. z.B. § 2 BUrlG.

(2) Kollektivrechtliche Vereinbarungen

Über die gesetzlichen Anforderungen hinaus verlangen eine Reihe von Tarifverträgen die Schriftform für den Abschluss oder die Änderung von Arbeitsverträgen. Wird in Tarifverträgen die Schriftform für einen Arbeits- oder freien Mitarbeitervertrag festgelegt, so ist § 126 BGB anwendbar, da der entsprechende Teil des Tarifvertrags bzw. der Betriebsvereinbarung selbst Rechtsnorm ist[84], vgl. §§

---

[81] *Brox*, Arbeitsrecht, Rn. 168. Schaub, Arbeitsrechts-Handbuch/*Schaub*, § 32 Rn. 38.
[82] Schaub, Arbeitsrechtshandbuch/*Schaub*, § 32 Rn. 40; ErfK/*Preis*, § 2 NachwG Rn. 1.
[83] ErfK/*Preis*, § 1 NachwG Rn. 5.
[84] Palandt/*Heinrichs*, § 126 Rn 1.

1 Abs. 1, 4 Abs. 1 TVG, § 77 Abs. 4 S. 1 BetrVG[85]. Darüber hinaus bestimmt Art. 2 EGBGB, dass unter „Gesetz" im Sinne des BGB jede Rechtsnorm – und damit auch Tarifverträge und Betriebsvereinbarungen – zu verstehen ist[86].

Die Tarifverträge sehen für die Arbeitnehmer das Schriftformerfordernis lediglich als vertragliche Pflicht aus und nicht als Wirksamkeitserfordernis für das Zustandekommen des Arbeitsverhältnisses vor. So wird die Verwendung bestimmter Formulare[87], die schriftliche Bestätigung mündlich geschlossener Verträge[88] oder die Übergabe einer schriftlichen Ausfertigung des Arbeitsvertrags vor Arbeitsantritt[89] verlangt.

Für die Beschäftigungsverhältnisse von Arbeitnehmerähnlichen muss differenziert werden. Hinsichtlich der konkreten Beschäftigung für eine bestimmte Produktionsdauer bestehen Schriftformverpflichtungen wie bei den Arbeitnehmern, so dass der Beschäftigte die schriftliche Ausfertigung des Vertrags für seine Beschäftigung verlangen kann[90]. Für die arbeitnehmerähnlichen Rahmenverhältnisse verlangen die Tarifverträge dagegen keine schriftliche Fixierung; es reicht aus, dass der Beschäftigte die materiellen Voraussetzungen erfüllt, um nach den jeweiligen Tarifverträgen als arbeitnehmerähnlich qualifiziert zu werden[91]. Allein der Tarifvertrag beim HR verlangt bei Begründung des arbeitnehmerähnlichen Rechtsverhältnisses die Schriftform[92].

---

[85] *Löwisch/Kaiser*, BetrVG, § 77 Rn. 16.
[86] Staudinger/*Merten*, Art. 2 EGBGB, Rn. 79, 85.
[87] Ziff. 211.2, 211.3 des RahmenTV für AN beim NDR; § 3 Ziff. 1 MTV-AN beim WDR.
[88] TV für befristete Programmmitarbeit beim NDR.
[89] Ziff. 221 des MTV für AN beim Bayrischen Rundfunk; Ziff. 211.1., 211.2. des MTV für AN beim SWR; §§ 1, 2 MTV für AN beim SR; MTV für die AN beim MDR; § 3 Ziff. 1 MTV-AN beim WDR; MTV für AN beim ZDF; § 4 Ziff. 2 TV-AN beim HR; § 2 MTV privater Rundfunk (TPR).
[90] Tarifvertrag über Mindestbedingungen für die Beschäftigung freier Mitarbeiter und Mitarbeiterinnen beim SWR; Tarifvertrag für auf Produktionsdauer Beschäftigte des WDR; Ziff. 2.1. des TV für auf Produktionsdauer Beschäftigte beim NDR; TV für Freie Mitarbeiterinnen und Freie Mitarbeiter des MDR; Ziff. 2.1. des TV für auf Produktionsdauer Beschäftigte beim WDR; § 4 des TV für ANÄ bei der DW.
[91] Ziff. 4.1.1. des TV für arbeitnehmerähnliche Personen beim BR; Tarifvertrag für ANÄ beim SWR; Ziff. 5.1. des Tarifvertrags für die beim SR beschäftigten arbeitnehmerähnlichen Personen nach § 12 a TVG; § 2 Ziff. 1 des Bestandsschutztarifvertrags für ANÄ beim ZDF; § 5 MTV des WDR, § 4 TV Dt. Welle, etc.
[92] § 3 des Tarifvertrags über die Gewährung von Bestandsschutz beim HR.

Die unterschiedliche Regelung der einzelnen Beschäftigung und des arbeitnehmerähnlichen Rahmenvertrages erscheint sinnvoll: Beim konkreten Einzelvertrag stehen sich versprochene Dienste und vereinbartes Honorar als Hauptleistungspflichten gegenüber, es werden also beide Vertragsparteien berechtigt und verpflichtet. Dagegen gewährt das arbeitnehmerähnliche Rahmenverhältnis einseitig zugunsten des Arbeitnehmerähnlichen weitere Sozialschutzansprüche, ohne Gegenleistungen des Arbeitnehmerähnlichen an das Rundfunkunternehmen zu begründen. Die Voraussetzung der Arbeitnehmerähnlichkeit erreichen die Beschäftigten, indem sie sich als freie Mitarbeiter so häufig beschäftigen lassen, dass sie die tatsächlichen Voraussetzungen der Arbeitnehmerähnlichkeit nach § 12a TVG und den Medientarifverträgen erreichen. Natürlich beschäftigen auch die Unternehmen die freien Mitarbeiter in einem kontrollierten Umfang; sie sind sich bewusst, dass sie dem Rechtsverhältnis mit ihren Beschäftigten eine andere rechtliche Qualität geben, wenn sie einen bestimmten Umfang der Beschäftigung überschreiten[93]. Würde man auch an den Status der Arbeitnehmerähnlichkeit ein Schriftformerfordernis knüpfen, würde es dem Schutz der Beschäftigten zuwider laufen, da neben dem Erreichen eines bestimmten Beschäftigungsumfanges außerdem eine schriftliche Vereinbarung erforderlich wäre, um die Qualifikation der Arbeitnehmerähnlichkeit zu erreichen.

e) Anwendung der §§ 307 ff. BGB

Arbeitsverträge sind seit dem Inkrafttreten des Schuldrechtsmodernisierungsgesetzes[94] auch einer Inhaltskontrolle nach §§ 307 ff. BGB zu unterziehen, wenn diese die Voraussetzungen der §§ 305 bis 306 BGB erfüllen[95]. Dabei sind bei einer Inhaltskontrolle die

im Arbeitsrecht geltenden Besonderheiten angemessen zu berücksichtigen,

§ 310 Abs. 4 S. 2 BGB[96]. Vor Einbeziehung des AGBG in das BGB schloss § 23 Abs. 1 AGBG eine Anwendung des AGBG auf Arbeitsverträge aus, auch wenn bereits zu diesem Zeitpunkt aus dem Bedürfnis für eine richterliche Kontrolle der einseitigen und vom Arbeitgeber festgesetzten Arbeitsbedingungen

---

[93] *Griebeling*, Mitarbeit in den Medien, ZUM-Sonderheft 2000, S. 646 ff., S. 651.
[94] Gesetz zur Modernisierung des Schuldrechts vom 26.11.2001, BGBL Teil I, S. 3138.
[95] Vgl. zum Gesetzgebungsverfahren: *Konzen*, AGB-Kontrolle im Arbeitsvertragsrecht, FS Hadding, S. 145 ff.
[96] Vgl. hierzu auch *Konzen*, AGB-Kontrolle im Arbeitsvertragsrecht, FS Hadding, S. 145 ff., S. 161.

heraus eine richterliche Billigkeitskontrolle von Arbeitsverträgen anerkannt war und stattgefunden hat[97]. Wird der Arbeitnehmer in Zukunft als Verbraucher auch bei Eingehung eines Arbeitsverhältnisses qualifiziert werden[98], so gilt zusätzlich die Fiktion, dass die AGB bzw. die „Allgemeinen Arbeitsbedingungen" vom Unternehmer bzw. Arbeitgeber gestellt sind, wenn sie nicht der Verbraucher und Arbeitnehmer in den Vertrag eingeführt hat, § 310 Abs. 3 Nr. 1 BGB.

Auf Dienst- und Werkverträge und damit auch auf die Verträge der freien Mitarbeiter und Arbeitnehmerähnlichen waren die §§ 305 ff. BGB bzw. das AGBG bereits vor diesem Zeitpunkt anwendbar[99].

f) Ergebnis

Bei Begründung der unterschiedlichen Beschäftigungsverhältnisse ergeben sich keine wesentlichen Unterschiede zwischen der Beschäftigung eines Arbeitnehmers und eines Arbeitnehmerähnlichen. Besondere Abschlussgebote bestehen nicht; insbesondere kann aus den Benachteiligungsverboten kein Kontrahierungszwang abgeleitet werden. Anders als der Arbeitnehmerähnliche kann der Arbeitnehmer aber in diesem Fall einen Schadensersatzanspruch gegen den Arbeitgeber haben. Die essentialia negotii, über die sich die Parteien zum Zeitpunkt der Begründung der Beschäftigung geeinigt haben müssen, sind vergleichbar. Soweit sich der Mitarbeiter zur Leistung verpflichtet, ist die Schriftform sowohl für das Arbeitsverhältnis als auch für die freie Mitarbeit vorgesehen. Allein das zusätzliche, arbeitnehmerähnliche Rechtsverhältnis kann durch Erfüllen der materiellen Voraussetzungen bestehen. Schließlich ist im Rahmen beider Beschäftigungsformen eine Inhaltskontrolle der geschlossenen Verträge anhand der §§ 307 ff. BGB möglich.

---

[97] Palandt/*Heinrichs*, 58. Aufl. 1999, § 23 AGBG Rn. 1; *Konzen*, AGB-Kontrolle im Arbeitsvertragsrecht, FS Hadding, S. 145 ff., S. 148 f.; noch anders in der Gesetzesbegründung, vgl. BT-Drs .7/3919, S. 1.

[98] Siehe zur Diskussion weiter unten in: A.A.V.1.c), S. 175.

[99] ErfK/*Preis*, § 611 Rn. 136; BGH AP Nr. 1 zu § 23 AGBG; *Däubler*, Auswirkungen der Schuldrechtsreform auf das Arbeitsrecht, NZA 2001, S. 1329 ff., S: 1330; Palandt/*Heinrichs*, 60. Aufl. 2001, § 23 AGBG Rn. 1; unentschieden Schaub, Arbeitsrechts-Handbuch/*Schaub*, § 9 Rn. 4; unentschieden auch die Rspr., vgl. BGH v. 18.02.1982, I ZR 81/80, AP Nr. 1 zu § 23 AGBG.

2. Fehlerhafte Begründung

Gegenstand der folgenden Untersuchung ist die Frage, ob und unter welchen Voraussetzungen ein geschlossener Beschäftigungsvertrag nichtig oder zumindest anfechtbar ist. Im Anschluss daran werden die Rechtsfolgen von Nichtigkeit und Anfechtung im Vergleich zwischen Arbeitnehmer und Arbeitnehmerähnlichem gegenüber gestellt.

a) Nichtigkeit

Hinsichtlich der gesetzlichen Gründe für eine Nichtigkeit ergeben sich keine relevanten Unterschiede zwischen Begründung eines freien Mitarbeiter- oder Arbeitsverhältnisses. Sowohl bei den Arbeitnehmern als auch bei den Arbeitnehmerähnlichen kommt die Nichtigkeit des Vertrags aufgrund von Sittenwidrigkeit oder Wucher nach § 138 BGB in Betracht. In beiden Fällen ist die Nichtigkeit als Folge eines Verstoßes gegen ein gesetzliches Verbot nach § 134 BGB möglich[100].

Ob der Verstoß gegen ein gesetzliches Verbot zur Nichtigkeit des Vertrages führt, hängt vom Sinngehalt des Verbots ab. Wird der Zweck des Verbotsgesetzes durch die Nichtigkeitsfolge vereitelt, findet nur eine Vertragsanpassung an den gesetzlich zulässigen Inhalt statt. In der Regel ist dies bei Verstoß gegen Schutzgesetze der Fall[101]. Relevante Schutzgesetze gelten aber nur zugunsten der Arbeitnehmer und nicht für die Arbeitnehmerähnlichen; so zum Beispiel das Arbeitsplatzschutzgesetz[102], das Arbeitszeitgesetz[103] oder das Mutterschutzgesetz[104]. Es gibt nur wenige Schutzgesetze, die sowohl für Arbeitnehmer als auch für Arbeitnehmerähnliche gelten; in der Regel erfolgt eine Einbeziehung der festen Freien nur, wenn es um den Schutz besonders wichtiger und herausragender Rechtsgüter geht. So verwendet beispielsweise das JArbSchG in § 1 den weiten Begriff der „Beschäftigung" statt den des Arbeitsverhältnisses; eben-

---

[100] Schaub, Arbeitsrechts-Handbuch/*Schaub*, § 35 Rn. 11.
[101] *Löwisch*, Arbeitsrecht Rn. 1215; Schaub, Arbeitsrechts-Handbuch/*Schaub*, § 35 Rn. 12; *Däubler*, Auswirkungen der Schuldrechtsreform auf das Arbeitsrecht, NZA 2001, S. 1329 ff., S. 1332.
[102] §§ 1, 15 ArbPlSchG.
[103] §§ 1, 2 Abs. 1 ArbZG.
[104] § 1 MuSchG; vgl. ErfK/*Schlachter*, § 1 MuSchG Rn. 3.

so enthält § 1 der KindArbSchV ein generelles Beschäftigungsverbot, das sich nicht nur auf Arbeitsverhältnisse bezieht[105].

In den Tarifverträgen finden sich für die Arbeitnehmerähnlichen und noch seltener für die freien Mitarbeiter nur bei wenigen Anstalten Schutzbestimmungen, und wenn, dann nie in einem so starken Maß, wie dies einem Arbeitnehmer durch Gesetz oder kollektivrechtliche Regelung zugute kommt. So hat allein der Bayrische Rundfunk ein ausdrückliches Beschäftigungsverbot für Schwangere in seinen Tarifvertrag aufgenommen[106]. Andere Unternehmen sehen durch Entgeltfortzahlungen vor und nach der Entbindung Erleichterungen hinsichtlich eines Beschäftigungsverzichts für die schwangere Beschäftigte vor, regeln aber kein Beschäftigungsverbot[107]. Im Übrigen finden sich Regelungen, die für die Arbeitnehmerähnlichen als Sollvorschrift gefasst sind. So „soll" beim WDR ein Freizeitausgleich stattfinden, wenn die täglichen Beschäftigungszeiten überschritten werden[108].

Ob eine kollektivrechtliche Norm auch „Verbotsgesetz" im Sinne des § 134 BGB sein kann, ist umstritten. Nach der Rechtsprechung und nach einer teilweise vertretenen Ansicht in der Literatur sind die Bestimmungen einer Betriebsvereinbarung oder aus einem Tarifvertrag ebenso zu bewerten wie eine verbietende gesetzliche Bestimmung[109]. Die Vertreter dieser Ansicht begründen ihre Meinung damit, dass nach § 2 EGBG jede Rechtsnorm Gesetz im Sinne des BGB und damit auch des § 134 BGB sei. Sowohl in Betriebsvereinbarungen als auch in Tarifverträgen könnten solche Rechtsnormen enthalten sein, da ihr normativer Teil gemäß § 4 Abs. 1 TVG, § 77 Abs. 4 BetrVG unmittelbare und zwingende Geltung zwischen den Tarifvertragsparteien verlangen würde. Die Gegenansicht subsumiert die Regelungen der Tarifverträge oder der Betriebs-

---

[105] Zwar ist das BeschäftigtenschutzG § 1 Abs. 2 Nr. 1 auch auf Arbeitnehmerähnliche anwendbar, es enthält aber kein Beschäftigungsverbot.
[106] Ziff. 5.1. des Durchführungs-Tarifvertrags Nr. 2 für arbeitnehmerähnliche Personen beim BR.
[107] § 2 TV über Zahlung von Zuschüssen bei der Schwangerschaft für ANÄ beim NDR; Ziff. 6.8. ANÄ-TV beim SWR; § 8 Tarifvertrag für ANÄ über die Gewährung von Sozialleistungen beim HR; Ziff. 5.5.1. ANÄ-TV beim MDR; § 10 Abs. 4 ANÄ-TV beim WDR; Ziff. 4.1. DV-TV Nr. 2 beim BR; Ergänzungs-TV Nr. 3 beim ZDF; Ziff. 7.1. ANÄ-TV beim SR.
[108] Ziff. 6.8. des TV für auf Produktionsdauer Beschäftigte.
[109] BGH vom 14.12.1999, X ZR 34/98, NJW 2000, 1186; Palandt/*Heinrichs*, § 134 Rn. 1.

vereinbarungen dagegen nicht unter die Verbotsgesetze des § 134 BGB[110]. Zwar betrachten auch diese Vertreter gemäß Art. 2 EGBG den normativen Teil von Tarifverträgen als Gesetz. Für § 134 BGB sei es aber darüber hinaus erforderlich, dass die Regelung nicht nur spezielle, sondern allgemeine Geltung beanspruchen könne. Kollektivrechtliche Normen wirkten aber nur in einem bestimmten zeitlichen, örtlichen und personellen Geltungsbereich, so dass eine Allgemeingeltung nicht bestehen würde. Darüber hinaus sei es auch gar nicht erforderlich, die Normen der kollektivrechtlichen Vereinbarungen unter § 134 BGB zu subsumieren, da sowohl § 77 Abs. 4 S. 1 BetrVG für Betriebsvereinbarungen als auch § 4 Abs. 1 S. 1 TVG für Tarifverträge die zwingende Geltung regeln würde. Durch diese Indisponibilität der kollektivrechtlichen Normen werde die Rechtsfolge der Nichtigkeit auch ohne § 134 BGB erreicht.

Dieses abschließende Argument verdeutlicht, dass der Streit nicht zu unterschiedlichen Ergebnissen führt. Während nach der ersten Ansicht die Nichtigkeit aus § 134 BGB in Verbindung mit der kollektivrechtlichen Norm folgt, schließt die zweite Meinung unmittelbar und unter Verzicht auf § 134 BGB durch Anwendung der kollektivrechtlichen Norm auf die Nichtigkeit eines Rechtsgeschäfts. Es handelt sich also um einen rein dogmatischen Streit, ob man die Nichtigkeit eines Rechtsgeschäfts über § 134 BGB in Verbindung mit einem Verbotsgesetz oder über das Verbotsgesetz solitär begründet; Unterschiede für die Behandlung eines freien Mitarbeiters, eines Arbeitnehmerähnlichen oder eines Arbeitnehmers ergeben sich hier jedoch nicht.

b) Anfechtung

Die Anfechtung ist ein Gestaltungsrecht zugunsten des Anfechtungsberechtigten. Während bei der Nichtigkeit bereits das Vorliegen der die Nichtigkeit begründenden Tatsachen ausreicht, ist es für die Anfechtung darüber hinaus erforderlich, dass der Anfechtungsberechtigte sein Gestaltungsrecht durch Erklärung gegenüber dem anderen Teil ausübt.

(1) Möglichkeit der Anfechtung

Ein Teil der früheren Literatur und auch ein Teil der früheren Rechtsprechung haben die Ansicht vertreten, dass bei Begründung eines Arbeitsverhältnisses bereits das Institut der Anfechtung zumindest für den Arbeitgeber ausgeschlossen

---

[110] MüKo/*Mayer-Maly* u. *Armbrüster*, § 134 Rn. 30; MünchArbR/*Richardi*, § 46 Rn. 5; Stau-
Fußnote wird fortgesetzt

sei[111]. Vielmehr müsse man auf die den Dauerschuldverhältnissen typischen Institute der ordentlichen und außerordentlichen Kündigung zurückgreifen, um eine dem Arbeitsrecht angemessene Lösung zu erreichen. Den Anlass, einen möglichen generellen Ausschluss der Anfechtung zu überdenken, erkannten Literatur und Rechtsprechung gemeinsam: Es war offensichtlich, dass im Fall einer Anfechtung des Arbeitsverhältnisses mit einer damit verbundenen Nichtigkeit von Anfang an eine bereicherungsrechtliche Rückabwicklung des Arbeitsverhältnisses stattfinden würde. Diese Rückabwicklung würde aber einseitig den Arbeitgeber bevorzugen, weil der Arbeitnehmer für seine dem nichtigen Vertrag entsprechende Arbeit eine Gegenleistung nur nach bereicherungsrechtlichen Grundsätzen erhalten würde[112]. Auch würde der Arbeitnehmer bei einer bereicherungsrechtlichen Rückabwicklung nicht den ansonsten zwingend festgelegten Sozialschutz genießen.

Um diese für den Arbeitnehmer unbillige Folge zu vermeiden, hat die herrschende Meinung das Institut der Anfechtung nicht ausgeschlossen, sondern eingeschränkt (Seite 50 ff.). Da neben den besonderen Instituten der Dauerschuldverhältnisse auch die des allgemeinen zivilrechtlichen Teils auf das Arbeitsverhältnis Anwendung finden und weil es sich bei Anfechtung und Kündigung um

> wesensverschiedene Instrumente privatautonomer Gestaltung[113]

handelt, die eine unterschiedliche Störung und einen unterschiedlichen materiellen Geltungsgrund betreffen und schließlich auch eine unterschiedliche Ordnungsfunktion im geltenden Recht erfüllen[114], schließt die herrschende Meinung die Anfechtung aber zutreffend nicht vollständig zugunsten der Kündigung aus.

Die Diskussion um eine Einschränkung der Anfechtung wurde freilich nur für die Arbeitsverhältnisse geführt. Das Ergebnis der herrschenden Meinung, dass eine Anfechtung nicht ausgeschlossen werden kann, muss a maiore ad minus aber für alle freien Mitarbeiterverhältnisse gelten, da für diese die arbeitsrechtlichen Besonderheiten keine Berücksichtigung finden. Ein freies Mitarbeiterver-

---

dinger/*Sack*, § 134 Rn. 24.

[111] LAG Baden-Württemberg, DB 1956, S. 1236; *Gamillscheg*, Entwicklung des Individualarbeitsrechts, AcP 176, 197 ff., S. 216 f., *Hönn*, Problematik fehlerhafter Arbeitsverhältnisse, ZfA 1987, 61 ff (78).

[112] MünchArbR/*Richardi*, § 46 Rn. 57.

[113] *Picker*, Anfechtung von Arbeitsverträgen, ZfA 1981, S. 1, S. 35 ff.

[114] *Picker*, Anfechtung von Arbeitsverträgen, ZfA 1981, S. 1, S. 20 ff.

hältnis oder ein arbeitnehmerähnliches Verhältnis zwischen Auftraggeber und -nehmer ist also zumindest ebenso anfechtbar wie ein Arbeitsverhältnis.

(2) Anfechtungsgrund

Bei der Anfechtung eines Arbeitsverhältnisses bestehen Einschränkungen hinsichtlich des berechtigenden Anfechtungsgrundes, wenn die Anfechtung aufgrund einer Täuschung oder eines Irrtums über eine verkehrswesentliche Eigenschaft möglich sein soll, §§ 119 Abs. 2, 123 BGB. Der Irrtum über eine Eigenschaft berechtigt den irrenden Arbeitgeber nur dann zur Anfechtung des Vertrags, wenn er den Bewerber zulässigerweise nach dieser Eigenschaft im Rahmen des Bewerbungsgesprächs hätte fragen können[115]. Dieser Grundsatz gilt auch, wenn der Bewerber auf die Frage nach einer solchen Eigenschaft lügt: Dem Bewerber steht ein Notwehrlügerecht zu und der Arbeitgeber kann den Vertrag nicht aufgrund einer Täuschung gemäß § 123 BGB anfechten.

Aufgrund von Tendenzschutz und Rundfunkfreiheit steht dem Arbeitgeber ein weitergehendes Fragerecht gegenüber Bewerbern um programmgestaltende Tätigkeiten zu: In Tendenzunternehmen besteht das Recht, dem Bewerber tendenzbezogene Fragen, die sich beispielsweise auf politische oder religiöse Überzeugungen beziehen, zu stellen[116]. Dieses Recht kommt auch den Rundfunkanstalten zugute. Das Unternehmen hat ein berechtigtes Interesse an der Kenntnis von Eigenschaften des Bewerbers, die seine programmgestaltende Tätigkeit prägen können. Die Grenze für dieses weitergehende Fragerecht ist eine übermäßige Ausforschung des Arbeitnehmers[117].

Ob eine solche Einschränkung der Anfechtungsmöglichkeiten auch für arbeitnehmerähnliche Mitarbeiter gilt, ist von der Rechtsprechung bislang nicht beantwortet worden. Dass die Gerichte diese Gelegenheit nicht hatten, liegt in der Natur der bestandsschutzlosen bzw. -reduzierten Beschäftigung, da die Beschäftigungsverhältnisse auch ohne das Institut der Anfechtung leicht beendet werden können: Sollten dem Auftraggeber Umstände zur Kenntnis gelangen, die ihn zu einer Loslösung motivieren, so kann er die Beschäftigung bereits dadurch beenden, dass er dem freien Mitarbeiter keine weiteren Aufträge oder Dienste mehr

---

[115] BAG vom 25.03.1976, 2 AZR 136/75, AP Nr. 19 zu § 123 BGB; BAG vom 15.10.1992, 2 AZR 227/92, AP Nr. 8 zu § 611 a BGB; ErfK/*Preis*, § 611 BGB, Rn. 429; aA *Gamillscheg*, Entwicklung des Individualarbeitsrechts, AcP 176, S. 196 ff, S. 217.

[116] ErfK/*Dieterich*, Art. 5 GG Rn. 73.

[117] ErfK/*Dieterich*, Art. 5 GG Rn. 73.

erteilt. Fehlt ihm durch (kollektivrechtlichen) Bestandsschutz die rechtliche Möglichkeit, so ist der Freie bereits seit Jahren beim Auftraggeber beschäftigt und deshalb sind auch hier die Fälle, in denen eine Anfechtung erfolgen soll, selten. Es gelten für die einzelnen Werk- und Dienstverträge die gleichen Grundsätze wie bei den Arbeitsverhältnissen. Hat der Beschäftigungsgeber ein berechtigtes Interesse an der Kenntnis bestimmter Eigenschaften des Mitarbeiters, so steht ihm ein Fragerecht zu. Das berechtigte Interesse besteht in tendenzgeschützten Unternehmen und solchen des Rundfunks hinsichtlich der geschützten Bereiche. Irrtümer über diese Eigenschaften können aber keinen Anfechtungsgrund für das arbeitnehmerähnliche Rechtsverhältnis darstellen. Dieses Rahmenrechtsverhältnis ist nicht auf den Austausch von Leistungen gerichtet, sondern gewährt dem Arbeitnehmerähnlichen Bestands- oder sonstigen Sozialschutz. Es beginnt durch Eintritt der Voraussetzungen der Arbeitnehmerähnlichkeit, ohne dass es im Einzelfall einer ausdrücklichen Erklärung bedarf[118]. Ein Irrtum über Eigenschaften, die nur den Leistungsaustausch innerhalb der einzelnen Werk- oder Dienstverträge betreffen, berechtigt deswegen nicht zur Anfechtung des Rahmenverhältnisses. Vielmehr muss sich der Irrtum auf die Voraussetzungen der Arbeitnehmerähnlichkeit beziehen, also auf die wirtschaftliche Abhängigkeit oder die soziale Schutzbedürftigkeit des Beschäftigten im Sinne der bestehenden Tarifverträge.

c) Rechtsfolgen

Sowohl im Fall der Anfechtung als auch im Fall der Nichtigkeit muss den Besonderheiten des Arbeitsrechts Rechnung getragen werden. Daher werden im Folgenden mögliche Einschränkungen in den Rechtsfolgen der beiden Institute dargestellt. Anhand der Arbeitnehmer wird das Problem des Erfordernisses einer Einschränkung aufgezeigt und in einem zweiten Schritt geklärt, ob eine Übertragung dieser Grundsätze auf die Rechtsverhältnisse der Arbeitnehmerähnlichen stattfinden kann.

(1) Rechtsfolgen für die Arbeitsverhältnisse

Die Rechtsfolge von Anfechtung und Nichtigkeit im Arbeitsrecht sind im Vergleich zum übrigen Zivilrecht unterschiedlich geregelt.

---

[118] Vgl. Ziff. 5 ANÄ-TV beim NDR; Ausnahme: HR.

Während im Regelfall[119] des § 142 BGB eine Nichtigkeit ex tunc folgt, verhält es sich bei der Anfechtung des Arbeitsverhältnisses dann anders, wenn das Arbeitsverhältnis bereits in Vollzug gesetzt worden ist[120]. Im Fall der Nichtigkeit von Anfang an würde eine Rückabwicklung der bereits erbrachten Leistungen nach Bereicherungsrecht stattfinden. Nach einer Meinung findet im Fall der Anfechtung von Rechtsgeschäften die Rückabwicklung nach § 812 Abs. 1 S. 2, 1. Alt. BGB (condictio ob causam finitam) statt, weil zum Zeitpunkt der Leistung ein Rechtsgrund vorhanden gewesen und der Rechtsgrund erst mit der Erklärung der Anfechtung weggefallen sei[121]. Eine weitere Meinung wendet hier die condictio indebiti nach § 812 Abs. 1 S. 1, 1. Alt. BGB an[122]. Für diese zweite Ansicht spricht bereits der eindeutige Wortlaut des § 142 Abs. 1 BGB, der die Nichtigkeit von Anfang an anordnet. Unterschiedliche Rechtsfolgen der beiden Meinungen können sich auf den ersten Blick durch die Möglichkeit der Einwendung des § 814 BGB ergeben, die nur anwendbar ist, wenn man die condictio indebiti zur Rückabwicklung wählt[123]. Eine Ergänzung findet § 814 BGB in § 142 Abs. 2 BGB, der die Kenntnis der Anfechtbarkeit die Kenntnis der Nichtigkeit bzw. Nichtschuld gleichstellt. Danach würde der Rückforderung einer Leistung, die in Kenntnis der Anfechtbarkeit erbracht worden ist, die Einwendung des § 814 BGB entgegenstehen. Eine ähnliche Regelung findet sich aber auch für die condictio ob causam finitam: Wird nämlich ein anfechtbares Rechtsgeschäft bestätigt, ist eine darauf folgende Anfechtung ausgeschlossen, § 144 BGB. Als Bestätigung wirkt es auch, wenn in Kenntnis der Anfechtbarkeit eine Leistung im Rahmen eines anfechtbaren Rechtsgeschäfts erbracht wird[124]. In beiden Fällen ist daher die bereicherungsrechtliche Rückabwicklung ausgeschlossen, wenn die Leistung in Kenntnis der Anfechtbarkeit erfolgt.

Im Fall einer Anfechtung ex tunc wären die Leistungen von Anfang an nach §§ 812, 818 f. BGB zurückzugewähren. Das Erlangte im Sinne des § 812 BGB

---

[119] Ausnahmen bilden das Arbeitsrecht (Anfechtung des fehlerhaften Arbeitsverhältnisses), das Gesellschaftsrecht (fehlerhafte Begründung einer Gesellschaft) und das allgemeine Schuldrecht (fehlerhaftes Dauerschuldverh.); vgl. MüKo/*Mayer-Maly* u. *Busche*, § 142 Rn. 15.

[120] BAG vom 16.09.1982, 2 AZR 228/80, AP Nr. 24 zu § 123 BGB; BAG 1 AZR 594/56, AP Nr. 2 zu § 123 BGB; MüKo/*Kramer*, § 19 Rn. 24.

[121] Palandt/*Sprau*, § 812 Rn. 77.

[122] Staudinger/*Lorenz*, § 812 Rn. 88; Larenz/*Canaris*, Schuldrecht II/2 S. 146.

[123] Palandt/*Sprau*, BGB, § 814 Rn. 1.

[124] Palandt/*Sprau*, BGB, § 142 Rn. 2; Staudinger/*Lorenz*, BGB, § 812 Rn. 88.

sind für den Arbeitgeber die Arbeitsleistung des Arbeitnehmers[125]; weil diese aber nicht herausgegeben werden können, hätte der Arbeitgeber Wertersatz nach § 818 Abs. 2 BGB zu leisten[126]. Wertersatz ist nach § 818 Abs. 3 BGB dann nicht zu leisten, wenn der Bereicherungsempfänger nicht mehr bereichert ist; der Arbeitgeber muss durch die Arbeit also einen Vermögensvorteil erlangt haben, der auch darin liegen kann, Aufwendungen zu ersparen[127]. Der Arbeitgeber ist insbesondere dann nicht bereichert, wenn er seine Leistung erbringt, aber keine Gegenleistung dafür erhält. Dadurch würde der gesamte Sozialschutz des Arbeitnehmers (Entgeltfortzahlung im Krankheitsfall und während des Urlaubs, etc.) und die sonstigen Besonderheiten des Arbeitsrechts (Betriebsrisiko, Annahmeverzug, etc.) außer Kraft gesetzt werden, weil in diesen Zeiträumen kein Vermögensvorteil des Arbeitgebers vorhanden ist. Obwohl der Arbeitnehmer seine Leistung wie geschuldet erbracht hat, würde die Leistung im Rahmen der bereicherungsrechtlichen Rückabwicklung nicht vertragsgemäß honoriert werden[128]. Auf der anderen Seite könnte der Arbeitgeber die von ihm erbrachte Leistung und das „Erlangte" beim Arbeitnehmer leicht durch Vorlage der Lohnunterlagen darlegen. Die bereicherungsrechtliche Rückabwicklung würde also einseitig den Arbeitgeber bevorzugen.

Aus diesen sozialen Gedanken heraus wurde mit dem Institut eines faktischen Arbeitsverhältnisses die Situation dafür geschaffen, dass während des zwar nichtigen, aber vollzogenen Arbeitsverhältnisses die gegenseitig gewährten Leistungen nicht zurückgefordert werden können. Zwar besteht kein wirksamer Vertrag, weil das geltende Zivilrechtssystem einen Vertragsschluss nur kraft rechtsgeschäftlich relevanten Willens und nicht schon durch faktisches Invollzugsetzen anerkennt[129]. Ein Ausschluss rückwirkender Anfechtung nach Invollzugsetzung des Arbeitsverhältnisses erfolgt vielmehr durch richterliche Rechtsfortbildung[130]. So stellt das BAG fest:

> Die Grundsätze über das faktische Arbeitsverhältnis dienen der Bewältigung der Rechtsfolgen eines übereinstimmend in Vollzug gesetzten Ar-

---

[125] Staudinger/*Lorenz*, § 812 Rn. 90.
[126] BGH vom 25.06.1962, VII ZR 120/61, BGHZ 37, S. 258 ff, S. 264; BGH vom 06.04.1964, II ZR 75/62, BGHZ 41, S. 282 ff., S. 288.
[127] Staudinger/*Richardi*, § 611 Rn. 230; Palandt/*Sprau*, § 812 Rn. 29.
[128] Staudinger/*Richardi* (1999), § 611 Rn. 180; Staudinger/*Richardi* (2005) § 611 Rn. 230.
[129] Staudinger/*Richardi*, § 611 Rn. 205; MünchArbR/*Richardi*, § 46 Rn. 62; anders *Haupt*, Faktische Arbeitsverhältnisse, S. 16, S. 19 f.
[130] Staudinger/*Richardi*, § 611 Rn. 241; MünchArbR/*Richardi*, § 44 Rn. 58.

beitsvertrags, der sich zu einem späteren Zeitpunkt als nichtig oder anfechtbar erweist.(...) Damit ist die Rückabwicklung der wechselseitig erbrachten Leistungen ausgeschlossen[131].

Allein für die Fälle der arglistigen Täuschung durch den Arbeitnehmer wird die Anfechtungswirkung ex tunc aufgrund dessen fehlender Schutzwürdigkeit wieder diskutiert[132].

Die Beschränkung der Nichtigkeitsfolgen greift auch dann ein, wenn der Vertrag bereits ohne Anfechtung nichtig ist. Während aber die Anfechtbarkeit als Gestaltungsrecht nur eine Möglichkeit der Suspendierung des Vertrages gibt, bewirkt die Nichtigkeit unmittelbar die Unwirksamkeit des Vertrages von Anfang an; es ist also nicht erst eine gestaltende Anfechtungserklärung zur Geltendmachung der Nichtigkeit erforderlich[133]. Deshalb wird, je nach Art des Nichtigkeitsgrundes, eine Berufung auf eine Nichtigkeit ex tunc verwehrt; sei dies wegen Rechtsmissbrauchs oder wegen widersprüchlichen Verhaltens[134].

Es besteht aber keine Bindungswirkung für die Zukunft; die Parteien des faktischen Vertragsverhältnisses können sich also unabhängig von Kündigungsfristen lösen.

(2)   Rechtsfolgen für die arbeitnehmerähnlichen Verhältnisse

Fraglich ist, ob die Einschränkung der Nichtigkeitsfolgen für die Vergangenheit im Fall des Vollzugs auch für die Arbeitnehmerähnlichen Geltung erlangen kann.

Im Grunde besteht auch hier ein Bedürfnis für die Nichtigkeitsfolgen lediglich ex nunc und nicht von Anfang an, da auch hier eine bereicherungsrechtliche Rückabwicklung des vollzogenen Vertragsverhältnisses Schwierigkeiten bereiten kann. Auch die Arbeitnehmerähnlichen würden darüber hinaus den Pfändungsschutz der §§ 850 ff. ZPO verlieren, da der pfändungsrechtliche Begriff

---

[131] BAG vom 30.04.1997, 7 AZR 122/96, AP Nr. 20 zu § 812 BGB.

[132] MünchArbR/*Richardi*, § 46 Rn. 67; Staudinger/*Richardi*, § 611 Rn. 213, 242; *Strick*, Anfechtung von Arbeitsverträgen, NZA 2000, S. 695.

[133] Staudinger/*Richardi*, § 611 Rn. 246.

[134] Vgl. zu den verschiedenen Fallgruppen Staudinger/*Richardi*, § 611 Rn. 239 ff.; BGHZ 53, 152, S. 158.

des Arbeitseinkommens weit auszulegen ist und alle wiederkehrenden Leistungen für selbständige und unselbständige Tätigkeiten erfasst[135].

Nach *Haupt*[136] wäre eine Beschränkung der Nichtigkeitsfolgen fraglich gewesen. Seine Überlegungen bezieht er neben dem Arbeitsverhältnis auf wenige andere Fallgruppen, die nicht den Dienst- oder den Werkvertrag erfassen. Da *Haupt* in seiner Argumentation aber vor allem auf der faktischen Einbeziehung der Dienstleister aufbaut, müssen nach seiner Argumentation bereits die Arbeitnehmerähnlichen von der eingeschränkten Rückabwicklung erfasst sein, weil diese wie die Arbeitnehmer in die Betriebsgemeinschaft eingegliedert[137] sind. Ebendies muss dann auch für die freien Mitarbeiter gelten, weil auch diese zumindest für die Zeit ihrer Beschäftigung in den Betrieb eingegliedert werden.

Dagegen ist fraglich, ob die umfassende Eingliederung des Beschäftigten auch nach der heutigen Ansicht für die Ablehnung der Rückabwicklung ausreicht oder ob nicht möglicherweise andere Kriterien zur Differenzierung herangezogen werden müssen. Zum einen soll – aus Billigkeitserwägungen heraus – eine Rückabwicklung des bereits vollzogenen Dauerschuldverhältnisses für die Fälle ausscheiden, in denen der Auftragsnehmer in einer wirtschaftlichen Abhängigkeit zum Auftraggeber steht, wenn also ein arbeitnehmerähnliches Verhältnis vorliegt. So hat der 7. Senat des BGH für einen Werbeleiter eine bereicherungsrechtliche Rückabwicklung aufgrund dessen wirtschaftlicher Abhängigkeit abgelehnt[138]: Bei der eindeutigen wirtschaftlichen und sozialen Überlegenheit des Unternehmens könne es nicht angehen, dass das Unternehmen die Vorteile, die sich aus der Dienstleistung ergeben, genießt, dem Dienstleister aber für seine geleisteten Dienste keine Vergütung zu zahlen braucht[139].

Ebendies gilt sogar für Dienstverträge, wenn die Dienste nicht in einem arbeitnehmerähnlichen Rechtsverhältnis erbracht werden. So hat der BGH einen fehlerhaften Anstellungsvertrag eines Vorstandsmitglieds bzw. Geschäftsführers für

---

[135] *Hartmann* in B/L/A/H, ZPO, § 850 Rn. 3.
[136] *Haupt*, Faktische Vertragsverhältnisse, S. 19.
[137] *Haupt*, Faktische Vertragsverhältnisse, S. 20.
[138] BGH vom 12.01.1970, VII ZR 48/68, BGHZ 53, S. 152 ff. u. AP Nr. 7 zu § 546 ZPO.
[139] BGH vom 12.01.1970, VII ZR 48/68, BGHZ 53, S. 152 ff., S. 159. u. AP Nr. 7 zu § 546 ZPO.

den vergangenen Vollzugszeitraum als wirksam behandelt[140], weil die Rückabwicklung auch eines nichtigen Dienstvertrages nach Bereicherungsrecht Schwierigkeiten bereiten würde[141]. So gilt für das Schicksal der Dienstverträge also allgemein, dass eine Abwicklung des nichtigen Dienstverhältnisses für die Vergangenheit ausscheiden soll[142]. Dagegen gibt es keinen Anlass, diese Regel für bloß freie Mitarbeiter anzunehmen, die auf Werkvertragsbasis beschäftigt sind, wenn keine Arbeitnehmerähnlichkeit des Unternehmers besteht. Denn zum einen besteht bei Werkverträgen nicht das Problem, dass eine Wertberechnung der Leistung nur über § 818 Abs. 2 BGB möglich ist. Vielmehr kann hier ein konkretes Werk, soweit es noch nicht benutzt worden ist, an den Ersteller des Werks zurückgegeben werden. Sollte bereits eine Benutzung erfolgt sein, kann das Werk und dessen Benutzung einer objektiven Bewertung zugeführt werden und damit ein gerechter, bereicherungsrechtlicher Rückaustausch der Leistungen vorgenommen werden. Ein Risiko des Unternehmers besteht nur vor Abnahme seines Werks, weil zu diesem Zeitpunkt der Besteller noch nichts erlangt hat. Zum anderen gibt es keine vergleichbare schützenswerte Position des Unternehmers, da die wirtschaftliche Abhängigkeit des Unternehmers fehlt.

Im freien Mitarbeiterverhältnis kommt daher ein Ausschluss der bereicherungsrechtlichen Rückabwicklung nur dann in Betracht, wenn die freie Mitarbeit im Rahmen eines Dienstverhältnisses erbracht wird oder wenn Arbeitnehmerähnlichkeit besteht.

d) Zusammenfassung

Die Vertragsverhältnisse von Arbeitnehmern können ebenso wie die Vertragsverhältnisse der Arbeitnehmerähnlichen anfechtbar oder nichtig ausgestaltet werden. In beiden Fällen besteht die Möglichkeit, die Nichtigkeit geltend zu machen oder das irrtümlich geschlossene Vertragsverhältnis anzufechten. Auch ist die Rechtsfolge von Anfechtung und Nichtigkeit auf eine Wirkung ex nunc

---

[140] BGH vom 16.01.1995, II ZR 290/93, NJW 1995, S. 1158; BGH vom 06.04.1964, II ZR 75/62, BGHZ 41, S. 282 ff. u. AP Nr. 2 zu § 75 AktG; ebenso Sächsisches LAG vom 03.09.1997, 1 Sa 1175/96; KG Berlin vom 09.07.1999, 18 U 2668/97, NZG 2000, S. 43.

[141] BGH vom 16.01.1995, II ZR 290/93, NJW 1995, S. 1158; BGH vom 06.04.1964, II ZR 75/62, BGHZ 41, S. 282 ff., S. 288., AP Nr. 2 zu § 75 AktG; ebenso Sächsisches LAG vom 03.09.1997, 1 Sa 1175/96; KG Berlin vom 09.07.1999, 18 U 2668/97, NZG 2000, S. 43.

[142] Staudinger/*Lorenz*, § 812 Rn. 90.

beschränkt, was mit dem Billigkeitsgedanken zugunsten des wirtschaftlich abhängigen Arbeitnehmers oder Arbeitnehmerähnlichen begründet wird. Unterschiede zwischen den Behandlungen von Arbeitnehmern und Arbeitnehmerähnlichen ergeben sich demnach bei Begründung und Aufhebung fehlerhafter Arbeitsverhältnisse nicht.

Allein besteht ein Unterschied bei der Behandlung des freien Mitarbeiters, der aufgrund eines Werkvertrages für das Unternehmen tätig wird. In diesem Fall kann die Nichtigkeit des Vertrages ex tunc geltend gemacht werden, weil eine Rückabwicklung keine Schwierigkeiten bereitet und weil die typische wirtschaftliche Abhängigkeit nicht gegeben ist.

3. Ergebnis

Bei der Behandlung von Arbeitnehmer und Arbeitnehmerähnlichem bestehen Unterschiede bei der Begründung des Arbeitsverhältnisses. Während es sich beim Arbeitsverhältnis immer um eine besondere Form des Dienstvertrags handelt, beruht das arbeitnehmerähnliche Verhältnis entweder auf einem Dienst- oder auf einem Werkvertrag. Schadensersatzansprüche aufgrund einer diskriminierenden Benachteiligung durch den Arbeitgeber kann bislang nur der Arbeitnehmer gemäß § 611a BGB beanspruchen. Die Einführung eines ADG lässt eine Gleichbehandlung der beiden Beschäftigungsgruppen in diesem Bereich erwarten.

Eine Kontrolle der allgemeinen Arbeitsbedingungen kommt für beide Beschäftigungsgruppen in Betracht. Während die Berücksichtigung von Besonderheiten für das Arbeitsverhältnis ausdrücklich normiert ist, müssen die Besonderheiten für die Arbeitnehmerähnlichen im Rahmen der allgemeinen Gesetzes- und Vertragsauslegung Berücksichtigung finden.

Beide Beschäftigungsverhältnisse sind wie alle Rechtsgeschäfte anfechtbar, jedoch ist die Anfechtung hinsichtlich ihrer zeitlichen Wirkung eingeschränkt und nur ex nunc möglich.

Die Schriftform hat bei Begründung des Arbeitsverhältnisses regelmäßig nur deklaratorischen Charakter. Bei den Arbeitnehmerähnlichen findet sich ein vergleichbares Schriftformerfordernis bei Begründung der einzelnen Beschäftigungen.

Es kann aber festgehalten werden, dass die Begründung eines arbeitnehmerähnlichen Mitarbeiterverhältnisses an weniger Formvorschriften und an weniger die

Dispositionsfreiheit einengende Regelungen gebunden ist als die Begründung eines Arbeitsverhältnisses.

II. Pflichten des Beschäftigten

Wurde zwischen den Parteien ein Vertragsverhältnis wirksam begründet, gelangen die gegenseitigen Rechte und Pflichten aus dem Vertragsverhältnis zum Entstehen. Die gegenseitigen Hauptleistungen werden ausgetauscht, begleitet von einer Reihe vertraglicher Nebenpflichten.

Im Folgenden wird herausgestellt, in welchen Bereichen Unterschiede der vertraglichen Pflichten zwischen Arbeitnehmer und Arbeitnehmerähnlichem bestehen. Dabei muss berücksichtigt werden, dass die Aneinanderreihung von Einzelverträgen zusätzliche Rechte und Pflichten der Parteien begründen kann, dass also der Charakter des Dauerschuldverhältnisses den Inhalt der Einzelverträge beeinflussen kann.

1. Höchstpersönlichkeit der Leistungsverpflichtung

Ein erstes Kriterium des Vergleichs ist es, ob der Inhalt des Schuldverhältnisses vom leistungsverpflichteten Beschäftigungsnehmer persönlich und unmittelbar erfüllt werden muss. Besteht kein Anspruch auf höchstpersönliche Leistungserbringung, würden zugunsten des Beschäftigten erhebliche Dispositionsmöglichkeiten hinsichtlich der zu erbringenden Leistungen bestehen.

Der Arbeitnehmer ist im Zweifel persönlich zur Arbeitsleistung verpflichtet, die Auslegungsregel in § 613 S. 1 BGB vermutet also die Arbeitsschuld in der Person des Arbeitnehmers. Da der Inhalt des Arbeitsverhältnisses nicht von der Person des Arbeitnehmers getrennt werden kann, kommt es für einen Arbeitnehmer grundsätzlich nicht in Betracht, dass dieser berechtigt ist, einen Dritten für die Erfüllung der Arbeitspflicht heranzuziehen[143].

Ebendies gilt auch für den Arbeitnehmerähnlichen, der seine Dienste aufgrund eines Dienstvertrags erbringt, da § 613 BGB nicht nur auf das Arbeitsverhältnis, sondern auch auf die übrigen Dienstverhältnisse Anwendung findet. Auch hier gilt die Vermutung, dass der Dienstverpflichtete die Dienste persönlich zu erbringen hat. Etwas anderes gilt nur bei größeren Unternehmen, die einen

---

[143] Staudinger/*Richardi*, § 613 Rn. 7; MünchArbR/*Blomeyer*, § 48 Rn. 13.

Dienstvertrag als Dienstleister schließen[144]; diese sind aber nicht arbeitnehmerähnlich. Bei Arbeitnehmerähnlichen ist es nach § 12a TVG Voraussetzung, dass die

> Leistungen persönlich und im Wesentlichen ohne Mitarbeit von Arbeitnehmern,

also unmittelbar vom Arbeitnehmerähnlichen erbracht werden. Lediglich unselbständige Hilfs- und Zuarbeiten können von Dritten ausgeführt werden[145]

Die Regelung des § 12 a TVG wird von den geltenden Tarifverträgen für die Arbeitnehmerähnlichen aufgegriffen. Eine erste Gruppe geltender Tarifverträge setzt für die Arbeitnehmerähnlichkeit voraus, dass der Beschäftigte an den Sendungen „unmittelbar mitwirkt"[146]. Ähnlich verlangt eine zweite Gruppe, dass der Mitarbeiter „persönlich tätig" wird[147]. Eine dritte Gruppe schließt aus ihrem Schutzbereich die Mitarbeiter aus, die eigenes Personal beschäftigen[148].

Darüber hinaus muss bei den Arbeitnehmerähnlichen der Medienunternehmen berücksichtigt werden, dass diese regelmäßig programmgestaltend tätig werden und die Mitarbeiter deshalb im Besonderen ihre individuellen journalistischen, künstlerischen oder sonstigen kreativen Befähigungen in das Unternehmen einbringen. Es kommt also mehr als in den übrigen Beschäftigungsverhältnissen auf die individuellen Fertigkeiten des Arbeitnehmerähnlichen an, weshalb umso mehr auf die persönliche Dienstleistung zu schließen ist.

Sowohl der Arbeitnehmer als auch der Arbeitnehmerähnliche sind demnach im Zweifel verpflichtet, die geschuldeten Dienste persönlich zu erbringen.

---

[144] Staudinger/*Richardi*, § 613 Rn. 8.
[145] Staudinger/*Richardi*, § 613 Rn. 9.
[146] Ziff. 2.1. des TV für arbeitnehmerähnliche Personen beim BR; Ziff. 5.1.2. des TV für Freie Mitarbeiter des MDR.
[147] § 1 Ziff. 1 a des Bestandsschutz-Tarifvertrags des HR; § 1 Abs 2 des TV für Arbeitnehmerähnliche bei der DW.
[148] Ziff. 1.2., 2. Abs des TV für Arbeitnehmerähnliche beim NDR; Ziff. 1.3. des TV für Arbeitnehmerähnliche beim SWR; Ziff. 1.2. des TV für Arbeitnehmerähnliche beim SR; § 1 Abs. 2 des TV für Arbeitnehmerähnliche beim WDR; § 1 Abs. 3 des TV für Arbeitnehmerähnliche beim ZDF.

2. Arbeitszeit (Umfang, Lage, Überstunden)

Die Situation von Arbeitnehmer und Arbeitnehmerähnlichem kann auch hinsichtlich des geschuldeten Umfangs an Arbeit, gemessen an der Arbeitszeit, verglichen werden. Dabei ist fraglich, ob überhaupt in allen Fällen eine bestimmte Menge an Zeit geschuldet ist, ob es zwingende Obergrenzen gibt und ob Überstunden, soweit diese überhaupt möglich sind, besonders vergütet werden.

a) Situation der Arbeitnehmer

Der Arbeitnehmer, der aufgrund eines Arbeitsvertrags für den Arbeitgeber tätig wird, schuldet diesem das erfolgsorientierte Tätigwerden während der im Arbeitsvertrag vereinbarten Arbeitszeit; der Arbeitnehmer stellt also seine Dienste demjenigen, dem er sie versprochen hat, in einem bestimmten zeitlichen Rahmen zur Disposition[149]. Da der Arbeitnehmer nicht Arbeitserfolg, sondern Arbeitsleistung während einer bestimmen Zeit schuldet, hat der zeitliche Umfang der geschuldeten Leistung eine zentrale Bedeutung[150].

(1) Umfang der Arbeitszeit

Der Umfang der geschuldeten Arbeitszeit ist Inhalt der Parteivereinbarung. Die Gesetze enthalten neben öffentlich-rechtlichen Grenzen erlaubter Beschäftigung keine Regelungen zur Lage der Arbeitszeit. Entscheidend ist es nach dem ArbZG lediglich, dass Höchstzeiten, Pausen und Ruhezeiten eingehalten werden[151]. Individualrechtlich kann eine Bestimmung der Arbeitszeit bereits im Arbeitsvertrag[152] erfolgen. Weil die (Höchst-) Arbeitszeit aber in aller Regel bereits in Tarifverträgen festgelegt worden ist, wird die Arbeitszeit bei tarifvertragsgebundenen Vertragsparteien bereits durch diese kollektivrechtliche Bindung, im Übrigen durch individualrechtliche Einbeziehung des Tarifvertrags, Bestandteil des Arbeitsvertrags[153]. Arbeitnehmer können sowohl in Voll- als auch in Teilzeit beschäftigt werden.

---

[149] Staudinger/*Richardi*, Vorbem. zu § 611 ff., Rn. 34 f. und § 611, Rn. 385; ErfK/*Preis*, § 611 BGB Rn. 792.
[150] MünchArbR/*Blomeyer*, § 48 Rn. 101.
[151] *Deutsch* in Baeck/Deutsch, ArbZG, Einführung, Rn. 58.
[152] Nach § 2 Abs. 1 Nr. 7 NachwG kann die „vereinbarte Arbeitszeit" wesentliche Vertragsbedingung sein.
[153] MünchArbR/*Blomeyer*, § 48, Rn. 103; Staudinger/*Richardi*, § 611 Rn. 387 f.

Die Tarifvertragsparteien beim Rundfunk haben in den abgeschlossenen Tarifverträgen häufig von ihrer Regelungsbefugnis Gebrauch gemacht: Die meisten Medienunternehmen haben in ihren Tarifverträgen eine regelmäßige Arbeitszeit von 38,5 Stunden in der Woche vereinbart[154]. Allein das ZDF geht noch von einer regelmäßigen Arbeitszeit von 40 Stunden in der Woche aus[155]. In diesen Fällen kann gemäß § 4 Abs. 3 TVG individualvertraglich nur noch eine verbessernde Abweichung der Arbeitszeiten erfolgen, wenn die Klausel durch eine offene Formulierung nicht auch für den Arbeitnehmer ungünstigere Vereinbarungen zulässt.

Eine Regelung der Arbeitszeit in Betriebs- und Personalvereinbarungen findet sich dagegen nicht: Nach § 77 Abs. 3 BetrVG bzw. § 75 Abs. 3 BPersVG können Arbeitsbedingungen dann nicht Gegenstand einer Betriebsvereinbarung sein, wenn sie durch Tarifvertrag geregelt sind oder zumindest üblicherweise geregelt werden. Da die Festlegung der Arbeitszeit aber klassische Domäne der Tarifvertragsparteien[156] ist, bleibt den Betriebs- und Personalräten nicht die Möglichkeit, auf die Arbeitszeit Einfluss zu nehmen. Ausnahmen stellen tarifvertragliche Öffnungsklauseln dar. Gemäß § 87 Abs. 1 Nr. 3 BetrVG bzw. § 75 Abs. 3 Nr. 1 BPersVG kann es auch diesen Gremien erlaubt sein, die betriebsübliche regelmäßige Arbeitszeit vorübergehend abzusenken (Kurzarbeit). Aber selbst diese finden sich nicht, weil für die Medienunternehmen in aller Regel Haustarifverträge abgeschlossen sind und deshalb eine weitere und betriebsnähere Regelung durch Betriebs- oder Personalrat nicht erforderlich ist.

Wird die Arbeitszeit weder ausdrücklich noch stillschweigend vereinbart und besteht keine kollektivrechtliche Regel, so gilt die betriebs- oder branchenübliche Arbeitszeit als zwischen den Parteien vereinbart[157].

Ist ein Arbeitnehmer in Teilzeit beschäftigt, so steht diesem nach § 9 TzBfG ein Anspruch zur Seite, wenn er seine Arbeitszeit verlängern will: Auf sein Verlangen und bei gleicher Eignung mit seinen Mitbewerbern ist der Teilzeit-Arbeitnehmer bei Besetzung eines freien Arbeitsplatzes bevorzugt zu berücksichtigen, wenn nicht dringende betriebliche Gründe dagegen sprechen.

---

[154] Vgl. Ziff. 3.10. MTV des SWR, MTV des NDR, des HR, des SR, des MDR und des WDR; 38 Stunden in den privatrechtlichen Rundfunkunternehmen, § 7 TPR.

[155] Ziff. 6.2. des MTV beim ZDF.

[156] Schaub, Arbeitsrechts-Handbuch/*Linck*, § 45 Rn. 52; MünchArbR/*Blomeyer*, § 46 Rn. 107, 110.

[157] MünchArbR/*Blomeyer*, § 46 Rn. 103.

(2) Lage der Arbeitszeit

Die konkrete Lage der Arbeitszeit der Arbeitnehmer unterliegt dem Direktionsrecht des Arbeitgebers in den Grenzen der Billigkeit im Sinne von § 315 S. 1 BGB, § 106 S.1 GewO[158]. Durch die Festlegung der Arbeitszeitlage wird die Arbeitszeit auf Stunden, Tage und Wochen verteilt; die bislang nur nach ihrem Umfang bestimmte Arbeitszeit wird durch die Lage endgültig konkretisiert[159]. Da eine Regelung bereits im Arbeitsvertrag kompliziert oder zumindest unflexibel für das konkrete Arbeitsverhältnis wäre, kann mittels ergänzender Vertragsauslegung davon ausgegangen werden, dass dem Arbeitgeber ein Weisungs- oder Direktionsrecht zur Festlegung der konkreten Arbeitszeitlage zusteht[160]. Wird weder eine Vereinbarung noch eine arbeitgeberseitige Anordnung getroffen, so ist im Zweifel die im Unternehmen gewöhnliche Lage der Arbeitszeit vereinbart[161].

Durch die in den Medien erforderliche Tagesaktualität müssen darüber hinaus bestimmte Arbeiten auch an Sonn- und Feiertagen erfüllt werden. Soweit diese besondere Arbeitszeitlage öffentlich-rechtlich erlaubt ist, kann die Sonntagsarbeit bereits in den Tarifverträgen vereinbart werden. Auch hiervon haben die Tarifvertragsparteien Gebrauch gemacht und das Direktionsrecht des Arbeitgebers hinsichtlich einer Sonn- und Feiertagsarbeit eingeschränkt: Der HR gewährt für die Sonntagsarbeit einen dienstfreien Tag in der folgenden Woche[162], beim NDR darf höchstens an zwei aufeinander folgenden Sonntagen die Dienstleistung des Arbeitnehmers verlangt werden, außerdem muss in einem Monat mindestens ein gesamtes Wochenende arbeitsfrei sein[163]. Ähnliche Regelungen finden sich beim WDR[164].

Darüber hinaus kann gemäß § 87 Abs. 1 Nr. 2 BetrVG ein Mitbestimmungsrecht des Betriebsrats bei Festlegung von Beginn und Ende der täglichen Arbeitszeit bestehen. Dies gilt jedoch nur, soweit eine tarifliche Abrede mit diesem Inhalt nicht besteht, § 87 Abs. 1 BetrVG. Ebendies gilt nach dem Personalvertretungs-

---

[158] MünchArbR/*Blomeyer*, § 48 Rn. 143 u. 41.
[159] MünchArb/*Blomeyer*, § 48 Rn. 142; Staudinger/*Richardi,* § 611 Rn. 414 f.
[160] MünchArb/*Blomeyer*, § 48 Rn. 142.
[161] Hier gilt die gleiche Argumentation wie bei Auslegung der Arbeitszeit, vgl. Schaub, Arbeitsrechts-Handbuch/*Linck*, § 45 Rn. 49.
[162] § 17 des MTV des HR.
[163] Ziff. 312.4. und 312.5 MTV beim NDR.
[164] § 6 Abs. 4 MTV beim WDR.

recht, so für den Bund in § 75 Abs. 3 Nr. 1 BPersVG, beispielsweise für die Länder in § 80 Abs. 1 Nr. 7 LPersVG RP.

In der Praxis der Medienunternehmen wird das Direktionsrecht zur Konkretisierung der Arbeitszeiten durch Festlegung in Dienstplänen ausgeübt. Dienstpläne werden für eine bestimmte Abteilung oder für ein bestimmtes Projekt angelegt und beinhalten die unterschiedlichen Aufgaben, die zur Erreichung des Projekts erforderlich sind. Unter Umständen kann darüber hinaus eine weitere Unterteilung zur Differenzierung in zeitlicher Hinsicht hinzukommen. Den einzelnen Aufgaben und – wenn zusätzlich eine zeitliche Differenzierung erfolgt – Zeitabschnitten kann auf diese Weise ein bestimmter Beschäftigungsnehmer zugeteilt werden, so dass anhand dieser Übersicht festgestellt werden kann, wer zu welchem Zeitpunkt für welche Aufgabe bei einem bestimmten Projekt verantwortlich ist. Durch das Weisungsrecht des Arbeitgebers kann ein Arbeitnehmer in die Dienstpläne eingetragen und so, ohne eine Mitwirkung des Arbeitnehmers, durch das Direktionsrecht einseitig die Arbeitszeit konkretisiert werden.

(3)   Verpflichtung zu Überstunden

Die Pflicht eines Arbeitnehmers zur Erbringung von Überstunden kann im Rahmen des Erlaubten (Seite 63) vereinbart werden. Eine entsprechende Verpflichtung kann auch konkludent vereinbart werden, etwa durch die Regelung, dass die Vergütung von Überstunden durch eine Pauschale abgegolten wird. Dadurch, dass in diesem Fall bereits die Gegenleistung – Bezahlung der Überstunden – geregelt wird, ist davon auszugehen, dass sich die Parteien auch über die Leistungspflicht (Leistung von Überstunden) einigen wollten. Auch hinsichtlich der Ableistung von Überstunden finden sich eine Reihe von Tarifverträgen, die bereits eine entsprechende Verpflichtung der Arbeitnehmer beinhalten[165].

Neben einer kollektivrechtlichen oder individuellen Vereinbarung der Überstunden kann der Arbeitnehmer außerdem nach Treu und Glauben gemäß §§ 157, 242 BGB zu Überstunden dann verpflichtet sein, wenn ein besonderer Notfall vorliegt[166]. Eine solche Verpflichtung in Notfällen wird angenommen, wenn der Arbeitgeber dringende betriebliche Gründe hierfür geltend macht.

---

[165] Vgl. Ziff. 320 des MTV beim SWR, § 16 des MTV beim HR, § 8 des MTV beim WDR, § 16 Abs. 3 des TV beim ZDF.
[166] MünchArbR/*Blomeyer*, § 48 Rn. 130.

Diese Pflicht zu Überstunden aus Treu und Glauben wird auch im Entwurf des Arbeitsvertragsgesetzes in § 38 Abs. 1 anerkannt:

> Der Arbeitnehmer hat aus dringenden betrieblichen Gründen auf Verlangen des Arbeitgebers vorübergehend auch außerhalb der vereinbarten Arbeitsaufgabe zumutbare Arbeiten zu leisten [und] Überstunden zu leisten (...), soweit nicht entgegenstehende Gründe in der Person des Arbeitnehmers überwiegen[167].

(4) Öffentlich-rechtliche Grenzen

Die gesetzlichen Rahmenbedingungen der Arbeitszeit sind im ArbZG enthalten. Die Normen des ArbZG bestimmen, was öffentlich-rechtlich erlaubt ist[168]. Danach darf die werktägliche Arbeitszeit eines volljährigen Arbeitnehmers acht Stunden in der Regel nicht überschreiten, §§ 3 S. 1, 18 Abs. 2 ArbZG. Neben den Höchstarbeitszeiten sind die Regelungen für Ruhepausen, Ruhezeiten und die Beschränkungen der Nachtarbeit und das Verbot der Sonn- und Feiertagsarbeit zu beachten. Für die Sonn- und Feiertagsarbeit der Arbeitnehmer in Rundfunk und Presse sieht § 10 Abs. 1 Nr. 8 ArbZG eine Sonderregelung vor; danach dürfen solche Arbeiten, die der Tagesaktualität dienen, unabhängig von den Beschäftigungsverboten für Sonn- und Feiertage vorgenommen werden[169]. Überstunden sind erlaubt, wenn ein entsprechender Freizeitausgleich erfolgt, §§ 3 S. 1, 14 ArbZG.

Für Jugendliche gelten die §§ 1, 2, 8 Abs. 1 JArbSchG. Die wöchentlich erlaubte Arbeitszeit ist um acht Stunden kürzer als die Regelarbeitszeit ihrer volljährigen Kollegen, außerdem sind anders als bei einem Erwachsenen bei den Jugendlichen nur sehr enge Ausnahmen von der regelmäßigen Arbeitszeit zulässig. Die Beschäftigungszeit von acht Stunden täglich und 40 Stunden wöchentlich darf die werktägliche Arbeitszeit auf höchstens achteinhalb Stunden verlängert werden, § 8 Abs. 2, 2a JArbSchG[170].

---

[167] "Professoren-Entwurf" für ein einheitliches Arbeitsvertragsgesetz 1992 (Arbeitskreis deutsche Rechtseinheit im Arbeitsrecht), eingebracht in den BR durch den Freistaat Sachsen, BR-Drs. 293/95, S. 27; MünchArbR/*Blomeyer*, § 48 Rn. 130.

[168] Schaub, Arbeitsrechts-Handbuch/*Linck*, § 45 Rn. 49; *Deutsch* in Baeck/Deutsch, ArbZG, Einführung, Rn. 48.

[169] *Deutsch* in Baeck/Deutsch, ArbZG, § 10 Rn. 60; *Biebl* in Neumann/Biebl, ArbZG, § 10 Rn. 27.

[170] Ausnahme nur im Notfall, vgl. § 21 JArbSchG.

Für werdende und stillende Mütter gilt darüber hinaus der besondere Schutz des MuSchG. Nach § 8 MuSchG dürfen werdende und stillende Mütter nicht in der Nacht, nicht an Sonn- und Feiertagen und nicht mit Mehrarbeit beschäftigt werden. Dieser spezielle Schutz setzt sich auch gegenüber den generellen Regelungen des ArbZG durch.

b) Situation der Arbeitnehmerähnlichen

Eine andere Regelung kann hinsichtlich der Arbeitnehmerähnlichen in den Unternehmen bestehen. Zu Beginn einer Prüfung der Situation der Arbeitnehmerähnlichen muss eine Differenzierung vorgenommen werden, auf welcher vertraglichen Grundlage der Beschäftigte für das Medienunternehmen tätig wird. Der freie Mitarbeiter in den Medien, unabhängig von seiner Arbeitnehmerähnlichkeit, kann sowohl auf dienstvertraglicher als auch auf werkvertraglicher Basis im Unternehmen beschäftigt werden.

Schuldet der freie Mitarbeiter seine Hauptleistung aufgrund eines Dienstvertrags, so hat er – vergleichbar einem Arbeitnehmer – erfolgsorientiert für das Unternehmen tätig zu werden. Synallagmatische Hauptleistungspflicht des Mitarbeiters ist also wieder das Zurverfügungstellen seiner Dienste. Das Maß zur Bestimmung des Umfangs des geschuldeten erfolgsorientierten Tätigwerdens ist die Zeit; der Arbeitnehmerähnliche, der aufgrund eines Dienstvertrages verpflichtet ist, erbringt seine Leistung also zeitbezogen[171].

Anders ist dies, wenn die Anstellung des Arbeitnehmerähnlichen aufgrund eines Werkvertrags erfolgt. Hier spielt die aufgewendete Zeit des Arbeitnehmerähnlichen für die vertragliche Beziehung und für die Bestimmung der Gegenleistungspflicht keine unmittelbare Rolle, da nicht das Leisten von Diensten, gemessen am zeitlichen Umfang, sondern ein vereinbarter herbeizuführender Erfolg vom arbeitnehmerähnlichen Unternehmer geschuldet ist. Synallagmatische Hauptleistungspflicht des Werkvertrages ist dann die Herstellung des versprochenen Werks, § 631 Abs. 1 BGB, so dass eine erfolgsbezogene, oder bezogen auf die Tätigkeit in den Medien, beitragsbezogene Beschäftigung vorliegt.

Ausnahmen können sich ergeben, wenn die Vergütung des werkvertraglich geschuldeten Werks anhand der aufgewendeten Zeit gemessen werden soll. Ebenso ist es denkbar, dass durch die erfolgsorientierte Bezahlung im Dienstvertrag

---

[171] Staudinger/*Richardi*, § 611 Rn. 414.

(Prämien- und Akkordlohn) der zeitliche Umfang der Dienste in den Hintergrund tritt[172].

(1) Umfang der Arbeitszeit

In den meisten Fällen sind die arbeitnehmerähnlichen Mitarbeiter der Medienunternehmen nicht im gesamten zeitlichen Umfang, den die Arbeitnehmerähnlichen ihrer Erwerbstätigkeit widmen könnten, bei nur einem Medienunternehmen beschäftigt. Anders stellt sich die Situation nur beim Saarländischen Rundfunk dar, der die Arbeitnehmerähnlichen meistens in Vollzeit beschäftigt. Der Grund liegt in der vorhandenen Infrastruktur: Neben dem SR gibt es in Saarbrücken und Umgebung nicht genug Unternehmen, bei denen die Arbeitnehmerähnlichen eine zusätzliche Beschäftigung finden können. Die Arbeitnehmerähnlichen in Saarbrücken sind also mehr als andere daran interessiert, eine Vollzeitbeschäftigung zu erhalten.

Das vertragliche Grundgerüst zur Beschäftigung eines Arbeitnehmerähnlichen bilden Rahmenverträge, die eine zeitliche oder finanzielle Obergrenze beinhalten. So kann ein Rahmenvertrag für Arbeitnehmerähnliche vorsehen, dass eine Beschäftigung nicht 110 oder 180 Tage für ein bestimmtes Medienunternehmen übersteigen darf. Alternativ kann auch vereinbart werden, dass ein Arbeitnehmerähnlicher bis zu einer bestimmten Verdienstgrenze, etwa EUR 15.000,00 oder EUR 30.000,00, beschäftigt wird. Beide Varianten haben das gleiche Ziel und sind im Grunde austauschbar, da den Arbeitnehmerähnlichen bestimmte, gleich bleibende Tagessätze gezahlt werden. Auf diese Weise kann auch der Umfang der Beschäftigung des auf werkvertraglicher Basis beschäftigten Arbeitnehmerähnlichen begrenzt werden. Die Vergütung journalistischer Werke richtet sich auch nach den für die dienstvertraglich Beschäftigten vorgesehenen Beträgen, so dass eine Obergrenze anhand bestimmter Werklohngrenzen festgesetzt werden kann.

Durch die Festlegung zeitlicher oder finanzieller Obergrenzen bestimmen die Medienunternehmen den Status bzw. den Umfang des gewährten Bestandschutzes der Arbeitnehmerähnlichen, da die Tarifverträge ihren Bestands- und übrigen Sozialschutz an den Umfang der Beschäftigung in der Vergangenheit knüpfen (siehe auch: Seite 170 ff.). Die Rahmenverträge stellen außerdem ein Instrument zur Risikosteuerung dar. Sollte ein Beschäftigter im Rahmen einer Sta-

---

[172] Vgl. Staudinger/*Peters*, Vorbem zu §§ 631 ff, Rn. 21.

tusklage als Arbeitnehmer qualifiziert werden, würde das Arbeitsverhältnis nur im Rahmen der vereinbarten Teilzeit bestehen. Durch diese Grenze wird also die Statusklage für den Beschäftigten wirtschaftlich uninteressant und damit das Risiko einer solchen Einstufung für das Unternehmen verringert.

Für den Status als arbeitnehmerähnlich in Abgrenzung zum freien Mitarbeiter muss die wirtschaftliche Abhängigkeit und soziale Schutzbedürftigkeit des Mitarbeiters hinzutreten. Nach § 12 a Abs. 1 Nr. 1, Abs. 3 TVG besteht eine wirtschaftliche Abhängigkeit bei den Herstellern journalistischer Leistungen, wenn einer Person im Durchschnitt gegen ein Unternehmen mindestens ein Drittel des Entgelts zusteht, das sie im Rahmen ihrer Erwerbstätigkeit insgesamt verdienen. Die Medienunternehmen haben diese Voraussetzung konkretisiert und oftmals Mindestbeschäftigungs- oder Verdienstgrenzen aufgestellt, unterhalb derer keine Arbeitnehmereigenschaft der Beschäftigten innerhalb des Unternehmens angenommen wird: So verlangen die meisten Unternehmen mindestens 42 Beschäftigungstage innerhalb des Beurteilungszeitraums der letzten 6 Monate[173]. Wird diese Mindestvoraussetzung nicht erfüllt, ist der Beschäftigte nur freier Mitarbeiter und keine arbeitnehmerähnliche Person.

Die Beschäftigung eines Mitarbeiters ist aber auch in einem größeren Umfang möglich, ohne dem Mitarbeiter den Status als arbeitnehmerähnlich zu nehmen. Denn nach ständiger Rechtsprechung des BAG macht allein ein bestimmter zeitlicher Tätigkeitsumfang einen Mitarbeiter nicht zum Arbeitnehmer[174]: Nicht das Ausmaß, sondern die Art der Beschäftigung bestimmt die Qualität der Beschäftigung. Erst, wenn auch der zeitliche Umfang der Tätigkeit einseitig durch Weisung des Beschäftigungsgebers bestimmt werden kann, deutet dies auf eine persönliche Abhängigkeit hin und kann die Annahme eines Arbeitsverhältnisses rechtfertigen.

Auf Grundlage des bestehenden Rahmenvertrags kommen einzelne Mitwirkungsverträge der Arbeitnehmerähnlichen zustande. In diesen werden der Titel

---

[173] § 3 Abs. 1 des TV über Sozial- und Bestandsschutz der ANÄ; § 3 des TV für ANÄ bei der DW; Ziff. 3.1. des TV für ANÄ beim NDR; Ziff. 3.1. des TV für ANÄ beim SWR; § 2 Ziff. 3. des TV für ANÄ beim ZDF; RTL verlangt 46 Tage, vgl. Ziff. 1.2. des TV für ANÄ; dagegen verlangt der SR nur 7 Tage, vgl. Ziff. 3.1. des TV für ANÄ beim SR.

[174] BAG vom 27.02.1991, 5 AZR 107/90; BAG vom 13.05.1992, 5 AZR 434/91, (beide nicht veröffentlicht); BAG v. 19.01.2000, 5 AZR 644/98, AP Nr. 33 zu § 611 BGB Rundfunk; anders noch BAG vom 07.05.1980, 5 AZR 293/78, AP Nr. 35 zu § 611 BGB Abhängigkeit und BAG vom 07.05.1980, 5 AZR 593/78, AP Nr. 36 zu § 611 BGB Abhängigkeit; so auch *Wank*, Arbeitnehmer und Selbständige, S. 311.

der Produktion, die Art der Mitwirkung, der Termin und der Ort der Leistungserbringung und das Honorar festgelegt.

Anders als bei den teilzeitbeschäftigten Arbeitnehmern haben die Arbeitnehmerähnlichen keinen Anspruch auf bevorzugte Berücksichtigung bei Besetzung umfangreicherer Stellen. Ein Anspruch gemäß § 9 TzBfG steht nur Arbeitnehmern zu.

(2) Lage der Beschäftigungszeit

Auch für die Arbeitnehmerähnlichen wird die Lage ihrer einzelnen Dienste im Rahmen des bestehenden Rahmenvertrags durch die Eintragung in Dienstpläne festgelegt. Arbeitnehmer und Arbeitnehmerähnliche werden in ein und dieselben Dienstpläne eingetragen, da Projekte und Sendungen von Mitarbeitern beider Beschäftigungsgruppen erstellt und die Dienstpläne projektorientiert angelegt werden.

Eine Einteilung der zeitlichen Lage durch Eintragung in die Dienstpläne für die Arbeitnehmerähnlichen kann der Dienstherr aber nicht einseitig durch Ausübung eines Direktionsrechts vornehmen. Anders als die Arbeitnehmer sind die Arbeitnehmerähnlichen nach der Natur des Dauerschuldverhältnisses selbständige Mitarbeiter, die keinem Weisungsrecht des Beschäftigungsgebers unterliegen. Zentrale Norm mangels einer anderweitigen, allgemeingültigen Regelung für die Abgrenzung des unselbständigen, weil persönlich abhängigen Arbeitnehmers vom selbständigen freien Mitarbeiter ist § 84 Abs. 1 S. 2 HGB. Danach ist selbständig,

> wer im wesentlichen frei seine Tätigkeit gestalten und seine Tätigkeit bestimmen kann.

Es wird also für die Unterscheidung zwischen freier Mitarbeit bzw. Selbständigkeit und Arbeitnehmereigenschaft auf den Grad der persönlichen Abhängigkeit abgestellt[175]. Dieser Grad wird daran gemessen, welchen Formen der Weisungsgebundenheit der Beschäftigte unterliegt:

> Arbeitnehmer ist derjenige, der seine vertraglich geschuldete Leistung im Rahmen einer von Dritten bestimmten Arbeitsorganisation erbringt. Die Eingliederung in die fremde Arbeitsorganisation zeigt sich insbesondere

---

[175] Ständige Rechtsprechung des BAG, vgl. z.B. BAG v. 30.11.1994, 5 AZR 704/93, AP Nr. 74 zu § 611 BGB Abhängigkeit; BAG v. 11.03.1998, 5 AZR 522/96, AP Nr. 23 zu § 611 BGB Rundfunk.

daran, dass der Beschäftigte einem Weisungsrecht seines Vertragspartners (Arbeitgebers) unterliegt. Das Weisungsrecht kann Inhalt, Durchführung, Zeit, Dauer und Ort der Tätigkeit betreffen[176].

Welche der möglichen Weisungsgebundenheiten letztlich den Ausschlag für die Selbständigkeit bzw. Arbeitnehmereigenschaft gibt, hängt von einer Gesamtwürdigung aller maßgebenden Umstände des Einzelfalls ab. Für Funk und Fernsehen hat sich in der höchstrichterlichen Rechtsprechung der Grundsatz herausgebildet, dass die Arbeitnehmereigenschaft nicht schon dann zu bejahen ist, wenn der Mitarbeiter in seiner Arbeit auf den Apparat der Anstalt und das Mitarbeiterteam angewiesen und deshalb besonders in die Arbeitsorganisation eingebunden ist[177]. Statt dessen wird nach der neueren Rechtsprechung[178] die persönliche Abhängigkeit und damit die Arbeitnehmereigenschaft erst dann angenommen, wenn ein Medienunternehmen innerhalb eines bestimmten zeitlichen Rahmens über die Arbeitsleistung verfügen kann[179] oder wenn der Mitarbeiter in nicht unerheblichem Umfang auch ohne entsprechende Vereinbarung zur Leistungserbringung herangezogen wird, ihm also die Arbeiten letztlich zugewiesen werden. So verhält es sich in den Rundfunkunternehmen,

> wenn der Mitarbeiter in Dienstplänen aufgeführt wird, ohne dass die einzelnen Einsätze im Voraus abgesprochen werden. Dies ist ein starkes Indiz für die Arbeitnehmereigenschaft[180].

Daher kann der Arbeitnehmerähnliche nur bedingt in die Dienstpläne eingetragen werden. Zwar ist eine Eintragung im Ergebnis notwendig, damit auch die Leistungen der Arbeitnehmerähnlichen überschaubar werden und für einen bestimmten Arbeitsprozess verwertbar bleiben[181]. So schadet es nicht dem Status des Arbeitnehmerähnlichen, wenn es bereits aus der Natur der Leistung heraus

---

[176] BAG v. 11.03.1998, 5 AZR 522/96, AP Nr. 23 zu § 611 BGB Rundfunk.

[177] BAG v. 11.03.1998, 5 AZR 522/96, AP Nr. 23 zu § 611 BGB Rundfunk; Abwendung von der früheren ständigen Rechtsprechung, vgl. z.B. BAG v. 15.03.1978, 5 AZR 819/76, AP Nr. 26 zu § 611 BGB Abhängigkeit; 23.04.1980, 5 AZR 426/79, AP Nr. 34 zu § 611 Abhängigkeit; ArbG Berlin vom 08.01.2004, 78 Ca 26918/03, NZA-RR 2004, 546.

[178] Aufgabe der alten Rspr. in BAG v. 30.11.1994, 5 AZR 704/93, AP Nr. 74 zu § 611 BGB Abhängigkeit; vgl. *Wrede*, Bestand und Bestandsschutz von Arbeitsverhältnissen im Rundfunk, NZA 1999, S. 1019 ff., S. 1022.

[179] BAG v. 9. 6. 1993, 5 AZR 123/92, AP Nr. 66 zu § 611 BGB Abhängigkeit; BAG v. 20. 7. 1994, 5 AZR 627/93, AP Nr. 73 zu § 611 BGB Abhängigkeit; früher schon in BAG vom 07.05.1980, 5 AZR 293/78, AP Nr. 35 zu § 611 BGB Abhängigkeit.

[180] BAG v. 30.11.1994, 5 AZR 704/93, AP Nr. 74 zu § 611 BGB Abhängigkeit; *Bezani/Müller*, Arbeitsrecht in den Medien, Rn. 40 f.

[181] Vgl. *Voß*, ZUM-Sonderheft 2000, S. 614 ff., S. 615.

erforderlich ist, dass eine bestimmte Leistung zu einer bestimmten Zeit erbracht werden muss; dies wurde für den Fall eines Nachrichtensprechers bejaht, dessen Sendung zu einer bestimmten Zeit aufgenommen wurde, weshalb der Sprecher auch zu dieser Zeit anwesend sein musste[182]. Ebenso wenig werden damit Pläne erfasst, in die sich auch die Arbeitnehmerähnlichen eintragen müssen, um bestimmte Dienste des Unternehmens, beispielsweise Schneideräume oder Kamerateams, in Anspruch nehmen zu können. Vielmehr sind

> Dienstpläne, die für eine Weisungsabhängigkeit des Mitarbeiters sprechen, (...) nur solche, die den Mitarbeiter einseitig zu bestimmten Zeiten, in einem bestimmten Umfang und zu bestimmten Tätigkeiten heranziehen[183].

Es besteht demnach keine einseitige Disponibilität der zeitlichen Lage der Leistungserbringung durch den Beschäftigungsgeber. Eine Konkretisierung der Lage der Leistungszeit kann daher regelmäßig nur in Absprache mit dem Arbeitnehmerähnlichen geschehen. Die Rechtsprechung ist in diesem Bereich ausgesprochen sensibilisiert[184], so dass der Arbeitnehmerähnliche nur schwer im Vorfeld oder pauschal einwilligen kann, ohne dass er als Arbeitnehmer eingestuft werden muss. Es ist vielmehr für jeden Einsatz, also für jede einzelne Konkretisierung, die Absprache mit dem Arbeitnehmerähnlichen erforderlich[185], um der Qualifizierung als Arbeitnehmer zu entgehen.

Es genügt auch nicht, dass die Arbeitnehmerähnlichen vorläufig oder bis zu deren Widerruf vom Unternehmen eingetragen werden:

> Wer einseitig Dienstpläne aufstellt, die tatsächlich im wesentlichen eingehalten werden, und gleichzeitig erklärt, diese seien unverbindlich, verhält sich im Regelfall widersprüchlich[186].

Es muss als zum Zeitpunkt einer bestimmten Eintragung das konkrete Einverständnis des Mitarbeiters mit dieser Eintragung vorliegen.

Ebenso kann – je nach der Natur des geschuldeten Werkes – eine Eintragung in Dienstpläne nach den Grundsätzen des bereits Dargelegten für die Arbeitnehmerähnlichen erfolgen, die auf werkvertraglicher Basis für den Beschäftigungs-

---

[182] BAG v. 19.01.2000, 5 AZR 644/98, AP Nr. 33 zu § 611 BGB Rundfunk.
[183] BAG v. 19.01.2000, 5 AZR 644/98, AP Nr. 33 zu § 611 BGB Rundfunk.
[184] Vgl. *Hochrathner*, Die Statusrechtsprechung des BAG seit 1994, NZA-RR 2001, S. 561 ff., 562.
[185] BAG v. 30.11.1994, 5 AZR 704/93, AP Nr. 74 zu § 611 BGB Abhängigkeit.
[186] BAG vom 22.02.1995, 5 AZR 234/94 (unveröffentlicht).

geber tätig sind. Aus der Natur des geschuldeten Werkes ergibt sich aber häufig nicht die Notwendigkeit, diese Werkleistungen in Dienstpläne aufzunehmen. So kann es sich um Journalisten handeln, die eigene Fernseh- oder Rundfunkbeiträge erstellen, die entweder die Größe einer eigenen Sendung oder auch nur eines kleinen Beitrags zu einer Sendung haben. Beide Unternehmer müssen hier nicht in Dienstpläne eingetragen werden, sondern bieten ihr Werk dem Medienunternehmen an, wenn es fertig gestellt ist. Es wird also nicht anhand des zeitlichen Aspekts der Leistung gemessen, sondern anhand des Produkts. In diesen Fällen liegt die zeitliche Lage der Werkerstellung grundsätzlich vollständig in den Händen des Arbeitnehmerähnlichen. Etwas anderes kann sich unter Umständen dann ergeben, wenn die Vertragsparteien einen Termin für die Fertigstellung des Werks vereinbaren und der Zeitraum zwischen Beauftragung und vereinbarter Fertigstellung so kurzfristig ist, dass der Unternehmer faktisch auf die zeitliche Lage der Werkerstellung Einfluss nehmen kann. Zumindest besteht aber auch hier dann eine gemeinsame Absprache der zeitlichen Lage, weil der Zeitpunkt der Fertigstellung des Werkes eine zusätzliche Absprache zur Inhaltsbestimmung des Werkvertrages darstellt und zwischen den Parteien vereinbart werden muss.

(3) Verpflichtung zur Erbringung von Überstunden

Weiter ist fraglich, ob auch ein Arbeitnehmerähnlicher zu Überstunden verpflichtet werden kann.

Die Frage, ob eine Verpflichtung des Arbeitnehmerähnlichen zur Erbringung von Überstunden besteht, setzt voraus, dass der Begriff der Überstunde für diese Beschäftigungsgruppe überhaupt existiert. Dies ist fraglich, weil jede Mehrarbeit für Arbeitnehmerähnliche aufgrund eines neuen, zusätzlichen Dienstvertrags erbracht werden kann. Die vermeintlichen Überstunden, sollten sie geleistet werden, können also auch als „normale" Stunden im Rahmen eines Dienstleistungsvertrages vom Arbeitnehmerähnlichen geleistet werden. Will man solche Stunden als Überstunden qualifizieren, muss zusätzlich ein Zusammenhang zwischen dem ursprünglichen, ersten Dienstvertrag und dem darauf folgenden „Überstunden"-Dienstvertrag hergestellt werden. Ein solcher Zusammenhang besteht, wenn inhaltlich die ursprüngliche Tätigkeit fortgesetzt und deshalb die anfänglich vereinbarte Leistungszeit nachträglich verlängert wird. Allein diese Feststellung reicht aber noch nicht aus, um eine zusätzliche Leistung als Mehrarbeit zu qualifizieren. Dauert beispielsweise eine Produktion länger als erwartet und werden deshalb die Arbeitnehmerähnlichen einige Wochen länger bei dieser

Produktion beschäftigt, so leisten diese dadurch noch keine Überstunden. Solche sind vielmehr erst dann gegeben, wenn die regelmäßige oder übliche Arbeitszeit überschritten wird. Durch eine fortgesetzte Beschäftigung für einige Wochen wird aber nicht die übliche Arbeitszeit überschritten, weil durch diese noch nicht die tägliche oder wöchentliche Arbeitszeit überschritten wird. Es ist deshalb zusätzlich erforderlich, dass die geleisteten Stunden die regelmäßige und übliche, tägliche oder wöchentliche Arbeitszeit überschreiten.

Ob eine Verpflichtung des Arbeitnehmerähnlichen zur Erbringung von Überstunden bereits nach den allgemeinen zivilrechtlichen Vorschriften besteht, ist bislang in der Rechtsprechung noch nicht entschieden worden und wird auch in der Literatur bislang nicht behandelt. Beim Arbeitnehmer wird eine entsprechende Pflicht mit Hinweis auf die durch Treu und Glauben modifizierte Arbeitspflicht in besonderen Notfällen konstruiert. Ob eine solche Pflicht aus Treu und Glauben auch für den Arbeitnehmerähnlichen hergeleitet werden kann, ist fraglich. Zum einen steht der Arbeitnehmerähnliche anders als der Arbeitnehmer zum Unternehmen nicht in einem so intensiven Treueverhältnis. Da der Arbeitnehmerähnliche aufgrund von Dienst- und Werkverträgen tätig wird, stehen sich grundsätzlich unabhängige Parteien gegenüber, während den Arbeitnehmer stärkere Treuepflichten treffen[187]. Daneben ergibt sich zugunsten des Arbeitnehmers durch die dauernde Beschäftigung seine wirtschaftliche Abhängigkeit und soziale Abhängigkeit, aus denen sich aber keine Pflicht zu Lasten des Arbeitnehmers herleiten lässt. Allein kann möglicherweise unter Abwägung der gegenseitigen Interessen eine Pflicht zur Mehrarbeit in ganz besonderen Notfällen bestehen.

Der Arbeitnehmerähnliche, der aufgrund eines Werkvertrages für das Medienunternehmen tätig wird, kann grundsätzlich keine Überstunden leisten. Während der aufgrund Dienstvertrags Tätige ein leistungsorientiertes, zeitbezogenes Tätigwerden schuldet, hat der Unternehmer des Werkvertrags ein bestimmtes Werk, beispielsweise einen Sendebeitrag, herzustellen. Die Schuld zur Herstellung des Beitrags besteht also unabhängig von Umfang und zeitlichem Aufwand des Unternehmers, so dass Überstunden im Rahmen des Werkvertrags nicht denkbar sind.

Die Pflicht zu Überstunden oder Mehrarbeit kann außerdem in den Tarifverträgen festgelegt werden. Teilweise wurde von der Regelungsbefugnis Gebrauch gemacht, so dass der Arbeitnehmerähnliche „aus Gründen der Programm- und

---

[187] *Löwisch*, Arbeitsrecht, Rn. 32.

Produktionsaufgaben" möglicherweise Leistungen zu erbringen hat, die über die regelmäßige wöchentliche Arbeitszeit hinausgehen[188].

(4) Öffentlich-rechtliche Grenzen

Schließlich ist zu untersuchen, ob das Medienunternehmen an öffentlich-rechtliche Grenzen hinsichtlich Umfang und Lage der Arbeitszeit gebunden ist, wenn es arbeitnehmerähnliche Mitarbeiter beschäftigt.

Eine erste öffentlich-rechtliche Beschränkung der zulässigen Arbeitszeit kann sich gemäß § 3 ArbZG ergeben. Sollte die Regelung anwendbar sein, dürfte die regelmäßige, werktägliche Arbeitszeit acht Stunden nicht überschreiten. Eine direkte Anwendung der Norm scheidet allerdings aus, da § 3 ArbZG unmittelbar nur für Arbeitnehmer gilt. Der Gesetzgeber wollte bei Einführung des Gesetzes den Arbeitnehmerbegriff für das ArbZG verwenden, wie er sich auch im BetrVG findet[189]. Dieser Arbeitnehmerbegriff des § 5 BetrVG umfasst aber nach ganz herrschender Meinung nicht die Gruppe der Arbeitnehmerähnlichen[190]. Ebenso scheidet auch eine analoge Anwendung des Gesetzes auf Arbeitnehmerähnliche aus, da es sowohl an der Planwidrigkeit der Regelungslücke[191] als auch an einer vergleichbaren Interessenlage fehlt. Zwar besteht eine Regelungslücke, da es für die Arbeitnehmerähnlichen keine Regelung von regelmäßigen Höchstarbeitszeiten gibt. Wie die Gesetzesbegründung zeigt, ist diese Regelungslücke aber nicht planwidrig. Zum Zeitpunkt des Entstehens des Gesetzes zu Beginn der 90er Jahre[192] war die Abgrenzung zwischen Arbeitnehmer und Arbeitnehmerähnlichem bereits bekannt und wurde praktiziert, da andere Gesetze bereits ausdrücklich auf die Arbeitnehmerähnlichen verwiesen haben, wenn eine Einbeziehung dieser Gruppe stattfinden sollte[193]. Da der Gesetzestext ausschließlich von den Arbeitnehmern spricht und auch die Gesetzesbegründung keine Ausführungen hinsichtlich einer Anwendbarkeit des Gesetzes auf die Gruppe der Arbeitnehmerähnlichen macht, muss davon ausgegangen werden, dass die Arbeit-

---

[188] Ziff. 5.2. des Tarifvertrag für auf Produktionsdauer Beschäftigte des NDR; ähnlich Ziff. 6.5., 2. Abs. des Tarifvertrags für auf Produktionsdauer Beschäftigte beim ZDF.

[189] BT-Drs. 12/5888, S. 23.

[190] *Löwisch/Kaiser*, BetrVG, § 5 Rn. 8; Richardi/*Richardi*, BetrVG, § 5 Rn. 37 ff., 42; *Trümmer* in Däubler/Kittner, BetrVG, § 5 Rn. 96; *Fitting*, BetrVG, § 5 Rn. 87.

[191] *Larenz*, Die Feststellung von Lücken im Gesetz, § 30 f.

[192] Vgl. *Neumann/Biebl*, ArbZG, Einleitung Rn 13 ff.

[193] So hat das ArbGG bereits seit Inkrafttreten am 02. Juli 1979 die Gruppe der arbeitnehmerähnlichen Personen durch ausdrücklichen Hinweis berücksichtigt.

nehmerähnlichen bewusst nicht in den Schutzbereich des ArbZG aufgenommen worden sind; der Gesetzgeber beweist macht durch die Nichteinbeziehung deutlich, dass er eine bestimmte Folge gerade nicht erreichen will[194].

Es fehlt auch an der vergleichbaren Interessenlage zwischen Arbeitnehmer und Arbeitnehmerähnlichen. Das ArbZG richtet sich an den Arbeitgeber mit dem Auftrag, für die Einhaltung der erlaubten Arbeitszeiten seiner Arbeitnehmer zu sorgen[195]. Dass nicht auch die Arbeitnehmer selbst Adressaten der gesetzlichen Bestimmungen des ArbZG sind, zeigen die §§ 17 Abs. 2, 22 ArbZG. Danach sind Maßnahmen der Aufsichtsbehörde gegenüber dem Arbeitgeber anzuordnen und Ordnungswidrigkeiten als Sonderdelikt nur vom Arbeitgeber begehbar. In den Arbeitsverhältnissen ist die Regelung auch sinnvoll, denn die konkrete Anordnung der Arbeitszeitlage ist Bestandteil des Direktionsrechts des Arbeitgebers gegenüber dem Arbeitnehmer, so dass der Arbeitgeber einseitig die Lage der Arbeitszeit gegenüber dem Arbeitnehmer anordnen kann. Anders liegt das bei den Arbeitnehmerähnlichen; hier kann der Beschäftigungsgeber nicht einseitig die Lage der Dienste anordnen, vielmehr kann dies nur im Einverständnis mit dem Arbeitnehmerähnlichen erfolgen. Im Fall einer Anwendung des ArbZG auch auf Arbeitnehmerähnliche würde der Beschäftigungsgeber also Adressat von Maßnahmen werden, die nicht in seinem alleinigen Machtbereich liegen[196]. Deutlicher wäre dies noch im Fall der werkvertraglichen Tätigkeit des Arbeitnehmerähnlichen: Der Besteller hat keinen Einfluss auf den Zeitpunkt der Werkerstellung; in diesem Fall würde der Beschäftigungsgeber also zur Einhaltung von Umständen verpflichtet werden, die nicht in seinem Macht- und Kenntnisbereich liegen. Etwas anders kann nur gelten, wenn ausnahmsweise eine kurze Frist zur Fertigstellung für ein umfangreiches Werk vereinbart und damit faktisch die Leistungszeit bestimmt wird. Eine Einflussmöglichkeit des Beschäftigungsgebers auf den zu beseitigenden Umstand ist aber Voraussetzung für dessen Verpflichtung: Es muss dem Beschäftigungsgeber zumutbar sein, dass er für den Auftragnehmer ähnliche Verantwortung übernimmt wie für einen Arbeitnehmer[197]. Anders als beim Arbeitnehmer hätte die Anwendung des Gesetzes

---

[194] Argumentum e contrario, vgl. *Larenz*, Die Feststellung von Lücken im Gesetz, § 35 f.; für die ANÄ so schon 1978 in *Beuthien/Wehler*, Freie Mitarbeit im Arbeitsrecht, RdA 1978, S. 2 ff., S. 10.

[195] *Baeck/Deutsch*, ArbZG, Einführung Rn. 50.

[196] *Hromadka*, Arbeitnehmerähnliche Person, NZA 1997, S. 1249.

[197] *Hromadka*, Zum Arbeitsrecht der arbeitnehmerähnlichen Selbständigen, in FS Söllner, S. 461 ff., 465.

auch auf Arbeitnehmerähnliche keinen vergleichbaren Zweck. In dem Gesagten kommt außerdem zum Ausdruck, dass der Arbeitnehmerähnliche möglicherweise gar nicht auf den Schutz des ArbZG angewiesen ist. Denn bei ihm besteht durch sein Selbstbestimmungsrecht ohnehin nicht die Gefahr, dass der Arbeitgeber einseitig Arbeitszeiten anordnet, die den Inhalten des ArbZG zuwider laufen. Eine unmittelbare oder analoge Anwendung des ArbZG auf Arbeitnehmerähnliche kommt demnach nicht in Betracht.

Weiter ist zu untersuchen, ob das JArbSchG auf Arbeitnehmerähnliche anzuwenden ist. Nach § 1 Abs. 1 Nr. 2 JArbSchG gilt das JArbSchG bei der Beschäftigung von Personen, die noch nicht 18 Jahre alt sind, mit sonstigen Dienstleistungen, die der Arbeitsleistung von Arbeitnehmern ähnlich sind. Anders als das ArbZG verwendet das JArbSchG bereits den weiten Begriff der Beschäftigung statt den des Arbeitsverhältnisses. Eingrenzend soll aber nur erfasst werden, was der Arbeitnehmerleistung ähnlich ist. Die herrschende Meinung geht davon aus, dass die Ähnlichkeit zur Arbeitnehmerleistung insbesondere durch die persönliche Abhängigkeit des Beschäftigten bestimmt wird, nicht aber durch die dem Arbeitnehmerähnlichen eigene wirtschaftliche Abhängigkeit[198]. Dennoch muss dem arbeitnehmerähnlichen Jugendlichen nicht der Schutz des JArbSchG vorenthalten bleiben. Erforderlich ist nur, ein zusätzliches Moment der Abhängigkeit festzustellen. Das Gesetz muss auch, da die Legislative jede Form abhängiger Beschäftigung von Menschen unter 18 Jahren erfassen wollte[199], weit ausgelegt werden. Schließlich ist festzustellen, dass das JArbSchG bislang wenig Relevanz für die Arbeitnehmerähnlichen besitzt. Tätigkeiten, die als programmgestaltend erachtet werden, werden regelmäßig nicht von Minderjährigen ausgeübt[200]. Eine Ausnahme bilden minderjährige Moderatoren oder Schauspieler.

Auch das MuSchG beinhaltet in § 8 MuSchG Schutzvorschriften, die eine öffentlich-rechtliche Grenze der Beschäftigung darstellen können. § 1 Nr. 1 MuSchG bestimmt die Anwendbarkeit des Gesetzes für Frauen, die in einem Arbeitsverhältnis stehen. Ähnlich wie beim ArbZG werden wieder die Arbeitnehmerähnlichen aus dem Schutzbereich der gesetzlichen Regelung ausgenommen. Wie bereits bei der Frage der Anwendung des ArbZG ausgeführt worden ist, fehlen auch beim MuSchG die Voraussetzungen, um den Schutz in

---

[198] *Schubert*, Arbeitnehmerähnliche Person, S. 12; *Molitor* in Volmer/Germelmann, JArbSchG, § 1 Rn. 44 f.; *Zmarzlik/Anzinger*, JArbSchG, § 1 Rn. 17 ff.

[199] BT-Drs. 7/2305, S. 26; *Zmarzlik/Anzinger*, § 1 Rn. 17.

[200] Vgl. hierzu z. B. Anlage 1 zum TV für befristete Programmmitarbeit beim NDR.

einer analogen Anwendung auch dem Arbeitnehmerähnlichen zukommen zu lassen. Auch hier ist der Beschäftigungsgeber mangels ausreichender Handlungsmöglichkeiten der falsche Adressat, ferner besteht eine unterschiedliche Interessenlage, da der Beschäftigungsgeber die Zeiten, in denen die freien Mitarbeiter tätig werden, nicht kennen muss. Daher findet das MuSchG auf Arbeitnehmerähnliche keine Anwendung[201].

Eine öffentlich-rechtliche Grenze begründet auch das Heimarbeitsgesetz[202]. Das HAG kann auf Arbeitnehmerähnliche Anwendung finden, wenn die Beschäftigten als Heimarbeiter oder Hausgewerbetreibende qualifiziert werden können. Heimarbeiter ist, wer in selbstgewählter Arbeitsstätte allein oder mit seinen Familienangehörigen im Auftrag von Gewerbetreibenden erwerbsmäßig arbeitet und die Verwertung des Arbeitsergebnisses dem Gewerbetreibenden überlässt, § 2 Abs. 1 HAG. Hausgewerbetreibende sind Personen, die im Auftrag von Gewerbetreibenden Waren mit bearbeiten, § 2 Abs. 2 HAG[203]. Beide sind wirtschaftlich abhängig, anders als ein Arbeitnehmer aber persönlich selbständig und hinsichtlich der Art und Weise der Erledigung ihrer Arbeit und der zeitlichen Einteilung ihrer Arbeitszeit frei[204]; die beiden Beschäftigungsformen erfüllen demnach die Voraussetzungen der Arbeitnehmerähnlichkeit. Nicht alle Arbeitnehmerähnliche sind aber Heimarbeiter oder Hausgewerbetreibende, eine Einordnung scheitert am Ort der Arbeitsleistung: Heimarbeiter und Hausgewerbetreibende werden in selbstgewählter oder eigener Arbeitsstätte tätig, keinesfalls aber in einer Betriebsstätte, die der Aufsicht des Beschäftigungsgebers unterliegt[205]. Die persönliche Selbständigkeit, die die Tätigkeit der Heimarbeiter und Hausgewerbetreibenden beschreibt, besteht durch die räumliche Trennung zum Auftraggeber. Dagegen stehen den programmgestaltenden Mitarbeitern die personellen und technischen Einrichtungen der Sendeanstalten zur Verfügung, da sie ohne diese Hilfsmittel ihre Beiträge nicht erstellen können. Ihre persönliche Selbständigkeit wird nicht durch die Verrichtung der Tätigkeit im Rundfunkbetrieb beseitigt. Schließlich ist die Tätigkeit der programmgestaltenden Arbeitnehmerähnlichen nicht mit der Heimarbeiter und Hausgewerbetreibenden vergleichbar. Während die Rundfunkmitarbeiter journalistisch oder

---

[201] *Buchner/Becker*, MuSchG, § 1 Rn. 81; *Heenen* in MünchArbR, § 225 Rn. 16; ErfK/*Schlachter*, § 1 MuSchG Rn. 3.
[202] Vgl. *Schubert*, Arbeitnehmerähnliche Person, S. 259 ff.
[203] MünchArbR/*Heenen*, § 238 Rn. 17.
[204] MünchArbR/*Heenen*, § 238 Rn. 8.
[205] *Schmidt/Koberski/Tiemann/Wascher*, HAG, § 2, Rn. 13, 31.

künstlerisch tätig werden, ist die Arbeit der Heimarbeiter durch die Wiederholung regelmäßiger Arbeitsvorgänge charakterisiert[206]. Ihr fehlt der kreative Charakter und sie erschöpft sich in der vorgezeichneten Herstellung von Waren. Die programmgestaltende Mitarbeit, die die hier zu untersuchenden festen freien Mitarbeiter ausführen, beschäftigt sich nicht mit der Herstellung und der Bearbeitung von Waren. Daher erübrigt sich die Frage, welchen Schutz das Heimarbeitsgesetz bieten könnte, da die Arbeitnehmerähnlichen in den Medien nicht in Heimarbeit beschäftigt sind.

Zum Schutz der Arbeitnehmerähnlichen sind schließlich die allgemeinen, zivilrechtlichen Grenzen zu berücksichtigen. Auch hier ist zu beachten, dass den Beschäftigungsgeber nur dann eine Pflicht treffen kann, wenn er auf das Verhalten auch Einfluss haben kann[207]. In Betracht kommt die Norm des § 618 BGB. Die Schutzvorschrift wird nicht nur zugunsten des Dienstleistenden, sondern darüber hinaus auch zugunsten des Unternehmers einer werkvertraglichen Leistung angewandt[208]. Aus ihr ergeben sich zwar nur Regelungen, die die Gestaltung des Orts der Beschäftigung treffen; die Norm soll den Verpflichteten davor bewahren, dass sich sein Gesundheitszustand infolge der vom Dienstberechtigten zu verantwortenden Gefahrenquellen verschlechtert[209]. Hinsichtlich des Umfangs der Arbeitszeit ist der Dienstberechtigte bzw. Besteller verpflichtet, kein Übermaß an Arbeit zu verlangen oder zu dulden, durch das die Gesundheit des Beschäftigten gefährdet wird[210]. Bei Verletzung der Schutzpflicht wird dem Betroffenen ein Zurückbehaltungsrecht nach § 273 BGB zugestanden[211]. Ein weiterer Schutz kann sich aus § 241 Abs. 2 BGB ergeben. Bei Bestimmung der Interes-

---

[206] *Schmidt/Koberski/Tiemann/Wascher*, HAG, § 1, Rn. 11; Zur Praktikabilität führen einige Tarifverträge für Arbeitnehmerähnliche eine Liste der programmgestaltenden Tätigkeiten an; keine dieser Tätigkeiten kann in Heimarbeit ausgeführt werden, entsprechend lauten auch die Aussagen der untersuchten Unternehmen; vgl. auch Tabellenübersichten zu den beschäftigten Heimarbeitern nach Wirtschaftszweigen in der Einleitung S. 39 ff. von *Schmidt/Koberski/Tiemann/Wascher*; *Wank*, Arbeitnehmer und Selbständige, S. 315.

[207] *Nemo ultra posse obligatur.*

[208] RG vom 20.12.1938, III 46/38, RGZ 159, 270; BGH v. 05.02.1952, GSZ 4/51; OLG Hamm v. 14.04.2000, 9 U 3/00, NZA-RR 2000, S. 649; Staudinger/*Oetker*, § 618 Rn. 100; *Hromadka*, Zum Arbeitsrecht der arbeitnehmerähnlichen Selbständigen, FS Söllner, S. 461 ff., 476.

[209] Staudinger/*Oetker*, § 618 Rn. 142; ErfK/*Wank* § 618 BGB Rn. 15.

[210] BAG v. 13.03.1967, 2 AZR 133/66, AP Nr. 15 zu § 618 BGB; Staudinger/*Oetker*, § 618 Rn. 169 f.

[211] BAG v. 08.05.1996, 5 AZR 315/95, AP Nr. 23 zu § 618 BGB; ErfK/*Wank*, § 618 BGB Rn. 31; Staudinger/*Oetker*, § 618 Rn. 257 ff.

sen der Parteien muss berücksichtigt werden, dass es sich um Dauerschuldverhältnisse handelt, dessen Durchführung den Beteiligten zusätzliche Schutzpflichten im Hinblick auf langfristige Interessen auferlegen: Da eine berufliche Tätigkeit immer eine physische und psychische Belastung zur Folge hat[212], ist eine Beschränkung der Leistungspflicht zum Erhalt der Gesundheit und Erwerbsfähigkeit des Arbeitnehmerähnlichen notwendig. Bei den arbeitnehmerähnlich Beschäftigten weiß der Beschäftigungsgeber auch regelmäßig, dass sämtliche Leistungen persönlich und ohne eigene Mitarbeiter erfüllt werden; eine Überbelastung kann das Unternehmen also erkennen, soweit die Beauftragung aus nur diesem einen Unternehmen herrührt. Schutzpflichten lassen sich aber auch hier nur in Ausnahmefällen konstruieren, wenn ernstlich die Gesundheit des Mitarbeiters bedroht ist und sich diese unmittelbar auf ein Verhalten des Beschäftigungsgebers zurückführen lässt. Auch aus § 275 Abs. 3 BGB kann sich ein weiteres Leistungsverweigerungsrecht ergeben, wenn dem Arbeitnehmerähnlichen eine Leistung unter Abwägung des seiner Leistung entgegenstehenden Hindernisses mit dem Leistungsinteresse des Beschäftigungsgebers nicht zugemutet werden kann. Die Norm gibt dem Leistungsverpflichteten eine Einredemöglichkeit, die ihn von seiner Leistungspflicht befreien kann[213]. Die Einredemöglichkeit nach § 275 Abs. 3 BGB besteht bei Leistungshindernissen, die keine subjektive Unmöglichkeit begründen[214]. Ein solches Leistungshindernis kann auch dann gegeben sein, wenn die nach ArbZG erlaubten Arbeitszeiten deutlich überschritten werden und deshalb eine gesundheitliche Beeinträchtigung des Arbeitnehmerähnlichen bereits nur zu befürchten ist. Zu beachten ist aber, dass im Fall der Einrede die Gegenleistung nach § 326 Abs. 1 BGB grundsätzlich wegfällt.

Das allgemeine Zivilrecht gewährt demnach nur einen Minimalschutz zugunsten des Arbeitnehmerähnlichen. Der Grund liegt darin, dass es dem Arbeitnehmerähnlichen durch das Selbstbestimmungsrecht im Rahmen des Vertragsschlusses selbst obliegt, für die Zumutbarkeit seiner Arbeitszeiten zu sorgen. Darüber hinaus ist es Bestandteil der Privatautonomie, wie sich die Parteien einigen. Ein Schutz durch die zivilrechtlichen Bestimmungen kann also nur dann einsetzen,

---

[212] *Schubert*, Arbeitnehmerähnliche Person, S. 258.

[213] Palandt/*Heinrichs*, § 275 Rn. 32; *Henssler/Muthers*, Arbeitsrecht und Schuldrechtsmodernisierung, ZGS 2002, S. 219 ff., 221.

[214] BAG v. 08.12.1982, 4 AZR 134/80, DB1983, S. 395 ff., 396; BAG v. 08.09.1982, 5 AZR 283/80, NJW 1983, S. 1078 f.; Palandt/*Heinrichs*, § 275 Rn. 30; *Dedek* in Henssler/v. Westphalen, Praxis der Schuldrechtsreform, § 275 Rn. 31.

wenn das Selbstbestimmungsrecht des Arbeitnehmerähnlichen durch das Verhalten des Beschäftigungsgebers faktisch nicht mehr besteht.

Schließlich können auch die Tarifverträge für die Arbeitnehmerähnlichen Regelungen beinhalten, die Umfang und Lage der Arbeitszeit regeln. Die Lage der Arbeitszeit wird von keinem der geltenden Tarifverträge für Arbeitnehmerähnliche behandelt. Lediglich wird in manchen Tarifverträgen festgestellt, dass es eine regelmäßige wöchentliche Beschäftigungszeit gibt[215] oder dass es eine regelmäßige tägliche Arbeitszeit gibt[216]. In allen Fällen sind aber nicht festgelegte Abweichungen von täglicher und wöchentlicher Arbeitszeit möglich, soweit dies zur Durchführung der Programm- oder Produktionsaufgaben erforderlich ist[217].

c) Ergebnis

Während ein Arbeitnehmer in Voll- oder Teilzeitarbeitsverhältnissen beschäftigt wird, ist der Arbeitnehmerähnliche in den meisten Fällen nicht in Vollzeit für das Medienunternehmen tätig. Anders als für den Arbeitnehmer besteht für den Arbeitnehmerähnlichen eine „Mindestbeschäftigungsgrenze", da dem Mitarbeiter sonst der Status des Arbeitnehmerähnlichen nicht zukommt. Anders als bei den Arbeitnehmern kann der teilzeitbeschäftigte Arbeitnehmerähnliche keine Berücksichtigung bei Besetzung einer Vollzeitstelle verlangen.

Die Lage der Arbeitszeit eines Arbeitnehmers kann in den Individual- oder Kollektivvereinbarungen vorab geregelt werden. Darüber hinaus besteht das Direktionsrecht des Arbeitgebers, mittels dessen er die konkrete Lage der Arbeitszeit einseitig bestimmen kann. Beim Arbeitnehmerähnlichen kann er die Lage der Arbeitszeit nicht festlegen, der Arbeitnehmerähnliche bestimmt seine Arbeitszeit grundsätzlich selbst. Wird die Lage vereinbart, muss die Festlegung im Einverständnis mit dem Arbeitnehmerähnlichen erfolgen.

Der Arbeitnehmer wird regelmäßig bereits im Arbeitsvertrag oder in den geltenden Tarifverträgen zu Überstunden verpflichtet. In den meisten Fällen besteht eine solche Regelung bei den Arbeitnehmerähnlichen nicht, so dass diese nur in Ausnahmesituationen zu Überstunden verpflichtet werden können.

---

[215] Vgl. Ziff. 5.2. des Tarifvertrags für auf Produktionsdauer Beschäftigte beim NDR (40 Stunden); ebenso Tarifvertrag für auf Produktionsdauer Beschäftigte beim WDR.

[216] Ziff. 6.2. des Tarifvertrags für auf Produktionsdauer Beschäftigte beim ZDF (8 Stunden).

[217] Vgl. Ziff. 5.2., 2. Abs. des Tarifvertrags für auf Produktionsdauer Beschäftigte beim NDR.

Schließlich ist der Arbeitgeber an eine Reihe öffentlich-rechtlicher Grenzen bei der Beschäftigung der Arbeitnehmer gebunden. Insbesondere bestehen Einschränkungen des Arbeitnehmereinsatzes durch die Vorschriften des ArbZG und des MuSchG. Dagegen bestehen diese Grenzen beim Einsatz des Arbeitnehmerähnlichen nicht, da dieser für seine Arbeitszeiten selbst verantwortlich ist.

Der zeitliche Einsatz des Arbeitnehmerähnlichen kann also wesentlich flexibler gehandhabt werden als der des Arbeitnehmers. Diese Flexibilität besteht insbesondere dadurch, dass die einschlägigen Schutzvorschriften nicht anzuwenden sind. Damit geht es einher, dass der Arbeitnehmerähnliche seine Leistungszeit selbst bestimmt. Außerdem können die sich immer wieder neu anschließenden Einzelverträge des Arbeitnehmerähnlichen an die konkreten Bedürfnisse des Rundfunks angepasst werden. Es besteht kein Kontrahierungszwang, der das Unternehmen zwingt, mit einem Arbeitnehmerähnlichen einen weiteren Dienst- oder Werkvertrag abzuschließen. Diese Vertragsfreiheit besteht auch für den Arbeitnehmerähnlichen; für das Unternehmen besteht also das Risiko, dass der Arbeitnehmerähnliche die ihm angebotenen Dienste nicht annimmt. Das Risiko kann das Unternehmen aber gering halten, indem es mehrere Arbeitnehmerähnliche für bestimmte Tätigkeiten bereithält. Ebenso kann das Unternehmen besondere finanzielle Anreize für besonders unattraktive Leistungszeiten anbieten. Die Gefahr, die im Selbstbestimmungsrecht hinsichtlich der Leistungszeit liegt, kann also beseitigt werden.

3. Befreiung von der Leistungspflicht

Weitere Kriterien für die Vergleichbarkeit zwischen Arbeitnehmer und Arbeitnehmerähnlichem können aus den unterschiedlichen Gestaltungen des Wegfalls einer Leistungspflicht gewonnen werden. In beiden Fällen haben die Parteien des Beschäftigungsverhältnisses im zugrundeliegenden Vertrag vereinbart, dass der Beschäftigte zur Dienst- oder Werkleistung verpflichtet sein soll. In beiden Fällen kann es unter bestimmten Voraussetzungen dazu kommen, dass diese Leistungspflicht entfällt.

Die Untersuchung findet vorerst unabhängig von der Frage statt, ob sich dadurch auch Auswirkungen auf den vereinbarten, synallagmatischen Gegenleistungsanspruch ergeben. Die Freistellungen alleine enthalten noch keine Aussage darüber, ob hier dem Arbeitnehmer ein besonderer Schutz zukommt. Diese kann erst getroffen werden, wenn auch das Schicksal der Gegenleistung geprüft wird; diese Frage wird später behandelt (Seite 136 ff.). Am isolierten Kriterium des Wegfalls der Leistungspflicht kann erkannt werden, wie sehr sich der Arbeitgeber auf die Erfüllung von Arbeiten durch bestimmte Arbeitnehmer, die dafür eingeplant sind, verlassen kann.

a) Situation der Arbeitnehmer

Die Arbeitspflicht des Arbeitnehmers kann unter verschiedenen Voraussetzungen entfallen.

(1) Unmöglichkeit

Folge des Vorliegens der Unmöglichkeit ist das Entfallen der Leistungspflicht nach § 275 Abs. 1 BGB.

Nach den Regelungen des allgemeinen Schuldrechts ist der Anspruch auf eine Leistung nach § 275 Abs. 1 BGB ausgeschlossen, soweit die Leistung für den Schuldner oder für jedermann unmöglich ist. Da die Arbeitsleistung nach § 613 S. 1 BGB im Zweifel persönlich zu erbringen ist, führt die subjektive Unmöglichkeit (Unvermögen) zur objektiven Unmöglichkeit[218]. Die Vermutung des § 613 S. 1 BGB wird in den hier behandelten Fällen der programmgestaltenden Mitarbeiter in den Medienunternehmen dadurch bestätigt, dass in den Arbeitsverträgen nochmals die Pflicht zur persönlichen Leistungserbringung wiederholt wird[219] und dass bei der programmgestaltenden Mitarbeit gerade auf die individuellen Fertigkeiten des beschäftigten Arbeitnehmers abgestellt werden muss. Unmöglichkeit der höchstpersönlichen Arbeitsleistung nach § 275 Abs. 1 BGB liegt vor, wenn der Arbeitnehmer sein Leistungsversprechen nicht erfüllen kann. Hierunter fällt insbesondere die krankheitsbedingte Arbeitsunfähigkeit, aber ebenso jede andere Form der Leistungsunfähigkeit des Arbeitnehmers.

Unabhängig vom Grund der Nichtleistung stellt sich die Frage der Folgen eines Versäumnisses der Arbeitspflicht. Zwar erscheint die Arbeitsleistung grundsätzlich nachholbar, weil die Leistungspflicht nach zeitlichem Umfang bemessen wird und damit „fungibel" ist, so dass die am Montag versäumte Arbeitspflicht auch am Dienstag nachgeholt werden könnte. In diesem Fall würde also keine Unmöglichkeit vorliegen, sondern lediglich Verzug. Da der Arbeitnehmer aber an diesem Dienstag ohnehin seiner täglichen Arbeitspflicht nachkommen muss und eine über die täglich geschuldete Arbeitszeit hinausgehende Leistungszeit

---

[218] Staudinger/*Richardi*, § 611 Rn. 438; *Gotthardt*, Arbeitsrecht nach der Schuldrechtsreform, Rn. 89.

[219] Vgl. z.B. § 1 Abs. 4 des Musterarbeitsvertrags beim WDR, Anlage 1 zum MTV des WDR.

zur Nacharbeit nicht verlangt werden kann, würde eine Ansammlung der nachzuholenden Arbeitszeit stattfinden, die im Zweifel nach Ablauf des Arbeitsverhältnisses geleistet werden müsste. Wegen dieses festen Zeitbezugs der Arbeitspflicht ist der absolute Fixschuldcharakter der Arbeitsleistung anerkannt[220], so dass mit dem Versäumnis der Arbeitszeit bereits auf eine Unmöglichkeit der Arbeitsleistung geschlossen werden kann[221].

Bei der krankheitsbedingten Arbeitsunfähigkeit gehen die Meinungen auseinander, ob unmittelbar die Unmöglichkeit nach § 275 Abs. 1 BGB anzunehmen[222] oder ob eine Einrede des Arbeitnehmers nach § 275 Abs. 3 BGB erforderlich ist[223], wenn die Arbeitszeit noch nicht versäumt worden ist. Für die Unmöglichkeit spricht, dass im Rahmen eines Dauerschuldverhältnisses die Arbeit im kranken Zustand zugunsten des körperlichen Wohlergehens des Arbeitnehmers als unmöglich qualifiziert werden kann, da eine „Unfähigkeit" zur Arbeit attestiert wird und somit zusätzlich dem arbeitnehmerrechtlichen Schutzgedanken Sorge getragen wäre. Im übrigen liegt Unmöglichkeit ohnehin vor, wenn die Arbeitszeit bereits versäumt worden ist. Ein Streit spielt also nur vor dem krankheitsbedingten Versäumnis eine Rolle. Auch spricht es für die Unmöglichkeit, dass die Gesetzesbegründung nicht die krankheitsbedingte Arbeitsunfähigkeit, sondern das kranke Kind der Sängerin als „Schulbeispiel" für die Unzumutbarkeit nach Absatz 3 nennt[224]. Für die Annahme der Unzumutbarkeit nach § 275 Abs. 3 BGB spricht andererseits, dass der Begriff der Unmöglichkeit eng zu fassen ist. Es sollen von Absatz 1 die Fälle der physischen und der rechtlichen Unmöglichkeit erfasst werden, nicht aber schon solche Fälle, die lediglich eine Leistungserschwerung bedeuten. Dafür spricht die Aufteilung der Norm[225]: Während Absatz 1 die Unmöglichkeit verlangt, spricht Absatz 2 von einem im

---

[220] *Beuthien*, Nachleisten versäumter Arbeitszeit, RdA 1972, S. 20 ff., S. 22; *Fabricius*, Leistungsstörungen, S. 118; *Gotthardt*, Arbeitsrecht nach der Schuldrechtsreform, Rn. 90; *Söllner*, Ohne Arbeit kein Lohn, AcP Band 167, 1967, S. 139; ErfK/*Preis*, § 615 BGB Rn. 4 ff.

[221] Staudinger/*Richardi*, § 611 Rn. 414; Schaub, Arbeitsrechtshandbuch/*Schaub*, § 50 Rn. 4; ErfK/*Preis* § 611 BGB Rn. 837.

[222] *Canaris*, Die Reform des Rechts der Leistungsstörungen, JZ 2001, 499 ff; 501, 504; Palandt/*Heinrichs*, Ergänzungsband, § 275 R. 24; Palandt/*Heinrichs*, § 275 Rn. 24; *Däubler*, Die Auswirkungen der Schuldrechtsmodernisierung auf das Arbeitsrecht, NZA 2001, S. 1329 ff., S. 1332.

[223] *Löwisch*, Auswirkungen der Schuldrechtrsreform auf das Recht der Arbeitsverhältnisse, FS Wiedemann, S. 311 ff., S. 323; *Maier-Reimer* in Dauner-Lieb/Konzen/Schmidt, S. 295.

[224] BT-Drs. 14/6040, S. 179.

[225] Vgl. auch *Huber/Faust*, S. 26.

groben Missverhältnis stehenden Leistungsaufwand und Absatz 3 nur von der Unzumutbarkeit der Leistung. Leichte Krankheiten können also nicht zu einer Unmöglichkeit der Arbeitsleistung führen, da die Arbeit tatsächlich immer noch erbracht werden kann. Stattdessen ist bei diesen Krankheiten eher eine Form der Pflichtenkollision zu erkennen, da sich der Gesundheitszustand des Arbeitnehmers durch eine Leistungserbringung weiter verschlechtern würde und deshalb eine Abwägung ergibt, dass die Arbeit unzumutbar ist. Ein pauschales Unterfallen aller Krankheiten unter Absatz 1 wäre mit der Systematik der Norm nicht zu vereinen. Es bleibt ein Mittelweg, der der neu gefassten Norm am ehesten gerecht wird[226]: Es erscheint sinnvoll, nur solche krankheitsbedingten Arbeitsunfähigkeiten unter Absatz 1 fallen zu lassen, die die Leistung physisch unmöglich machen[227]. Die Praxis wird an dieser Lösung bemängeln wollen, dass die Trennung der beiden Fälle nur schwer möglich sein wird. Insbesondere bei der journalistischen Mitarbeit in den Rundfunkunternehmen, aber auch bei allen anderen Berufen, bei denen eine geistige Tätigkeit im Vordergrund steht, wird es schwer sein, eine physische Unmöglichkeit anzunehmen, sofern der Arbeitnehmer noch bei Bewusstsein ist. Letzten Endes werden sich aber dadurch keine großen Unterschiede ergeben, als es dem Arbeitnehmer leicht fällt, die eventuell nach § 275 Abs. 3 BGB erforderliche Einrede, etwa bei Gelegenheit der Krankmeldung am ersten Tag der Abwesenheit, zu erheben. Bereits in der telefonischen Krankmeldung des Arbeitnehmers am ersten Tag des Fehlens läge dann die Einrede. Hier besteht ohnehin bereits die Pflicht des Arbeitnehmers, dem Arbeitgeber die Arbeitsunfähigkeit und deren voraussichtliche Dauer nach § 5 Abs. 1 S. 1 EFZG unverzüglich mitzuteilen, so dass der Arbeitgeber zu Beginn des ersten versäumten Arbeitstages vom Fernbleiben des Arbeitnehmers Kenntnis hat[228]. Erfüllt also der Arbeitnehmer seine ihm obliegenden Pflichten ordnungsgemäß, beweist sich auch die Einordnung der krankheitsbedingten Arbeitsunfähigkeit als unzumutbare Leistungserbringung als praxistauglich.

(2) Annahmeverzug des Arbeitgebers

Auch im Fall des Annahmeverzugs des Arbeitgebers liegt Unmöglichkeit der Arbeitsleistung vor, weil die Arbeit zu dem vereinbarten Zeitpunkt nicht geleistet werden konnte und damit versäumt wurde. Die Unmöglichkeit tritt verschul-

---

[226] *Gotthardt*, Arbeitsrecht nach der Schuldrechtsreform, Rn. 100; *Däubler*, Auswirkungen der Schuldrechtsreform auf das Arbeitsrecht, NZA 2001, 1329; S. 1332.

[227] So der Handwerker, dessen Arme beide unbeweglich in Gips liegen.

[228] MüKo/*Müller-Glöge*, BGB, § 5 EFZG, Rn. 3 f.

densunabhängig ein, so dass die Leistungspflicht unabhängig vom Vertretenmüssen des Schuldners oder Gläubigers wegfällt[229].

Die Voraussetzungen des Annahmeverzugs im Arbeitsverhältnis sind im allgemeinen Teil des Schuldrechts geregelt, §§ 293 ff. BGB. Danach muss die Leistungserbringung möglich sein, die Leistung muss angeboten werden und der Gläubiger darf die Leistung nicht annehmen. Das Angebot ist im bestehenden Arbeitsverhältnis nach § 296 BGB entbehrlich, wenn der Arbeitgeber eine kalendermäßig bestimmte Mitwirkungshandlung nicht vorgenommen hat. Im Arbeitsrecht ist es anerkannt, dass diese Mitwirkungshandlung im Zuweisen eines funktionsfähigen Arbeitsplatzes in Verbindung mit der Ausübung des Direktionsrechts besteht[230].

Im Fall des Annahmeverzugs wird der Arbeitnehmer von der Leistungspflicht frei. Durch den Fixschuldcharakter der Arbeitspflicht ist die Arbeit im Umfang des Versäumnisses unmöglich geworden.

(3) Aussetzung und Verkürzung der Arbeitspflicht

Die Arbeitspflicht des Arbeitnehmers kann durch eine teilweise (Kurzarbeit) oder vollständige, vorübergehende Aussetzung der Arbeitspflicht entfallen[231]. Kurzarbeit und Arbeitsaussetzung kommen in Betracht, wenn der Betriebsablauf keine weitergehende Arbeitsleistung mehr erfordert, also in den Fällen des Auftragsausfalls[232]. Ein solcher Auftragsausfall ist aber nur in Ausnahmesituationen denkbar, etwa weil die Übertragungsmöglichkeit zu den Zuschauern fehlt und damit die Erstellung von Beiträgen nicht erforderlich ist.

Darüber hinaus ist neben der betrieblichen Notwendigkeit der Verkürzung des vereinbarten Arbeitszeitumfangs eine besondere Rechtsgrundlage für die (teilweise oder vollständige) Arbeitszeitverkürzung erforderlich. Rechtsgrundlage kann ein Tarifvertrag sein, wenn die Vertragsparteien eine entsprechende Regelung aufgenommen haben; das ist aber in den Tarifverträgen der Medienunternehmen nicht geschehen. Ebenso ist es möglich, auf betrieblicher Ebene ent-

---

[229] BAG vom 13.06.2002, 2 AZR 391/01, AP Nr. 23 zu § 611 BGB Haftung des Arbeitgebers.
[230] MünchArbR/*Boewer*, § 78 Rn. 18.
[231] Vgl. v. *Olenhusen*, Medienarbeitsrecht, Rn. 315 ff.
[232] Schaub, Arbeitsrechtshandbuch/*Schaub*, § 47 Rn. 1.

sprechende Dienst-[233] oder Betriebsvereinbarungen zu treffen, §§ 73, 75 Abs. 3 Nr. 1 BPersVG bzw. z.B. für das ZDF §§ 120, 76 Abs. 1 LPersVG RP, § 87 Abs. 1 Nr. 3 BetrVG. Auch von dieser Möglichkeit ist in den Medienunternehmen bislang kein Gebrauch gemacht worden. Weiter besteht in den privaten Rundfunkunternehmen die Möglichkeit, eine entsprechende Rechtsgrundlage in den formularmäßig festgelegten Arbeitsverträgen zu vereinbaren, wenn der Betriebrat zur konkreten Maßnahme sein Mitbestimmungsrecht ausgeübt hat, §§ 87 Abs. 1 Nr. 3, 1, 130 BetrVG[234]. Eine Verkürzung der Arbeitszeit kann auch im Rahmen einer Änderungskündigung erfolgen; allerdings besteht dabei die Gefahr, dass der Arbeitnehmer Kündigungsschutzklage erhebt und dass das Arbeitsverhältnis mit den alten Bedingungen bestehen bleibt. Schließlich kann die Arbeitszeit als eine wesentliche Bedingung des Arbeitsvertrags durch eine Vereinbarung der Parteien abgeändert werden[235].

(4) Urlaub

Die Leistungspflicht des Arbeitnehmers entfällt für die Zeit des gewährten Urlaubs, wenn dem Arbeitnehmer Erholungsurlaub gewährt worden ist. Gemäß §§ 1, 3 BUrlG ist dem Arbeitnehmer ein Mindesturlaub von 24 Werktagen zu gewähren. Nach den Tarifverträgen wird den Arbeitnehmern der Medienunternehmen ein darüber hinausgehender Urlaub gewährt: In der Regel wird bis zum 30. Lebensjahr ein Urlaub von 27 Tagen, ab dem 30. Lebensjahr von 30 Tagen und ab dem 40. Lebensjahr ein Urlaub von 31 Tagen im Jahr gewährt[236]. Manche Medienunternehmen räumen nach ihren Haustarifverträgen mehr Urlaub ein[237], manche etwas weniger[238].

Die Leistungspflicht entfällt auch in den Fällen der beruflichen Weiterbildung der Arbeitnehmer, etwa gemäß § 2 BFG RP für 10 Tage in einem Zeitraum von je 2 Jahren.

---

[233] *Beck*, Kurzarbeit im Öffentlichen Dienst, ZTR 1998, S. 159 f.

[234] Vgl. *Löwisch/Kaiser*, BetrVG, § 87 Rn. 72; *Fitting*, BetrVG, § 87 Rn. 150 ff.

[235] Staudinger/*Richardi*, § 611 Rn. 421; Schaub, Arbeitsrechtshandbuch/*Schaub*, § 47 Rn. 7.

[236] Ziff. 3.54. des MTV beim NDR, Ziff. 3.54. beim SWR, § 27 des MTV beim WDR.

[237] § 36 Ziff. 3 des MTV beim HR (28 Tage statt 27); ebenso Ziff. 9.1.2. des MTV beim MDR; § 13 Ziff. 4 des MT V beim SR (28, 32 und 34 Tage).

[238] § 13 des MTV beim ZDF.

(5) Freistellung für Betriebsrats- und Personalratstätigkeit

Nach §§ 37 Abs. 2, 38 BetrVG muss ein Betriebsratsmitglied für die erforderliche Betriebsratsarbeit freigestellt werden. Entsprechendes gilt auch für die Mitglieder einer Personalvertretung nach § 46 Abs. 3 BPersVG oder nach § 39 Abs. 2 LPersVG RP.

(6) Arbeitsbefreiung nach MuSchG

Eine Arbeitsbefreiung kommt auch für werdende und junge Mütter in Betracht. Das MuSchG ist gemäß § 1 Nr. 1 MuSchG für Frauen anwendbar, in einem Arbeitsverhältnis stehen. §§ 3, 4 MuSchG enthalten Beschäftigungsverbote zugunsten der werdenden Mutter, die entweder nach § 3 Abs. 1 MuSchG eine konkrete Gefahr bzw. eine individuelle Indikation[239] oder nach §§ 3 Abs. 2, 4 MuSchG eine abstrakte Gefahr bzw. eine absolute, zeitliche Spanne nach genereller[240] Vermutung voraussetzen. Sechs Wochen vor der Entbindung darf eine Mutter nicht beschäftigt werden, wenn sich die Mutter nicht – ausdrücklich und jederzeit widerruflich – mit der Arbeitsleistung einverstanden erklärt, § 3 Abs. 2 MuSchG. Nach der Entbindung besteht ein Beschäftigungsverbot zugunsten der Mutter von mindestens 8 Wochen, § 6 Abs. 1 MuSchG. Darüber hinaus ist der Mutter nach § 7 MuSchG Stillzeit zu gewähren und nach § 8 MuSchG keine Mehrarbeit, Nacht- und Sonntagsarbeit aufzugeben. Ist die Mutter zwar arbeitsfähig, nach einem ärztlichen Zeugnis aber nicht voll leistungsfähig, darf die Mutter gemäß § 6 Abs. 2 MuSchG nicht mit Arbeiten beschäftigt werden, die ihre Fähigkeiten übersteigen[241].

Rechtsfolge des Beschäftigungsverbots ist für den Arbeitgeber, dass er das Leistungsverweigerungsrecht der Mutter zu beachten hat[242]; es untersagt die jeweils erfasste Tätigkeit und modifiziert die Arbeitspflicht[243] bis zu ihrer Aussetzung. Die Arbeitspflicht wird modifiziert, wenn die Mutter auf einem anderen Arbeitsplatz weiterbeschäftigt werden kann: Hier besteht die mutterschutzrechtliche Tätigkeitspflicht aus § 242 BGB, auf einem anderen Arbeitsplatz als dem

---

[239] MünchArbR/*Wlotzke*, § 226 Rn. 8; *Buchner/Becker*, MuSchG, Vor §§ 3-8 Rn. 10 ff., 38 ff.
[240] MünchArbR/*Wlotzke*, § 226 Rn. 8; *Buchner/Becker*, MuSchG, Vor §§ 3-8 Rn. 10 ff., 21 ff.
[241] ErfK/*Schlachter*, § 6 MuSchG Rn. 8.
[242] *Buchner/Becker*, MuSchG, Vor §§ 3-8 Rn. 27.
[243] MünchArbR/*Wlotzke*, § 226 Rn. 9.

vertraglich vereinbarten tätig zu werden. Die Mutter kann aber auch von der Arbeitspflicht befreit sein, wenn sich der Inhalt der Leistung nicht modifizieren lässt.

(7) Elternzeit

Nach Ablauf der Freistellungen der Mutter nach Geburt eines Kindes können sowohl Mutter als auch Vater des Kindes Elternzeit beantragen, §§ 15 ff. BErzGG. Die Elternzeit steht den Anspruchsberechtigten bis zu drei Jahren für jedes Kind bis zur Vollendung seines dritten Lebensjahres zu, § 15 Abs. 2 BErzGG.

Nach dem Verlangen des Berechtigten ruht das Arbeitsverhältnis im angegebenen Zeitraum[244], die Arbeitspflicht des Arbeitnehmers entfällt also für diesen Zeitraum.

(8) Unzumutbarkeit

§ 275 Abs. 3 BGB berechtigt den Arbeitnehmer, die Arbeitsleistung zu verweigern, wenn sie ihm unter Abwägung des der Leistung entgegenstehenden Hindernisses und dem Leistungsinteresse des Arbeitgebers nicht zugemutet werden kann; die Norm kodifiziert also bei persönlicher Leistungspflicht ein allgemeines Leistungsverweigerungsrecht für den Fall der Unzumutbarkeit[245].

Nach der Gesetzesbegründung sollen in Abgrenzung zu § 275 Abs. 1 BGB vornehmlich die Fälle der persönlichen Pflichtenkollision erfasst werden[246]. So können erhebliche Gefahren für Leben oder Gesundheit[247] die Unzumutbarkeit begründen, wenn der Arbeitnehmer nicht gerade diese Gefahr vertraglich übernommen hat. Darüber hinaus kommen familiäre oder persönliche Gründe[248] in Betracht. Schließlich kann der Arbeitnehmer die Arbeit aus Gewissensgrün-

---

[244] BAG v. 10.02.1993, AZ 10 AZR 450/91, AP Nr. 7 zu § 15 BErzGG; MünchArbR/*Heenen*, § 228 Rn. 25; § 229 Rn. 1; *Buchner/Becker* MuSchG, Vor §§ 15-21 BErzGG, Rn. 23.

[245] ErfK/*Preis*, § 611 BGB, Rn. 847.

[246] BT-Drs. 14/6040, S. 130; ErfK/*Preis*, § 611 BGB, Rn. 847.

[247] BAG v. 20.03.1969, AZ: 2 AZR 283/68, AP Nr. 27 zu § 123 GewO; BAG v. 20.12.1984, AZ 2 AZR 436/83, AP Nr. 27 zu § 611 BGB Direktionsrecht; *Gotthard*, Arbeitsrecht nach der Schuldrechtsreform, Rn. 110.

[248] BT-Drs. 14/6040, S. 130; *Gotthard*, Arbeitsrecht nach der Schuldrechtsreform, Rn. 111 f.

den[249] verweigern; so konnte nach der Entscheidung des BAG ein bekennend pazifistischer Drucker den Druck eines Prospekts verweigern, der für den Kauf kriegsgeschichtlicher Bücher geworben hat[250]. Ebenso konnte ein Chemiker die Herstellung von Medikamenten verweigern, die Durchführung und Erfolgsaussichten eines Atomkriegs hätten beeinflussen können[251]. Unter ähnlichen Voraussetzungen kann sich die Leistungspflicht auch modifizieren, etwa dadurch, dass einer muslimischen Verkäuferin gestattet werden muss, während der Arbeitszeit ein Kopftuch zu tragen[252].

§ 275 Abs. 3 BGB gibt dem zur Leistung Verpflichteten die Möglichkeit zur Einrede: Dem Arbeitnehmer bleibt also die Wahl, ob er die Arbeitsleistung erbringt oder sich auf die Unzumutbarkeit beruft[253]. Erhebt er die Einrede, wird er von seiner Leistungspflicht frei (siehe auch Seite 136 ff.).

(9) Zurückbehaltungsrecht

Hat ein Schuldner einen Anspruch gegen einen Gläubiger, so entspricht es nicht der Billigkeit, wenn er trotz der bislang nicht erfüllten Forderung zur Leistung gezwungen werden kann[254]. Sind die Ansprüche – wie bei der Arbeitsleistung regelmäßig – nicht gleichartig, kann der zur Dienstleistung Verpflichtete die Einrede des nichterfüllten Vertrags nach §§ 320, 322 und das Zurückbehaltungsrecht nach §§ 273, 274 BGB geltend machen.

Zwar hat der zur Dienstleistung Verpflichtete vorzuleisten, weil § 614 BGB anordnet, dass die Vergütung erst nach der Dienstleistung zu entrichten ist. Eine Arbeitsleistung Zug um Zug mit der Lohnzahlung kommt also nicht in Betracht. Die Vorleistungspflicht gilt aber immer nur für eine Lohnperiode[255], so dass der Dienst in der darauf folgenden Lohnperiode verweigert werden kann; da diese folgende Lohnperiode aber nicht mehr im Synallagma mit der vorigen Periode

---

[249] BAG v. 20.12.1984, AZ 2 AZR 436/83, AP Nr. 27 zu § 611 BGB Direktionsrecht; *Gotthard*, Arbeitsrecht nach der Schuldrechtsreform, Rn. 115; ErfK/*Preis*, § 611 BGB, Rn. 849.

[250] BAG v. 20.12.1984, AZ 2 AZR 436/83, AP Nr. 27 zu § 611 BGB Direktionsrecht.

[251] BAG v. 24.05.1989, AZ 2 AZR 285/88, AP Nr. 1 zu § 611 BGB Gewissensfreiheit.

[252] BAG v. 10.10.2002, AZ 2 AZR 472/01, AP Nr. 44 zu § 1 KSchG 1969 Verhaltensbedingte Kündigung.

[253] BT-Drs. 14/6040, S. 129; ErfK/*Preis*, § 611 BGB Rn. 847; Palandt/*Heinrichs*, § 275 Rn. 32.

[254] Schaub, Arbeitsrechtshandbuch/*Linck*, § 50 Rn. 1.

[255] Schaub, Arbeitsrechtshandbuch/*Linck*, § 50 Rn. 2; MünchArbR/*Blomeyer*, § 49 Rn. 53.

steht, gibt es kein Zurückbehaltungsrecht nach § 320 BGB; ein solches besteht nunmehr nach § 273 BGB, so dass der Arbeitnehmer sein Zurückbehaltungsrecht gegenüber dem Arbeitgeber geltend machen muss.

Nach § 273 BGB besteht auch dann ein Zurückbehaltungsrecht, wenn der Arbeitgeber gegen zwingende Arbeitsschutzvorschriften oder Fürsorgepflichten verstößt[256].

b) Situation der Arbeitnehmerähnlichen

Fraglich ist, ob für den Arbeitnehmerähnlichen auch diese Möglichkeiten der Befreiung von der Leistungspflicht bestehen.

(1) Unmöglichkeit der Dienst- oder Werkleistung

Hinsichtlich der Unmöglichkeit der Leistung muss differenziert werden, ob der zugrunde liegende Vertrag ein Dienst- oder ein Werkvertrag ist.

Der Arbeitnehmerähnliche in den Medien, der auf der Basis eines Dienstvertrages angestellt ist, wird hinsichtlich der Unmöglichkeit ebenso behandelt wie sein fest angestellter Kollege. Zwar bestehen zwischen einem Dienst- und einem Arbeitsvertrag strukturelle Unterschiede, so dass nicht regelmäßig davon ausgegangen werden kann, dass mit dem Versäumnis der Leistungszeit auch gleichzeitig Unmöglichkeit angenommen werden muss, weil die Dienste nicht nachholbar sind[257]. Diese Unterschiede bestehen aber nicht, wenn der Dienstverpflichtete zu festen Zeiten seine Leistung erbringen muss. Durch die zeitliche Konkretisierung der Arbeitsleistung werden die Zeitpunkte des Tätigwerdens festgelegt; wird dieser Zeitpunkt versäumt, ist auch beim Arbeitnehmerähnlichen das Nachholen der Arbeitszeit nicht mehr möglich, weil auch hier die Grundsätze des absoluten Fixschuldcharakters der Arbeitsleistung anzuwenden sind. Dies gilt sowohl bei einer vollen Beschäftigung als auch bei einer nur teilweisen Beschäftigung des Arbeitnehmerähnlichen. Das entscheidende Argument zur Begründung des Fixschuldcharakters beim Arbeitnehmer und auch beim in Vollzeit beschäftigten Arbeitnehmerähnlichen ist der Umstand, dass die Leistung tatsächlich nicht mehr nachgeholt werden kann, weil zum nächsten Zeitpunkt einer möglichen Leistungserbringung – also am folgenden Werktag – be-

---

[256] BAG v. 08.05.1996, AZ 5 AZR 315/95; AP Nr. 23 zu § 618 BGB; ErfK/*Preis*, § 611 BGB Rn. 851.
[257] BGH v. 07.12.1987, II ZR 206/87, NJW-RR 1988, 420.

reits die nächste Teilschuld im Rahmen des Dauerschuldverhältnisses erbracht werden muss.

Zwar könnte dies beim in Teilzeit beschäftigten Arbeitnehmerähnlichen unterschiedlich betrachtet werden. Denn anders als bei seinem in Vollzeit beschäftigten Kollegen ist bei diesem für den nächstmöglichen Zeitpunkt der Leistungserbringung möglicherweise noch nicht die Erbringung der nächsten Teilschuld beim Unternehmen vorgesehen. Es ist also denkbar, dass die Leistung eher als beim in Vollzeit Beschäftigten nachgeholt werden kann. Eine solche Betrachtung würde aber den Umstand verkennen, dass der Arbeitnehmerähnliche durch seine besondere, freie Stellung Dienste für mehrere Dienstherren erbringen kann. So muss der journalistisch arbeitende Arbeitnehmerähnliche zur Erhaltung seines Status nur ein Drittel seiner Einkünfte der gesamten Erwerbstätigkeit von einem Dienstherren beziehen, so dass es in der Hand des Arbeitnehmerähnlichen liegt, die freien Tage zusätzlichen Diensten bei weiteren Unternehmen zu widmen. Würde man hier die Pflicht des in Teilzeit beschäftigten Arbeitnehmerähnlichen annehmen, versäumte Dienste nachzuholen, würde dieser in Organisationsschwierigkeiten mit seinen übrigen Dienstherren geraten, so dass er im Zweifel auch – wie ein Arbeitnehmer – die Dienste an das Ende seiner gesamten Dienstzeit anhängen müsste. So ist es auch für das in Teilzeit durchgeführte Arbeitsverhältnis ohne weitere Begründungen anerkannt, dass die Grundsätze des absoluten Fixgeschäfts durch den Fixschuldcharakter der Arbeitspflicht auch hier gelten. Eine Differenzierung zwischen in Teilzeit und in Vollzeit beschäftigten Arbeitnehmern wird bei der Frage der absoluten Unmöglichkeit versäumter Arbeitszeit überhaupt nicht thematisiert. Auch beim teilzeitbeschäftigten Arbeitnehmerähnlichen zeichnet sich eine vergleichbare Situation wie beim vollzeitbeschäftigten Arbeitnehmerähnlichen und auch beim Arbeitnehmer ab. Hinzu kommt, dass die übrigen Argumente zur Begründung des Fixschuldcharakters ohnehin auch auf den teilzeitbeschäftigten Arbeitnehmer anzuwenden sind: Der Dienstherr würde möglicherweise selbst in organisatorische Schwierigkeiten geraten, wenn er den Dienstnehmern zu einem späteren Zeitpunkt neue Aufgaben zuweisen müsste[258]. Daher tritt bei den Arbeitnehmerähnlichen Unmöglichkeit der Dienstleistung ein, wenn die Dienstleistung zum vereinbarten Termin versäumt worden ist.

---

[258] *Nierwetberg*, § 615 BGB und der Fixschuldcharakter der Arbeitspflicht, BB 1982, S. 995 ff, 999; *Luke*, § 615 S. 3 BGB - Neuregelung des Betriebsrisikos?, NZA 2004, S. 244 ff. 245.

Fraglich ist, ob diese Grundsätze auch dann gelten, wenn ein Arbeitnehmerähnlicher statt durch Dienstvertrag aufgrund eines Werkvertrags zur Leistungserbringung verpflichtet worden ist. Im Unterschied zum aufgrund Dienstvertrags tätigen Arbeitnehmerähnlichen besteht beim Werkvertragsbeschäftigten keine zeitliche Fixierung der geschuldeten Leistung. Dadurch ist es nicht möglich, ein Versäumnis von Leistungszeit festzustellen. Anders als bei den Dienstvertrags-Arbeitnehmerähnlichen kann also nicht durch bloßes Versäumnis von Leistungszeit bereits Unmöglichkeit angenommen werden. Bei den Werkvertrags-Arbeitnehmerähnlichen ist stattdessen ein Zeitpunkt der Fertigstellung eines bestimmten Werks, also in der Regel eines Beitrags, vereinbart worden. Wenn ein Beitrag für eine bestimmte Sendung zu einem bestimmten Sendetermin erstellt werden soll, so wird dadurch auch der Zeitpunkt der Fertigstellung, nämlich der Sendezeitpunkt abzüglich der Zeiten für Endbearbeitung und Einfügen des Beitrags in die Sendung, bestimmt. Die Unmöglichkeit durch Verzögerung kann also dann eintreten, wenn das Werk zu spät für die geplante Sendung erstellt worden ist. Ist das Werk zum Zeitpunkt der geplanten Sendung nicht fertiggestellt, so stellt sich die Frage, ob dadurch Unmöglichkeit nach § 275 Abs. 1 BGB oder lediglich Verzug nach §§ 280 Abs. 1, 2, 286 BGB gegeben ist. Verzug liegt vor, wenn es sich bei der vereinbarten Werkleistung lediglich um ein relatives Fixgeschäft handelt. In diesem Fall ist das bestellende Unternehmen gemäß § 323 Abs. 2 Nr. 2 BGB zum Rücktritt berechtigt, das Unternehmen müsste also gemäß § 349 BGB gegenüber dem Arbeitnehmerähnlichen den Rücktritt erklären, um diesen von der Leistungspflicht nach § 346 Abs. 1 BGB zu befreien. Dagegen liegt Unmöglichkeit vor, wenn statt eines relativen ein absolutes Fixgeschäft Gegenstand der Vereinbarung zwischen den Parteien gewesen ist. In diesem macht die Verspätung die Leistung unerbringlich, selbst wenn sie im physikalischen Sinn noch nachholbar ist[259].

Die Leistung kann sich im Falle der Verzögerung in ihrer wirtschaftlichen Bedeutung und auch nach ihrem Gegenstand derart verändern, dass sie nicht mehr die bei Vertragsschluss erwartete und gewollte Leistung ist und deshalb nicht mehr als vertragsmäßige Erfüllung angesehen werden kann[260]: Der spezifische Inhalt der vereinbarten Leistung besteht nicht nur aus der Leistungshandlung des Schuldners, sondern wird durch den gesamten Inhalt des Schuldverhältnisses bestimmt. Insbesondere kann auch dem Vertragszweck Bedeutung zukommen,

---

[259] *Brox/Walker*, Schuldrecht, § 22, Rn. 6; MüKo/*Ernst*, § 286 Rn. 39.
[260] MüKo/*Thode*, § 286 Rn. 24 a; *Nastelski*, Die Zeit als Bestandteil des Leistungsinhalts, JuS 1962, S. 289, 293; *Lehmann*, die positiven Vertragsverletzungen, AcP 96, S. 60, 70.

wenn dieser zum Inhalt des Vertrags geworden ist[261]. Ist dieser Vertragszweck zeitgebunden, kann Unmöglichkeit unter der Voraussetzung eintreten, dass die Leistung verzögert wird und aus diesem Grund dieser Vertragszweck nicht mehr erfüllt werden kann. Ob bei einer verspäteten Fertigstellung eines Sendebeitrags ein Fall des relativen oder des absoluten Fixgeschäfts gegeben ist, kann nicht pauschal entschieden werden. Je nach Art und Umfang des Beitrags ändern sich die zugrunde liegenden Umstände, so dass ein Teil der verspäteten Beiträge auch noch in einer späteren Sendung Verwendung finden kann, während ein anderer Teil aufgrund besonders aktueller Thematik möglicherweise zu keiner Verwertung mehr taugt. Ein Bericht über den Bevölkerungswachstum am Nil in den vergangenen drei Jahrhunderten ist auch bei verspäteter Fertigstellung noch einsetzbar, während ein aktueller und täglich erscheinender Börsenreport bei Verspätung gar keine Verwendung mehr finden kann. Im Zweifel empfiehlt es sich für das Unternehmen, in allen Fällen vorsorglich den Rücktritt zu erklären, was konkludent geschehen kann[262]. Ein aufgrund Werkvertrags Tätiger wird also von seiner Leistungspflicht frei, wenn er das Werk nicht zum vereinbarten Termin herstellt und das Unternehmen den Rücktritt erklärt oder wenn der Fertigstellungszeitpunkt dem Werk so immanent war, dass das Werk durch die Verzögerung gar nicht mehr zu verwenden ist.

Unmöglichkeit in den Fällen einer werkvertraglichen Leistungsgrundlage kann auch dann gegeben sein, wenn das Leistungssubstrat bzw. der Zweck des Werks wegfällt. Zweckfortfall ist anzunehmen, wenn durch besondere Umstände außerhalb der persönlichen oder sachlichen Leistungsfähigkeit des Schuldners der Eintritt des Leistungserfolgs verhindert wird[263]. In diesem Fall ist § 275 BGB vorrangig vor § 313 BGB anzuwenden. Die Vorrangigkeit folgt bereits daraus, dass die Rechtsfolgen des § 313 BGB nicht passen und damit den Vorrang der Unmöglichkeit voraussetzen: Wenn der Schuldner schon die ganze Leistung nicht erbringen muss, ist es nicht erforderlich, dass die Vertragsanpassung als weiterer Anspruch besteht[264]. Bloße Zweckstörungen werden dagegen anhand den Regelungen des § 313 BGB behandelt, weil in diesen Fällen der Leistungserfolg noch erbracht werden kann und lediglich der Gläubiger kein Interesse

---

[261] *Nastelski*, Die Zeit als Bestandteil des Leistungsinhalts, JuS 1962, S. 289 ff., S. 293.
[262] Palandt/*Grüneberg*, § 349 Rn. 1.
[263] MüKo/*Emmerich*, Vor § 275 Rn. 37.
[264] BT-Drs. 14/6040, S. 176: *Die Frage nach einer Anpassung des Vertrages kann sich nur dann stellen, wenn der Schuldner nicht schon nach § 275 RE frei geworden ist.*

mehr daran hat[265]. Den Fällen des Zweckfortfalls kann im Bereich der Medien der Umstand zugrunde liegen, dass eine Sendung ganz ausfällt oder dass aus anderen Gründen das Bedürfnis an der Ausstrahlung eines Beitrags wegfällt, so dass der Zweck der Erstellung dieses Beitrages nicht mehr besteht. Ein Teil dieser Fälle wurde bereits zuvor untersucht, da das Bedürfnis an einem Beitrag auch durch verzögerte Leistungserbringung wegfallen kann. In einer näheren Betrachtung sollen deshalb hier die Fälle des Interessenswegfalls vor Fälligkeit der Leistung behandelt werden. Unmöglichkeit im Sinne des § 275 Abs. 1 BGB mit der Folge des Wegfalls der Leistungspflicht tritt auch hier ein, wenn sich der Zweckfortfall als dauerndes Leistungshindernis darstellt und deshalb davon ausgegangen werden muss, dass der Beitrag gar nicht mehr verwendet werden kann. Dagegen reicht es zur Annahme der Unmöglichkeit nicht aus, wenn der Verwendungszweck lediglich gestört ist. Kann also der Leistungserfolg noch herbeigeführt werden, und der Gläubiger hat nur kein Interesse mehr an ihm, führt das nicht zur Unmöglichkeit, weil grundsätzlich der Gläubiger das Verwendungsrisiko trägt[266]. Zweckerreichung kann beispielsweise bei einem investigativen Beitrag vorliegen, wenn der Beitrag Umstände aufdecken soll, die bislang unbekannt gewesen sind, etwa ein Skandal im öffentlichen Leben. Werden die Umstände während der Erstellung des Beitrags anderweitig bekannt, kann der Zweck der Aufdeckung nicht mehr erreicht werden. Zweckfortfall kann etwa gegeben sein, wenn die Aussage eines Stücks nicht mehr verwendet werden kann. Der Zweck einer Reportage über einen „Harzt IV"-Empfänger fällt beispielsweise fort, wenn sich die politischen Umstände ändern, die Förderung nach „Hartz IV" abgeschafft und ein alternatives Förderprinzip etabliert wird.

Es kann also festgehalten werden, dass es je nach der Konstellation des zugrunde liegenden Vertrags und der Priorität der rechtzeitigen Erfüllung zur Unmöglichkeit der Leistungspflicht des Arbeitnehmerähnlichen kommen kann. Die Leistung des aufgrund Dienstvertrags Tätigen wird unmittelbar mit dem Versäumnis der Leistung unmöglich. Die Leistung des aufgrund Werkvertrags Tätigen wird unmöglich, wenn er seine Leistung verspätet erbringt und ein Fall des absoluten Fixgeschäfts gegeben ist, spätestens aber mit Rücktrittserklärung des Unternehmens. Vor Fälligkeit kann die Leistung durch Wegfall des Leistungsinteresses des Unternehmens unmöglich werden.

---

[265] Palandt/*Grüneberg*, § 313 Rn. 35.
[266] Palandt/*Heinrichs*, § 275 Rn. 20.

(2) Annahmeverzug des Beschäftigungsgebers

Die Grundsätze zum Leistungsversäumnis gelten auch, wenn das Unternehmen in Annahmeverzug gerät, da Unmöglichkeit unabhängig vom Verschulden der Parteien eintritt. Im Fall der Verzögerung der Leistung kann demnach Unmöglichkeit durch den Wegfall des Leistungsinteresses des Unternehmens oder bei Vorliegen eines absoluten Fixgeschäfts eintreten. Hinsichtlich der Voraussetzungen für den Eintritt des Annahmeverzugs kann auf die Ausführungen verwiesen werden, die bereits weiter oben für die Arbeitnehmer gemacht worden sind (Seite 88 ff.).

Unterschiede können sich ergeben, wenn das Unternehmen keine Mitwirkungshandlung bei der Leistungserbringung des Arbeitnehmerähnlichen vorzunehmen hat. So kann ein werkvertraglich verpflichteter Arbeitnehmerähnlicher bei der Erstellung von Werken unabhängig vom Medienunternehmen agieren, so dass in dieser Phase auch keine Mitwirkungshandlung des Unternehmens erforderlich ist. Ist das Unternehmen nicht zu einer Mitwirkungshandlung verpflichtet, so bedarf es zur Begründung des Annahmeverzugs eines Angebots der Leistung nach §§ 294 f. BGB. Beim Werkvertrag muss zum Zeitpunkt des Angebots das Werk fertig gestellt sein; der Gläubiger gerät nicht in Verzug, wenn der Schuldner zur Zeit des Angebots nicht leistungsbereit ist, § 297 BGB. Ist zur Bewirkung der Leistung eine Mitwirkungshandlung des Unternehmens erforderlich, richtet sich das Angebot nach §§ 295, 296 BGB. Eine Mitwirkungshandlung des Unternehmens ist etwa erforderlich, wenn es sich zur Bereitstellung von konkreten, personellen oder sachlichen Mitteln verpflichtet hat.

(3) Aussetzung und Verkürzung der Beschäftigungspflicht

Fraglich ist, ob das Unternehmen die Beschäftigung der Arbeitnehmerähnlichen aussetzen oder verkürzen kann. Zwar kommt eine Aussetzung der Beschäftigung der Arbeitnehmerähnlichen in der Regel nicht in Betracht. Vor einer weiteren Untersuchung muss aber differenziert werden, welche Vereinbarung der Parteien ausgesetzt oder reduziert werden soll. Dabei ist zum einen die konkret vereinbarte Beschäftigung und zum anderen die im Rahmenvertrag vereinbarte Zeitspanne der Beschäftigung zu beachten.

Handelt es sich um die konkret vereinbarte Mitwirkung des Arbeitnehmerähnlichen bei einem Beitrag oder Werk, so kann eine kurzfristige Aussetzung der vereinbarten Beschäftigung nicht stattfinden, es gilt hier der Grundsatz der Vertragstreue; pacta sunt servanda. Eine Ausnahme kann sich zwar nach den Grundsätzen des Wegfalls der Geschäftsgrundlage ergeben, die seit Inkrafttreten des Schuldrechtsmodernisierungsgesetzes[267] in § 313 BGB geregelt wird. Zum einen müssen sich hierfür Umstände schwerwiegend geändert haben, die Grundlage des geschlossenen Vertrages geworden sind. Der Vertrag ist ein konkreter Dienst- oder Werkvertrag, dessen Inhalte durch den bestehenden Rahmenvertrag, verbunden mit der konkreten Absprache des Arbeitnehmerähnlichen mit dem Unternehmen über Dauer, Lage, Inhalt und Ort der Beschäftigung, bestimmt werden. Geschäftsgrundlage des Einzelvertrags kann der Umstand sein, dass die Mitarbeit des Arbeitnehmerähnlichen zur Produktion eines Beitrags gebraucht wird, dass also ein bestimmter Beitrag erstellt werden soll: Mit dem Bedürfnis an diesem Beitrag fällt auch die Geschäftsgrundlage weg. Fraglich ist aber, ob dem Arbeitnehmerähnlichen die Vertragskorrektur auch zugemutet werden kann. Eine Zumutbarkeitsprüfung im Rahmen des Wegfalls der Geschäftsgrundlage ist einhellig anerkannt und tritt als weiteres Tatbestandsmerkmal hinzu[268]. Darüber hinaus ist es fraglich, ob nicht das Risiko des Wegfalls der Produktion allein in den Risikobereich des Medienunternehmens fällt. Zur Beurteilung von Risikobereich und Zumutbarkeit bzw. hypothetischer, vertraglicher Einigung der Parteien ist zu beachten, dass die Geschäftsgrundlage immer nur dann wegfällt, wenn auch das Leistungs- oder Fertigstellungsinteresse an Produkt oder Beitrag wegfällt. Das Interesse an Beitrag und Produkt wäre also ein Irrtum hinsichtlich des Beweggrundes und damit – unter anfechtungsrechtlicher Beurteilung – nur ein unbeachtlicher Motivirrtum, der nicht zur Anfechtung berechtigt[269]. Wenn aber kein Recht zur Anfechtung bestehen würde, in dessen Rechtsfolge zwar der Vertrag nach § 142 BGB nichtig, der Anfechtende aber dem Vertragspartners nach § 122 BGB schadensersatzpflichtig wäre, kann ein solcher Irrtum a maiore ad minus weder einen Anpassungsanspruch noch ein Rücktrittsrecht nach § 313 BGB zur Folge haben. Vielmehr handelt es sich um einen Fall des Betriebsrisikos, da der Dienstherr oder Besteller selbst für die Verwertung der Dienstleistung oder des Werks Sorge zu tragen hat. Es wäre unbillig, einen Teil dieses Risikos dem Arbeitnehmerähnlichen bzw. dem Unternehmer oder Dienstleister im Rahmen des Wegfalls der Geschäftsgrundlage aufzuerlegen. Diese Ansicht wird durch die geschlossenen Tarifverträge gestützt: Denn in diesen haben die Parteien festgelegt, dass der Arbeitnehmerähnliche die versprochenen Dienste im Zweifel auch einer anderen Produktion zur Verfü-

---

[267] BGBl. I vom 29.11.2001, S. 3138.
[268] MüKo/*Roth*, § 313 Rn. 76; Palandt/*Grüneberg* § 313 Rn. 24.
[269] Palandt/*Heinrichs*, § 119 Rn. 29.

gung stellen muss[270]. Die Art der Tätigkeit bleibt dabei unverändert: Die vertraglich übernommene Tätigkeit soll entweder für eine andere Produktion erbracht oder es soll innerhalb derselben Produktion eine gleichartige Tätigkeit übernommen werden[271].

Darüber hinaus wird bestimmt, dass der Arbeitnehmerähnliche zu längeren Dienstzeiten verpflichtet werden kann, wenn die Produktion über den ursprünglich erwarteten Zeitraum hinaus andauert[272]. Dagegen findet sich keine Regelung für den Fall, dass die Produktion früher als erwartet endet. Daran wird deutlich, dass der Beschäftigungsgeber nicht durch einseitige Anordnung die einzelnen abgeschlossenen Dienst- oder Werkverträge des Arbeitnehmerähnlichen verkürzen kann. Die einzelnen zustande gekommenen Dienst- oder Werkverträge können demnach nicht ausgesetzt oder verkürzt werden. Ähnlich ist die Frage, ob die Dienste im Rahmen eines bestehenden Dienst- oder Werkvertrags auch angenommen werden müssen; diese wird unter dem Stichwort der Beschäftigungspflicht behandelt (Seite 126 ff.)

Fraglich ist aber, wie die Situation beurteilt wird, wenn zwar nicht die einzelnen Verträge, stattdessen aber das Gesamtvolumen der Leistung verkürzt wird. Die Einzelverträge kommen immer wieder neu durch Angebot und Annahme zustande, beide Parteien können sowohl als Anbieter als auch als Nachfrager auf Basis des bestehenden Rahmenvertrags auftreten. Daher ist an erster Stelle zu prüfen, ob zwischen den Parteien eine bestimmte Menge an Dienst- oder Werkleistungen vereinbart worden ist, so dass der Arbeitnehmerähnliche nach Auslaufen des einen Vertrags einen Anspruch auf das Zustandekommen weiterer Verträge haben kann. In den Rahmenverträgen finden sich solche Vereinbarungen nicht; in diesen wird lediglich eine Obergrenze des zeitlichen Beschäftigungsvolumens festgelegt, die dem Arbeitnehmerähnlichen aber kein Minimum an Beschäftigung zusichert. Eine entsprechende Festlegung geschieht durch die faktische Durchführung des Vertragverhältnisses in der Vergangenheit: Die Tarifverträge sehen vor, dass eine entsprechende durchschnittliche Beschäftigung des Arbeitnehmerähnlichen anhand eines zurückliegenden Zeitraums berechnet werden kann. Je nach Regelung im Tarifvertrag wird die Beschäftigung eines

---

[270] Ziff. 5.4. des TV für auf Produktionsdauer Beschäftigte beim WDR.
[271] Ziff. 5.4., lit. a. und b. des TV für auf Produktionsdauer Beschäftigte beim WDR.
[272] Ziff. 2.2. TV für befristete Programmmitarbeit beim NDR; Ziff. 4.2. des TV über Mindestbedingungen für die Beschäftigung Freier Mitarbeiter; Ziff. 4.1. des TV für auf Produktionsdauer Beschäftigte beim WDR; Ziff. 4.1. des Tarifvertrags für auf Produktionsdauer Beschäftigte beim ZDF.

Arbeitnehmerähnlichen in einem Zeitraum zwischen sechs Monaten und einem Jahr zusammengezählt und daraus ein durchschnittlicher Wert berechnet. Dieser gewonnene Mittelwert ersetzt eine Vereinbarung der Parteien über den Umfang der Leistungen des Arbeitnehmerähnlichen für das Medienunternehmen. Allein die regelmäßige Beschäftigungszeit in der Vergangenheit gibt dem Arbeitnehmer aber keinen Anspruch auf Beschäftigung, wenn die neuen Verträge immer neu zustande kommen müssen und im Rahmenvertrag kein Kontrahierungszwang für diese neuen Verträge besteht. Einen solchen Kontrahierungszwang sehen auch die Tarifverträge grundsätzlich nicht vor. Nur beim Hessischen Rundfunk besteht eine Ausnahme:

> Die in einem Dauerrechtsverhältnis zum Hessischen Rundfunk stehenden Mitarbeiter haben einen Anspruch auf Beschäftigung in dem Umfange, dass das ihnen für ihre Tätigkeit vom Hessischen Rundfunk gewährte Entgelt im Kalenderjahr den dem betreffenden freien Mitarbeiter zustehenden Bestandsschutz erreicht[273].

Es gibt keinen Anspruch des Arbeitnehmerähnlichen, im gleichen Umfang wie zuvor weiterbeschäftigt zu werden. Stattdessen kann auf diesem Wege der zukünftige Umfang der Leistung verkürzt und ausgesetzt werden.

Im Rahmen des Bestandsschutzes für Arbeitnehmerähnliche kann der Beschäftigte einen finanziellen Ausgleichsanspruch gegen das Unternehmen erwerben. Wann ein solcher Anspruch besteht, wird weiter unten behandelt (Seite 199 ff.).

(4) Urlaub des Arbeitnehmerähnlichen

Der Arbeitnehmerähnliche kann von seiner Leistungspflicht auch für die Zeit des gewährten Urlaubs befreit werden, wenn ihm ein Urlaubsanspruch zusteht. Der Erholungsurlaub bedeutet völlige Freistellung von allen Pflichten der Leistung[274]. Ein gesetzlicher Anspruch auf die Gewährung von Erholungsurlaub wird im BUrlG normiert. Nach § 2 S. 2 BUrlG gelten als Arbeitnehmer im Sinne des Gesetzes auch die Personen,

> die wegen ihrer wirtschaftlichen Unselbständigkeit als arbeitnehmerähnliche Personen anzusehen sind[275].

---

[273] § 7 des Bestandsschutz-TV beim HR.
[274] *Neumann/Fenski*, BUrlG, § 1 Rn. 34.
[275] § 2 S. 2 BUrlG.

Dadurch sind die Arbeitnehmerähnlichen genau wie die Arbeitnehmer von den schützenden Regelungen des BUrlG erfasst. Durch die Einbeziehung soll erreicht werden, dass die Arbeitnehmerähnlichen grundsätzlich in allen Fragen des Urlaubsrechts gleichgestellt werden; da die Arbeitnehmerähnlichen wegen der gleich lautenden Formulierung des § 5 ArbGG auch zur Zuständigkeit der Arbeitsgerichte gehören, besteht darüber hinaus auch eine vergleichbare Anwendung und Interpretation der Normen[276]. Während früher noch davon ausgegangen wurde, dass auf werkvertraglicher Basis keine arbeitnehmerähnliche Beziehung entstehen könne, ist man sich heute einig – insbesondere nach Einführung des § 12 a TVG, der ausdrücklich den Werkvertrag nennt –, dass auch eine solche rechtliche Bindung vom BUrlG erfasst wird[277]. Die Tarifvertragsparteien haben von ihrer Regelungsbefugnis Gebrauch gemacht und gewähren den Arbeitnehmerähnlichen in den meisten Fällen einen Urlaubsanspruch in einem Umfang, der über den Mindestumfang des BUrlG hinausgeht. Der Urlaubsanspruch ist ein Anspruch, der dem Arbeitnehmerähnlichen aufgrund des Rahmenvertrags zusteht. Der Mitarbeiter beantragt den Urlaub beim Medienunternehmen für einen bestimmten Zeitraum. Ist das Medienunternehmen mit diesem Zeitpunkt einverstanden, gibt es dem Antrag statt und zahlt dem Mitarbeiter für die Zeit des Urlaubs – ähnlich wie für eine tatsächlich erbrachte Dienst- oder Werkleistung – die tariflich vereinbarte Urlaubsvergütung aus. Es werden mindestens 26[278] Tage Jahresurlaub gewährt, in manchen Unternehmen 27[279] Tage, 28[280] Tage, 29[281] Tage, 30[282] Tage, bis zu 31[283] Tagen. Je nach Regelung kann ein Anstieg der Tage mit Erreichen bestimmter Altersgrenzen erwartet werden, so nach Vollendung des 30. Lebensjahres auf 29[284] Tage, auf 30[285] und auf 31[286]

---

[276] *Neumann/Fenski*, BUrlG, § 2 Rn. 69.

[277] *Dersch/Neumann* (heute Neumann/Fenski), BUrlG, 3. Auflage 1964, § 2 Rn. 75; *Neuman/Fenski*, BUrlG, § 2 Rn. 81.

[278] Ziff. 2 des Durchführungs-TV Nr. 3 zum TV für ANÄ beim BR.

[279] Ziff. 7.1. des TV für ANÄ beim SWR.

[280] § 2 Ziff. 1 des Ergänzungs-TV zum Bestandsschutz-TV für ANÄ beim ZDF; Ziff. 2.1. des Urlaubs-TV für Arbeitnehmerähnliche beim NDR.

[281] Ziff. 6.2. des TV für ANÄ beim SR.

[282] Ziff. 3.2. des TV für Arbeitnehmerähnliche bei N-TV.

[283] § 8 Abs. 5 des TV über Sozial- und Bestandsschutz für ANÄ beim WDR.

[284] ZDF.

[285] SWR.

[286] BR.

Tage. Schließlich erhöhen manche Tarifverträge die Dauer des Urlaubsanspruchs ein weiteres Mal bei Erreichen des 40. Lebensjahres[287].

Im Vergleich zu ihren in einem Arbeitsverhältnis beschäftigten Kollegen bestehen zwar unterschiedliche Regelungen. Der WDR gewährt dem Arbeitnehmerähnlichen von Beginn an 31 Tage Urlaub, während Arbeitnehmer ein solches Volumen erst ab dem 40. Lebensjahr erreichen[288]. Beim ZDF beginnt ein Arbeitnehmerähnlicher mit 28 Tagen, ein Arbeitnehmer mit 26 Tagen. Dafür hat der Arbeitnehmer ab dem 40. Lebensjahr nicht nur 30, sondern 31 Tage Erholungsurlaub[289]. Der NDR gewährt dem Arbeitnehmer bis zum 30. Lebensjahr einen Tag weniger[290], der SWR seinen Arbeitnehmern ab dem 40. Lebensjahr einen Tag mehr Erholungsurlaub[291]. Der HR überlässt die Anzahl der Tage für einen Erholungsurlaub seinen Arbeitnehmerähnlichen und gewährt diesen pauschal hierfür eine Vergütung von 11 % des durchschnittlichen Jahresgehalts. Bei durchschnittlichen 220 Arbeitstagen entspricht das etwa 24 Urlaubstagen im Jahr. Die arbeitnehmerähnliche Mitarbeit wird im Hinblick auf den Urlaub vor allem beim MDR besser gestellt: Bis zu 40 Tagen im Jahr, 6 Tage mehr als die Arbeitnehmer, sind tariflich vereinbart worden[292]. Es lässt sich also nicht sagen, dass eine der beiden Gruppen besser oder schlechter behandelt wird.

Fraglich ist weiter, ob den Arbeitnehmerähnlichen Bildungsurlaub zusteht. Ob ein Anspruch auf Bildungsurlaub besteht, regeln die Länder, da die Weiterbildung der Beschäftigten Bestandteil der konkurrierenden Gesetzgebungskompetenz ist[293]. In Rheinland-Pfalz hat eine solche Regelung Eingang in das BFG RP gefunden; nach § 2 BFG RP besteht ein Anspruch auf Bildungsurlaub in Höhe von 10 Tagen alle 2 Jahre. Nach § 1 BFG fallen unter die Beschäftigten auch die Personen, die wegen ihrer wirtschaftlichen Unselbständigkeit als arbeitnehmerähnliche Personen anzusehen sind. Damit besteht zumindest in Rheinland-Pfalz ein Anspruch der arbeitnehmerähnlichen Personen auf Bildungsurlaub. Soweit die Landesgesetzgeber keine Ansprüche auf Bildungsurlaub gewähren, können die Tarifvertragsparteien einen Anspruch zugunsten der Arbeitnehmerähnlichen

---

[287] 30 Tage beim ZDF, 31 Tage beim NDR, 32 Tage beim SR.
[288] § 27 Abs. 1 MTV-AN beim WDR, § 8 Abs. 5 Bestandsschutz-TV beim WDR.
[289] § 13 Abs. 5 MTV-AN beim ZDF, § 2 Ziff. 1 Erg.-TV Nr. 1 (Url.-TV) beim ZDF.
[290] Ziff. 354 MTV-AN beim NDR, Ziff. 2.1. Url.-TV ANÄ beim NDR.
[291] Ziff. 354 MTV-AN beim SWR, Ziff. 7 ANÄ-TV.
[292] Ziff. 9.2.1. MTV-AN beim MDR, Ziff. 5.4. ANÄ-TV beim MDR.
[293] BVerfG vom 15.12.1987, 1 BvR 563/85, BVerfGE 77, S. 308 ff., S. 329.

verankern: So besteht beim Bayrischen Rundfunk ein Tarifvertrag, der eine Vergütung für die Zeit der beruflichen Weiterbildung für Arbeitnehmerähnliche regelt[294].

Der Urlaubsanspruch der Arbeitnehmerähnlichen ist also mit dem der Arbeitnehmer vergleichbar. Bildungsurlaub steht den Arbeitnehmerähnlichen nur zu, wenn in den Landesgesetzen oder in den Tarifverträgen eine entsprechende Regelung besteht.

(5)   Freistellung für Betriebsrats- und Personalratstätigkeit

Eine Freistellung für den Betriebsrat des Arbeitnehmerähnlichen scheitert daran, dass die Arbeitnehmerähnlichen nicht in den Schutz des Betriebsverfassungsgesetzes aufgenommen worden sind. Gemäß § 5 BetrVG werden nur Arbeiter, Angestellte und die zur Ausbildung Beschäftigten erfasst, nicht aber die Arbeitnehmerähnlichen. Eine Ausnahme bilden die in Heimarbeit Beschäftigten, die zwar als arbeitnehmerähnlich zu qualifizieren sind, innerhalb dieser Gruppe aber wieder nur einen Teilbereich darstellen und für die Medienunternehmen ohne Bedeutung sind. Da für die Arbeitnehmerähnlichen keine Regelungen im BetrVG enthalten sind, besteht auch keine passive Wählbarkeit zum Betriebsrat, § 8 Abs. 1 i.V.m. § 7 BetrVG. Da die Arbeitnehmerähnlichen damit nicht Mitglied des Betriebsrats werden können, besteht auch kein Anspruch auf Befreiung von der Arbeitsleistung nach § 37 Abs. 2 BetrVG.

Ebendies gilt auch nach den Personalvertretungsgesetzen der Länder, nach denen die Arbeitnehmerähnlichen grundsätzlich nicht in den Schutzbereich der Personalvertretungsgesetze aufgenommen werden. Hier bestehen aber Ausnahmen, wenn die Landesgesetzgeber ausnahmsweise doch den Schutzbereich für Arbeitnehmerähnliche eröffnet haben: Rheinland-Pfalz, das Saarland und Hessen haben von dieser Erweiterungsmöglichkeit Gebrauch gemacht[295]. In diesen besonderen Ausnahmefällen kommt demnach eine Befreiung von der Leistungspflicht auch für die Arbeitnehmerähnlichen in Betracht, wenn diese als Mitglied des Personalrats entsprechende Aufgaben wahrnehmen, vgl. § 40 Abs. 1 LPersVG RP, § 45 Abs. 2 LPersVG Saarland, § 40 Abs. 1 PersVG Hessen.

---

[294] Ziff. 1 f. des Durchführungs-TV Nr. 7, Fort- und Weiterbildungsmaßnahmen für ANÄ beim BR.

[295] Vgl. §§ 4, 112 LPersVG RP, hierzu auch BAG vom 20.01.2004, 9 AZR 291/02, AP Nr. 54 zu § 15 KSchG 1969); § 110 Abs. 3 LPersVG Saarland; § 3 Abs. 1 LPersVG Hessen.

Eine Freistellung im Rahmen von Betriebs- oder Personalratstätigkeiten kommt demnach nur ausnahmsweise in Betracht, da die arbeitnehmerähnlichen Mitarbeiter der Medienunternehmen diesen Gremien normalerweise nicht angehören.

(6) Arbeitsbefreiung nach MuSchG

Weiter ist zu untersuchen, ob die Arbeitnehmerähnliche auch zum Zweck des Schutzes der Mutter eine Leistungsbefreiung erfährt.

In Betracht kommen die Beschäftigungsverbote für werdende und junge Mütter nach §§ 3, 4, 6 MuSchG. Eine direkte Anwendung des MuSchG scheidet aus, da das MuSchG gemäß § 1 Nr. 1 MuSchG nur für Mütter gilt, die in einem Arbeitsverhältnis stehen[296]. Auch die analoge Anwendung wurde bereits zuvor diskutiert und abgelehnt (Seite 72 ff.), da es an der Planwidrigkeit der Regelungslücke und auch an der vergleichbaren Interessenlage fehlt. Ein Schutz werdender oder junger Mütter nach dem MuSchG scheidet demnach aus.

Weiter ist aber zu fragen, ob eine entsprechende Regelung für den Schutz der arbeitnehmerähnlichen Mutter erforderlich ist. Denn als arbeitnehmerähnliche Person ist die Mutter – anders als ein Arbeitnehmer – nicht verpflichtet, im Zeitraum des mutterschutzrechtlichen Beschäftigungsverbots eine Tätigkeit im Rahmen des arbeitnehmerähnlichen Beschäftigungsverhältnisses anzunehmen. Die Arbeitnehmerähnlichen haben mit dem Unternehmen einen Rahmenvertrag geschlossen, aufgrund dessen immer wieder neue Werk- oder Dienstverträge zwischen den Parteien zustande kommen. Auf keiner Seite der Vertragsparteien besteht ein Kontrahierungszwang, der die Mutter dazu zwingen könnte, auch während der im MuSchG geschützten Zeiträume bestimmte Dienst- oder Werkverträge anzunehmen. Der Rahmenvertrag würde also auch nach einer mehrmonatigen Zeit der Nichtbeschäftigung noch bestehen, und die Mutter könnte nach ihrer eigenen Einschätzung beispielsweise acht Wochen nach der Geburt wieder neue Dienst- oder Werkverträge mit dem Unternehmen abschließen. Zwar lässt sich dagegen einwenden, dass die Mutter im Fall der fehlenden Beschäftigung keine Gegenleistung erhält, und daher für diese Zeit ihre Existenzgrundlage verlieren würde. Diese Einwendung würde aber nicht berücksichtigen, dass die Mutter von der Geburt und einer damit verbundenen Beschäftigungspause nicht unvorbereitet getroffen wird, da der Geburt die Schwangerschaft vorausgeht und sich die werdende Mutter damit darauf einstellen kann, vor und nach der Geburt

---

[296] MünchArbR/*Wlotzke*, § 225 Rn. 16; ErfK/*Schlachter*, § 1 MuSchG Rn. 3.

nicht zu arbeiten. Durch diese Planbarkeit kann ebenso dem Argument entgegengetreten werden, dass die arbeitnehmerähnliche Mutter ihr im Rahmenvertrag vorgegebenes Kontingent an maximaler Beschäftigung nicht ausüben könne. Denn durch die Planbarkeit der nahenden Beschäftigungspause kann die Mutter in Abrede mit dem Unternehmen weit vor der Geburt oder auch weit danach in einem etwas erhöhten Umfang tätig werden, um die Beschäftigungspause im Jahresergebnis wieder auszugleichen.

Schließlich unterstützt ein Teil der Medienunternehmen die Beschäftigungspause der arbeitnehmerähnlichen Mutter zusätzlich durch finanzielle Leistungen, die der Mutter im Ergebnis einen dem MuSchG vergleichbaren Schutz bieten (Seite 153 ff.). Zum Teil wird diese Entgeltfortzahlung mit einem Beschäftigungsverbot[297] kombiniert, aus dem sich bereits unmittelbar ein Schutz der Mutter ergibt. Zumindest besteht dieser Schutz aber mittelbar: Wenn man bedenkt, dass die Mutter den Zeitpunkt ihrer Beschäftigung selbst wählt, so besteht für sie durch die Entgeltfortzahlung keine Notwendigkeit mehr, während des Zeitraums des gesetzlichen Beschäftigungsschutzes einer Beschäftigung durch Dienst- oder Werkverträge nachzugehen.

In den wenigsten Fällen wird eine Schwangerschaft das Bedürfnis hervorrufen, einzelne Dienst- oder Werkvertragsverhältnisse auszusetzen oder vorzeitig zu beenden. Einzelne Verträge werden nur selten über so lange Zeiträume zwischen den Parteien vereinbart. Soweit hier die Tarifvertragsparteien ein Beschäftigungsverbot in ihrem Geltungsbereich normiert haben, greift dies auch in diesem Fall. Im übrigen kann sich die Schwangere auf die Unzumutbarkeit nach § 275 Abs. 3 BGB stützen.

(7)   Elternzeit

Auch das BErzGG ist auf Arbeitnehmerähnliche nicht anwendbar; § 15 BErzGG gewährt den Anspruch auf Elternzeit nur Arbeitnehmern. Eine Ausnahme kann nach § 20 BErzGG für die in Heimarbeit Beschäftigten bestehen, die zwar auch arbeitnehmerähnlich sind, in den Medienunternehmen als programmgestaltende Mitarbeiter aber keine Rolle spielen.

---

[297] § 4 TV über Zahlung von Zuschüssen bei der Schwangerschaft arbeitnehmerähnlicher Personen beim NDR; Ziff. 5.5.4. ANÄ-TV beim MDR; Ziff. 5 Durchführungs-TV Nr. 2 für ANÄ beim BR; 3 § Nr. 1 Ergänzungs-TV Nr. 3 für ANÄ beim ZDF; nur Sollvorschrift beim HR, vgl. § 8 Tarifvertrag für ANÄ über die Gewährung von Sozialleistungen beim HR.

Aber auch hier ist unter Berücksichtigung der Besonderheiten des arbeitnehmerähnlichen Rechtsverhältnisses zu untersuchen, ob dieser Schutz überhaupt erforderlich ist. Das BErzGG gewährt den Eltern einen Anspruch auf das Ruhen des Arbeitsverhältnisses, die Hauptleistungspflichten werden also für die Elternzeit suspendiert[298]. Ähnlich gilt diese aber auch für den Arbeitnehmerähnlichen, wenn dieser zwar den Rahmenvertrag bestehen lässt, jedoch keine konkreten Dienst- oder Werkvertragsleistungen, die das Medienunternehmen anbietet, annimmt. Auch in diesem Fall kommt es im Rahmen des arbeitnehmerähnlichen Beschäftigungsverhältnisses nicht zum Entstehen der Leistungspflichten, weil gar keine Hauptleistungspflichten durch einzelne Verträge zustande kommen.

Allein dieser Gedanke verkennt aber den Umstand, dass der Arbeitnehmerähnliche durch das sich ständig wiederholende Zustandekommen von Werk- oder Dienstverträgen seinen Bestandsschutz als Arbeitnehmerähnlicher erlangt hat und auch regelmäßig aktualisieren muss. So sehen die Tarifverträge vor, dass Arbeitnehmerähnlicher nur derjenige ist, der mindestens ein Drittel seines Einkommens durch die Werk- und Dienstverträge bei dem Medienunternehmen erlangt und mindestens eine bestimmte Anzahl von Tagen im Medienunternehmen beschäftigt ist[299]. Durch den Erziehungsurlaub, der nach der gesetzlichen Wertung des § 15 BErzGG bis zu drei Jahren beträgt, würde aber der oder die Arbeitnehmerähnliche bis zu drei Jahren mit der Beschäftigung im Unternehmen aussetzen. Durch dieses Aussetzen würde der bestehende Schutz durch den Status als Arbeitnehmerähnlicher verloren gehen. Das Aussetzen hätte den Verlust der Stellung als Arbeitnehmerähnlicher zur Folge. Zur Vermeidung sehen es deshalb einige Tarifverträge vor, dass während der Elternzeit das Beschäftigungsverhältnis bzw. der Status als Arbeitnehmerähnlicher ruht: Beim SWR gilt das Beschäftigungsverhältnis des Arbeitnehmerähnlichen als unterbrochen,

> wenn und solange ein/ e Mitarbeiter/ in Urlaub für die Betreuung und Erziehung eines Kindes in Anspruch nimmt, für das ihm/ ihr Erziehungsgeld gewährt wird[300].

---

[298] *Buchner/Becker*, MuSchG, Vor §§ 15-21 BErzGG, Rn. 23.

[299] Mindestbeschäftigung von 42 oder 45 Tagen, vgl. §§ 3 I, 5 Bestandsschutz-TV beim WDR; Ziff. 1.1., 4.1.2. TV f. Arbeitnehmerähnliche beim BR, §§ 3, 4 II Nr. 4 TV für Arbeitnehmerähnliche bei der DW; § 2 Ziff. 3 TV f. Arbeitnehmerähnliche beim ZDF; Ziff. 3, 5 u. 6 im TV f. Arbeitnehmerähnliche beim NDR; Ziff. 2, 3, 5 TV beim SWR; §§ 8 ff. TV für Arbeitnehmerähnliche beim HR; Ziff. 5 des TV für Arbeitnehmerähnliche beim MDR.

[300] Ziff. 5.9.2. des TV für Arbeitnehmerähnliche beim SWR.

Eine ähnliche Regelung findet sich auch beim ZDF[301] und auch bei der Deutschen Welle[302], jedoch damit nur bei den wenigsten der untersuchten Medienunternehmen.

Dadurch geht der Bestandsschutz in den häufigsten Fällen verloren, wenn die Erziehungsberechtigten die Beschäftigung für die Erziehung ihres Kindes unterbrechen.

(8) Unzumutbarkeit

Die Leistungspflicht des Arbeitnehmerähnlichen kann auch wegfallen, wenn ihm eine Leistung nach § 275 Abs. 3 BGB nicht zumutbar ist.

Auch die Arbeitnehmerähnlichen sind zur persönlichen Erfüllung der geschuldeten Leistungen verpflichtet; dies besagen bereits die äußeren Umstände, da die Arbeitnehmerähnlichen zur Begründung der wirtschaftlichen Abhängigkeiten ohne Personal tätig werden müssen und zusätzlich für die Medien journalistische bzw. programmgestaltende Tätigkeiten verlangt werden, die besonders an die persönlichen Fertigkeiten des Arbeitnehmerähnlichen geknüpft sind.

Der auf dienstvertraglicher Basis beschäftigte Arbeitnehmerähnliche ist ebenso von der Norm des § 275 Abs. 3 BGB erfasst wie der Arbeitnehmer. Darüber hinaus wird aber auch der werkvertraglich Arbeitnehmerähnliche von § 275 Abs. 3 BGB erfasst, da die Norm nicht auf einen bestimmten Vertragstyp, sondern auf die persönliche Leistungserbringung abstellt. Die Irrelevanz des zugrunde liegenden Vertragstyps bestätigt auch die Gesetzesbegründung: Darin wird ausgeführt, dass die Regelung vor allem Arbeits- und Dienstverträge erfasse;

> hierzu können aber auch Werkverträge oder Geschäftsbesorgungsverträge gehören[303].

Die Voraussetzungen der Unzumutbarkeit sind die gleichen wie für die Arbeitnehmer; Schulbeispiel für die persönliche Pflichtenkollision ist wieder der Fall der Sängerin, die sich weigert, aufzutreten, weil ihr Kind lebensgefährlich erkrankt ist. Ebenso müssen nach der bereits dargestellten Auffassung auch die Krankheiten zur Unzumutbarkeit der Leistungserbringung führen, die eine Leis-

---

[301] § 4 des Ergänzungstarifvertrags Nr. 3 für Arbeitnehmerähnliche (MuSchuTV).
[302] § 13 des TV für Arbeitnehmerähnliche bei der DW.
[303] BT-Drs. 14/6040, S. 130.

tungserbringung nicht unmöglich machen, sondern nur eine Gefahr für Leben und Gesundheit darstellen.

(9) Zurückbehaltungsrecht

Dem Arbeitnehmerähnlichen kann auch ein Zurückbehaltungsrecht hinsichtlich der Leistungen zustehen, zu denen er sich durch Vertrag verpflichtet hat. Dies gilt zwar nicht für die einzelnen Leistungen, zu denen sich der Arbeitnehmerähnliche in den Einzelverträgen verpflichtet hat, hinsichtlich der daraus entstehenden Lohnforderung. Es besteht in diesen Fällen eine Vorleistungspflicht des Dienstverpflichteten, die in § 614 S. 1 BGB normiert worden ist. Der Arbeitnehmerähnliche muss auch vorleisten, wenn der Werkvertrag die vertragliche Grundlage bildet; hier ist die Fälligkeit der Vergütung für den Zeitpunkt der Abnahme des Werks vorgesehen, § 641 Abs. 1 S. 1 BGB.

Kommt aber ein neuer Vertrag zwischen Unternehmen und Arbeitnehmerähnlichem zustande und besteht eine bereits fällige Forderung aus einem der früheren Verträge, kann der Arbeitnehmerähnliche das Zurückbehaltungsrecht des § 273 BGB geltend machen. Die erforderliche Konnexität der Ansprüche wird durch den zwischen den Parteien bestehenden Rahmenvertrag hergestellt[304].

c) Ergebnis

Zwischen Arbeitnehmer und Arbeitnehmerähnlichem bestehen bei der Frage des Wegfalls der Leistungspflicht erhebliche Unterschiede.

Durch den Fixschuldcharakter der Arbeits- und Dienstleistung wird die versäumte Arbeits- oder Dienstleistung unmöglich. Dies gilt nicht für den werkvertraglich tätigen Arbeitnehmerähnlichen; diesem gegenüber muss das Rundfunkunternehmen im Zweifel zusätzlich den Rücktritt erklären. Der Einsatz des Arbeitnehmerähnlichen zeigt sich also flexibler als der des Arbeitnehmers: Während die Arbeitszeit des Arbeitnehmers grundsätzlich nicht nachgeholt werden kann, hat das Unternehmen beim werkvertraglich tätigen Arbeitnehmerähnlichen die Wahl, ob die Leistung trotz des Versäumnisses noch erbracht werden soll.

---

[304] BGH v. 13.07.1970, VII ZR 176/68, BGHZ 54, 250 ff.

Arbeitnehmer und Arbeitnehmerähnliche haben einen Anspruch auf Freistellung während des Erholungs- und Bildungsurlaubs; Unterschiede ergeben sich durch die Ländergesetzgebung und durch die Tarifverträge.

Gesetzlicher Mutterschutz und ein Anspruch auf Elternzeit steht nur den Arbeitnehmern zu. Den Arbeitnehmerähnlichen wird ein vergleichbarer Schutz durch die Tarifverträge zuteil. Einen Anspruch auf Elternzeit gewähren die Tarifverträge nur selten; verzichten die Arbeitnehmerähnlichen auf eine Beschäftigung für einen längeren Zeitraum, verlieren sie ihre bestandsschützenden Ansprüche, wenn keine Regelung getroffen worden ist.

Ein Leistungsverweigerungsrecht haben sowohl Arbeitnehmer als auch die Arbeitnehmerähnlichen, wenn ihnen die Leistung unzumutbar ist oder ihnen ein Zurückbehaltungsrecht zusteht.

Die Leistungspflicht des Arbeitnehmerähnlichen kann daher wesentlich flexibler gehandhabt werden. Schutzgesetze, die zugunsten des Arbeitnehmers gelten, kommen für den Arbeitnehmerähnlichen häufig nicht zur Anwendung. Auch ist das Unternehmen im Umfang und im Einsatz der Beschäftigung des Arbeitnehmerähnlichen flexibler als beim Einsatz des Arbeitnehmers. Der Arbeitnehmerähnliche trägt hierdurch Nachteile, soweit die Schutzgesetze keine Anwendung finden.

Im übrigen kann eine Benachteiligung allein durch den Wegfall der Leistungspflicht noch nicht festgestellt werden, vielmehr kann diese erst in der Gesamtschau des Schicksals von Leistung und Gegenleistung gemeinsam beurteilt werden.

4. Ort der Arbeitsleistung

Gegenstand einer Differenzierung kann auch der Ort der Arbeitsleistung sein. Bezeichnet wird damit der geographische Ort der zu erbringenden Leistungshandlung[305]. Im Folgenden soll untersucht werden, ob Unterschiede bei Bestimmung und Lage des Leistungsortes zwischen Arbeitnehmer und Arbeitnehmerähnlichem bestehen.

---

[305] MünchArbR/*Blomeyer*, § 48 Rn. 77.

a) Situation der Arbeitnehmer

Die Bestimmung des Leistungsortes des Arbeitnehmers wird in aller Regel bereits im Arbeitsvertrag vorgenommen[306]. Da ein Arbeitnehmer für einen bestimmten Betrieb eingestellt wird, ist der Leistungsort regelmäßig der Ort des Betriebs[307], so dass die Arbeitspflicht des Arbeitnehmers als Bringschuld qualifiziert wird[308]. Da der Arbeitnehmer nur die Leistungshandlung schuldet, ist der Leistungsort zugleich auch Erfüllungsort[309]. Wird keine vertragliche Vereinbarung getroffen, ergibt sich der Arbeitsort aus den Umständen. Insbesondere im Rundfunk kann eine „Arbeit vor Ort" in Betracht kommen, so die Dreharbeiten an einem Drehort außerhalb des Unternehmens oder die sonstige Pressearbeit am Ort des Geschehens. In diesen Fällen kann der Ort durch den Vertragszweck ermittelt werden, der die Art der Arbeitsleistung bestimmt, die wiederum Rückschlüsse auf den Leistungsort erlaubt[310]. Durch Vereinbarung der Parteien kann schließlich auch ein Heimarbeitsplatz eingerichtet werden, so dass der Arbeitnehmer seine Leistungen von zu Hause aus erbringen kann.

Ein Weisungsrecht des Arbeitgebers zur örtlichen Versetzung außerhalb des Betriebs bedarf der Einräumung eines erweiterten Weisungsrechts durch den Arbeitnehmer. Für kurzfristige örtliche Änderungen kann sich dieses Weisungsrecht bereits aus einer ergänzenden Vertragsauslegung ergeben; so ist es beim Journalisten, der beim ZDF als Nahostexperte eingestellt wird, offensichtlich, dass dieser auch vor Ort seine Recherchen vornehmen muss und dass der Einsatz über die Grenzen des Rhein-Main-Gebiets hinausgehen kann.

b) Situation der Arbeitnehmerähnlichen

Der Arbeitnehmerähnliche kann grundsätzlich seine Tätigkeiten sowohl im Unternehmen als auch an einem anderen Platz verrichten. Die Frage des Orts der Arbeitsleistung spielt auch keine Rolle für die Einordnung des Beschäftigungsverhältnisses. Denn der Umstand, dass die Arbeit im Betrieb des Unternehmens verrichtet wird, spricht nicht dafür, dass eine Eingliederung des Beschäftigten in den Betrieb und damit Arbeitnehmereigenschaft vorliegt:

---

[306] MünchArbR/*Blomeyer*, § 48 Rn. 78.
[307] Staudinger/*Richardi*, § 611 Rn. 410.
[308] MünchArbR/*Blomeyer*, § 48 Rn. 79.
[309] MünchArbR/*Blomeyer*, § 48 Rn. 80.
[310] MünchArbR/*Blomeyer*, § 48 Rn. 81.

Der Ort der Arbeitsleistung sagt regelmäßig nichts darüber aus, ob die Tätigkeit in einem Arbeits- oder einem Dienstverhältnis erbracht wird. Auch im Rahmen eines Dienstverhältnisses ist es möglich und üblich, dass der Dienstverpflichtete die ihm übertragenen Aufgaben in den Räumen des Dienstberechtigten verrichtet. Es ist vielmehr entscheidend darauf abzustellen, ob der Mitarbeiter hinsichtlich des Ortes, an dem er seine Dienstleistung zu erbringen hat, Weisungen unterliegt, wie sie nur von einem Arbeitgeber erteilt werden können[311].

Es ist also irrelevant, ob der Arbeitnehmerähnliche freiwillig, also aus eigenen Motiven heraus, seine Tätigkeiten im Betrieb des Unternehmens verrichtet, etwa weil die Tätigkeit im Betrieb günstiger oder weniger zeitaufwendig ist.

Abhängig von der Art der Tätigkeit kann es sachdienlich sein, die Tätigkeiten im Betrieb des Unternehmens auszuführen. Der Grund für die Ausführung im Betrieb liegt darin, dass die Arbeit im Team erbracht werden muss oder dass der Arbeitnehmerähnliche auf die materiellen Betriebsmittel des Unternehmens – Schneideplätze, Aufnahmestudio, etc. – angewiesen ist[312]. In diesen Fällen wird es regelmäßig ausdrücklich oder zumindest konkludent vereinbart, dass die Tätigkeiten auch im Betrieb des Unternehmens vorgenommen werden. Ein notwendiges Tätigwerden im Betrieb spricht entgegen der früher herrschenden Rechtsprechung[313] nicht mehr zwingend für die Arbeitnehmereigenschaft, sondern stellt nur noch eines von vielen Indizien dar[314]. So konnte nach der früheren Rechtsprechung auch in Fällen der sachlichen Notwendigkeit bereits die Einrichtung eines betrieblichen Arbeitsplatzes für einen Beschäftigten dessen Eingliederung in den Betrieb beweisen, wenn dieser beispielsweise auf die technischen Einrichtungen des Unternehmens zur Fertigstellung seiner Arbeiten angewiesen war[315]. Diese Rechtsprechung hat der 5. Senat[316] ausdrücklich aufgegeben; seither ist es für die programmgestaltenden Mitarbeiter im Rahmen der Statusbeurteilung ein richtungsweisendes Kriterium, wie weit das Unternehmen

---

[311] BAG v. 24.10.1984, 5 AZR 346/83; BAG vom 19.01.2000, 5 AZR 644/98, AP Nr. 33 zu § 611 BGB Rundfunk.
[312] *Dörr*, Freie Mitarbeit und Rundfunk, FS Thieme, S. 911 ff., S. 929.
[313] BAG v. 15.03.1978, 5 AZR 819/76, AP Nr. 26 zu § 611 BGB Abhängigkeit.
[314] *Neuvians*, Arbeitnehmerähnliche Person, S. 32.
[315] BAG v. 03.10.1975, 5 AZR 445/74, AP Nr. 17 zu § 611 BGB Abhängigkeit; BAG v. 03.10.1975, 5 AZR 427/74, AP Nr. 21 zu § 611 BGB Abhängigkeit; BAG v. 23.04.1980, 5 AZR 426/79, AP Nr. 34 zu § 611 BGB Abhängigkeit.
[316] Gem. Ziff. 5.1.3. des Geschäftverteilungsplans beim BAG für das Jahr 2005 ist der 5. Senat für Fragen des Arbeitnehmerstatus zuständig.

innerhalb eines bestimmten zeitlichen Rahmens über die Dienste eines Beschäftigten verfügen kann;

> ob ein Mitarbeiter einen „eigenen" Schreibtisch hat oder ein Arbeitszimmer (mit) benutzen kann, zu dem er einen Schlüssel hat, und ob er in einem internen Telefonverzeichnis aufgeführt ist, hat für sich genommen keine entscheidende Bedeutung[317].

Damit kann der Ort der Arbeitsleistung des Arbeitnehmerähnlichen nach den Wünschen des Unternehmens bestimmt werden. Im Regelfall wird danach der aufgrund Dienstvertrags Tätige im Unternehmen beschäftigt sein, weil dessen Dienstpflichten häufig im Team eingebunden sind. Dagegen können die werkvertraglich tätigen Arbeitnehmerähnlichen frei den Ort ihrer Tätigkeit festlegen und werden dementsprechend nur dann die Einrichtungen des Unternehmens nutzen, wenn sie dies selbst wollen oder in bestimmten Phasen der Werkerstellung darauf angewiesen sind.

Eine arbeitnehmertypische Eingliederung in den Betrieb ist erst zu bejahen, wenn die Arbeitsplatzwahl auf Weisung des Unternehmens erfolgt[318] oder am Arbeitsplatz selbst Weisungen ausgesprochen werden. Zur Absicherung achten deshalb die Unternehmen darauf, dass die Arbeitnehmerähnlichen nur dann im Betrieb arbeiten, wenn dies für die Verrichtung ihrer Tätigkeiten notwendig ist[319].

c) Ergebnis

Zwischen Arbeitnehmer und Arbeitnehmerähnlichem bestehen keine Unterschiede hinsichtlich des Orts des Tätigwerdens. Der Arbeitnehmer verrichtet zwar in den meisten Fällen im Unternehmen seine Arbeitsleistungen, obwohl auch dies abweichend geregelt werden kann. Ebenso wird der Arbeitnehmerähnliche seine Leistungen im Unternehmen erbringen, weil seine Tätigkeit entweder in ein Team von Beschäftigten eingebunden ist oder seine Tätigkeit weiterer Betriebsmittel bedarf, die dem Arbeitnehmerähnlichen im Unternehmen bereitstehen.

In beiden Fällen kann aber das Unternehmen den Ort des Tätigwerdens in den Grenzen der Billigkeit bestimmen. Ob dem Beschäftigten für seine Werkerstel-

---

[317] BAG v. 30.11.1994, 5 AZR 704/93, AP Nr. 74 zu § 611 BGB Abhängigkeit.
[318] BAG vom 13.01.1983, 5 AZR 149/82, AP Nr. 42 zu § 611 BGB Abhängigkeit.
[319] Dienstanweisung für die Beschäftigung freier Mitarbeiter beim NDR.

lung auch Zugang zum Unternehmen gewährt werden muss, wird später bei Erörterung eines Beschäftigungsanspruchs behandelt (Seite 125 ff.).

5. Schlechtleistung des Beschäftigten

Sowohl beim Arbeitnehmer als auch beim Arbeitnehmerähnlichen können einzelne Arbeitstage unproduktiv verlaufen. Ebenso ist es möglich, dass die geschuldeten Arbeiten oder Tätigkeiten mangelhaft erbracht werden. In diesen Fällen ist es fraglich, ob die Beschäftigten gegenüber dem Unternehmen zur Gewährleistung verpflichtet sein können.

a) Keine Gewährleistungspflicht des Arbeitnehmers

Aufgrund eines Arbeitsvertrags als Dienstvertrag schuldet der Arbeitnehmer die vereinbarten Dienste, nicht aber – wie beim Werkvertrag – auch den Erfolg seiner Tätigkeit[320]. Wenn der Arbeitnehmer schlechte Arbeit erbringt, führt das daher nicht zu Gewährleistungsansprüchen des Unternehmens[321]. Statt dessen kommt eine Verpflichtung des Arbeitnehmers zum Schadensersatz in Betracht (Seite 160). Dauerhafte Schlechtleistung kann darüber hinaus eine Kündigung des Arbeitnehmers rechtfertigen, weil die Schlechtleistung einen wichtigen Grund gemäß § 626 Abs. 1 BGB darstellen kann[322] (vgl. Seite 181).

b) Gewährleistungspflicht des Arbeitnehmerähnlichen

Fraglich ist, ob diese Grundsätze auch für den Arbeitnehmerähnlichen gelten. Soweit der Arbeitnehmerähnliche aufgrund eines Dienstvertrags für seinen Auftraggeber tätig ist, gelten für diesen die gleichen Ausführungen wie auch zum Arbeitnehmer. Die Verpflichtung lediglich zur Leistung der versprochenen Dienste nach § 611 Abs. 1 BGB ohne eine Erfolgsverknüpfung besteht sowohl bei Tätigkeiten aufgrund Arbeitsvertrags als auch aufgrund eines allgemeinen Dienstvertrags.

Eine Untersuchung dieser Pflichten ist aber erforderlich, wenn die Tätigkeit aufgrund eines Werkvertrags erbracht wird. Hier schuldet der Beschäftigte nicht

---

[320] *Löwisch*, Arbeitsrecht, Rn. 1188 ff.
[321] AG Soest vom 23.06.1995, 3 C 329/95, NJW 1996, S. 1144.
[322] BAG vom 03.11.1982, 7 AZR 5/81, AP Nr. 12 zu § 15 KSchG 1969; BAG vom 11.12.2003, 2 AZR 667/02, AP Nr. 48 zu § 1 KSchG 1969 Verhaltensbedingte Kündigung; *Löwisch*, Arbeitsrecht, Rn. 1267

nur die versprochenen Dienste; seine Tätigkeit ist vielmehr erfolgsbezogen, da er nach § 631 Abs. 1 BGB zur Herstellung des versprochenen Werks verpflichtet ist. Nach § 633 Abs. 1 BGB hat der Unternehmer dem Besteller das Werk frei von Sach- und Rechtsmängeln zu verschaffen. Ist das Werk mit einem Mangel behaftet, stehen dem Besteller die Rechte auf Nacherfüllung, Aufwendungsersatz, Rücktritt, Minderung und Schadenersatz zu, § 634 Nr. 1-4 BGB[323].

Zeitlicher Dreh- und Angelpunkt für die Geltendmachung von Nachbesserungsarbeiten ist die Abnahme des fertig gestellten Werks, etwa eines Fernsehbeitrags. Die Abnahme wird von einem Verantwortlichen des Medienunternehmens vorgenommen. Voraussetzung für einen Gewährleistungsanspruch ist das Vorliegen eines Mangels, §§ 633, 634 BGB. Bei künstlerischen und journalistischen Werken hat der Unternehmer aber eine weite, ästhetische Gestaltungsfreiheit: Zur Begründung eines Mangels genügt es nicht, wenn der Unternehmer nicht den Geschmack des Bestellers trifft[324]:

> Der Künstler genießt grundsätzlich im Rahmen eines Werk- oder Werklieferungsvertrags eine Gestaltungsfreiheit, die seiner künstlerischen Eigenart entspricht, und es ist ihm erlaubt, in seinem Werk seiner individuellen Schöpferkraft und seinem Schöpferwillen Ausdruck zu verleihen[325].

In der Entscheidung wird die Arbeit eines Malers beurteilt; die Grundsätze gelten aber ebenso für Journalisten, da auch diesen bei ihrer Arbeit ein gestaltender Spielraum zukommt.

Das Werk und dessen – auch künstlerische – Gestaltung kann aber durch Leistungsbeschreibungen näher konkretisiert werden. Eine solche „Marschroute" für den arbeitnehmerähnlichen Unternehmer zeigt sich in schriftlichen Vorbereitungen und Präsentationen des Werks gegenüber dem Besteller, in Entwürfen oder aber auch durch Gewohnheiten und Erwartungen der dauernden Geschäftsbeziehung. Die verantwortliche Redaktion kann Themen vorgeben oder eingrenzen. Im Vorfeld kann festgelegt werden, welche möglichen Personen zu Protagonisten werden und welche meinungspolitische Färbung ein Beitrag bekommen soll. Ebenso können ein Schwerpunkt oder ein Hauptproblem und schließlich der Ausgang und damit die Stimmung am Ende eines Beitrags vom Besteller be-

---

[323] So für möglich erachtet bei Heimarbeitern, vgl. BAG vom 13.09.1983, 3 AZR 270/81, AP Nr. 1 zu § 29 HAG.

[324] BGH vom 11.12.1970, I ZR 38/69, BGHZ 55, 77 ff., S. 80 f.; *Oechsler*, Vertragsrecht, Rn. 639.

[325] BGH vom 24.01.1956, VI ZR 147/54, BGHZ 19, 382.

stimmt werden. Soll etwa ein Beitrag über das Leben an der Ostsee berichten, kann die Eingrenzung die Frage betreffen, ob es einen oder mehrere Protagonisten geben oder die Landschaft im Vordergrund stehen soll. Der Beitrag kann Missstände aufzeigen, etwa die Flucht der Jugend in die Städte und die Verödung der Region, aber ebenso gut die landschaftlichen Schönheiten und touristischen Attraktionen beschreiben. Schnelle Bilder können einen anderen Eindruck vermitteln als lange Panoramaaufnahmen. Weil ohne jede Recherche über ein Thema Details nicht besprochen werden können, werden für einen Beitrag zu verschiedenen Zeitpunkten verschiedene Eingrenzungen vorgenommen und Vorgaben erteilt. Dabei präsentieren die Arbeitnehmerähnlichen dem Medienunternehmen ihr Werk in Form von „Stoffzulassungen", in welcher sie mittels einer schriftlichen Präsentation die groben Themen, Schwerpunkte und Darstellungsformen einer Produktion vorstellen. Verstößt der Unternehmer gegen die Details einer solchen Stoffzulassung, ist ein Mangel gegeben[326]. Ein solcher liegt vor, wenn das Werk nicht die vereinbarte Beschaffenheit aufweist, § 633 Abs. 2 S. 1 BGB. Durch die Besprechungen und Stoffzulassungen werden solche Vereinbarungen im Sinne des § 633 Abs. 2 BGB getroffen. Bei umfangreichen Werken können auch mehrere Abnahmen stattfinden: Es können verschiedene Stadien der Fertigstellung kontrolliert werden, indem die Unternehmen die vorgelagerten Werke zusätzlich abnehmen. Diese Weisungen an den Arbeitnehmerähnlichen indizieren nicht das Vorliegen abhängiger Beschäftigung, solange sie sich gegenständlich auf das zu erbringende Werk beschränken. Dann handelt es sich um eine Beschreibung der Aufgabe und nicht um eine fachliche Weisung, wie sie innerhalb eines Arbeitsverhältnisses ausgesprochen werden kann[327]. Erst solche Weisungen, die den Einsatz und die Arbeitsleistung unmittelbar und bindend organisieren, deuten auf ein Arbeitsverhältnis hin.

Ob aufgrund eines Mangels auch die Gewährleistungsansprüche geltend gemacht werden, hängt von den Umständen des Einzelfalls ab. Bei kürzeren, tagesaktuellen Stücken ist oftmals eine Nachbesserung faktisch nicht mehr möglich, weil der Sendetermin bereits feststeht und eine Änderung zeitlich nicht mehr möglich wäre. Wenn aber die Möglichkeit zur Nachbesserung besteht, kann es zu nachträglichen Änderungen des Stücks kommen[328]. Werden mehrere

---

[326] *Oechsler*, Vertragsrecht, Rn. 639.
[327] ArbG Berlin vom 08.01.2004, 78 Ca 26918/03, NZA-RR 2004, 546.
[328] In BAG vom 19.01.2000, 5 AZR 644/98, AP Nr. 33 zu § 611 BGB Rundfunk, lag dem Sachverhalt auch die Nachbesserung des Arbeitnehmerähnlichen zugrunde.

Abnahmen während einer Produktion vorgenommen, kann dadurch der weitere Ablauf der Produktion beeinflusst werden.

Eine zusätzliche Bezahlung des Arbeitnehmerähnlichen für die Nachbesserungsarbeiten erfolgt in der Regel nicht. Falls trotz des Vorliegens eines Mangels die Ausstrahlung erfolgt, werden weitere Gewährleistungsrechte, beispielsweise eine Minderung, nicht geltend gemacht, denn hier würden Probleme hinsichtlich einer Berechnung der Minderung bestehen: Gemäß § 638 Abs. 3 BGB müsste eine Bewertung des Werks mit und ohne Mangel erfolgen können. Da aber auch das mangelhafte Werk zur Ausstrahlung gelangt ist, wird sich schwerlich ein Minderwert des Werks darlegen und noch weniger beziffern lassen.

6. *Nebenpflichten der Beschäftigten*

Beide Gruppen der Beschäftigten haben neben ihren Hauptpflichten auch Nebenpflichten zu erfüllen. Nebenpflichten charakterisieren nicht den Zweck des Vertrages, sondern sie dienen der Verwirklichung des Leistungsinteresses und der Sicherung des Erhaltungsinteresses[329]. Im folgenden Abschnitt soll untersucht werden, ob sich Unterschiede hinsichtlich der Nebenpflichten zwischen den beiden Gruppen ergeben können.

a) Verhaltenspflichten und Loyalitätsobliegenheiten; Treuepflichten

Treuepflichten bestimmen als Nebenpflichten gemäß §§ 157, 242 BGB den Inhalt des Arbeitsverhältnisses[330]; unter ihrem Oberbegriff lassen sich eine Reihe von Nebenpflichten des Arbeitnehmers zusammenfassen[331]. Sie bezeichnen Nebenpflichten, die in einem Akzessorietätsverhältnis zur Arbeitspflicht stehen[332].

(1) Arbeitnehmer

So sind die Arbeitnehmer eines Betriebs zur Wahrung der betrieblichen Ordnung verpflichtet. Die Verpflichtung des Arbeitnehmers kann sich bereits aus der Arbeitspflicht selbst ergeben, wenn es um die „Erfüllung der versprochenen Dienste" geht; sind die versprochenen Dienste durch die Einhaltung der betrieblichen Ordnung nicht betroffen, kann sich die Pflicht zur Einhaltung der betrieb-

---

[329] MüKo/*Roth,* § 242 Rn. 112 ff.
[330] MünchArbR/*Blomeyer,* § 51 Rn. 17.
[331] Staudinger/*Richardi,* § 611 Rn. 464.
[332] MünchArbR/*Blomeyer,* § 51 Rn. 2.

lichen Ordnung außerdem aus der jedem Arbeitsverhältnis immanenten Rücksichts- und Schutzpflicht ergeben[333].

Den Arbeitnehmer trifft außerdem eine Obhuts- und Bewahrungspflicht wegen der ihm anvertrauten Gegenstände[334]. Aufgrund seiner Rücksichtspflicht ist der Arbeitnehmer gehalten, den Weisungen des Unternehmens bzw. seines Arbeitgebers hinsichtlich seines Umgangs mit der Sache zu folgen und Gefahren von den ihm anvertrauten oder ihm zugänglichen Gütern abzuwenden[335].

Geschuldet ist schließlich eine unabhängige und objektive Arbeit der Arbeitnehmer; diese Objektivität wäre dann nicht mehr gewährleistet, wenn der Arbeitnehmer Vorteile irgendwelcher Art entgegennehmen könnte. Verboten ist deshalb die Annahme von Vorteilen, die über gebräuchliche Gelegenheitsgeschenke hinausgehen[336].

Aus der gegenüber dem Arbeitgeber bestehenden Pflicht zur Rücksichtnahme auf dessen geschäftliche Interessen ist der Arbeitnehmer außerdem verpflichtet, Betriebs- und Geschäftsgeheimnisse zu wahren[337].

Schließlich kann ein Arbeitgeber in einem gewissen Umfang auch die Loyalität seiner Arbeitnehmer erwarten. Zwar richtet der Arbeitnehmer sein außerdienstliches Verhalten grundsätzlich ohne irgendeine Einflussmöglichkeit seines Arbeitgebers ein. Eine Grenze besteht aber dann, wenn der Arbeitgeber die Glaubwürdigkeit der Arbeitsleistung des Arbeitnehmers durch dessen Verhalten in Frage stellen müsste[338]. Die Pflicht zur Loyalität hängt von der Zweckbestimmung des Unternehmens ab; besondere Bedeutung kann sie bei Tendenzunternehmen[339] und für den Öffentlichen Dienst erlangen[340]. Beispielsweise konnte sich ein Reporter auf sein Recht zur Meinungsäußerung nicht berufen, als er unwahre und ehrenrührige Behauptungen über den programmverantwortlichen

---

[333] MünchArbR/*Blomeyer*, § 53 Rn. 1.
[334] Schaub, Arbeitsrechtshandbuch/*Linck* § 53 Rn. 13.
[335] MünchArbR/*Blomeyer*, § 53 Rn. 52.
[336] Schaub, Arbeitsrechtshandbuch/*Linck*, § 53 Rn. 28.
[337] MünchArbR/*Blomeyer*, § 53 Rn. 55.
[338] Staudinger/*Richardi*, § 611 Rn. 471.
[339] BAG v. 06.12.1979, 2 AZR 1055/77, AP Nr. 2 zu § 1 KSchG 1969 Verhaltensbedingte Kündigung; Schaub, Arbeitsrechtshandbuch/*Linck* § 53 Rn. 20.
[340] Staudinger/*Richardi* § 611 Rn. 471 f.

Abteilungsleiter des Medienunternehmens verbreitet hat; eine Abmahnung kann in einem solchen Fall zu Recht ausgesprochen werden[341].

(2) Arbeitnehmerähnlicher

Auch für die Arbeitnehmerähnlichen können aus §§ 242, 241 Abs. 2 BGB Nebenpflichten erwachsen, die neben den geschuldeten Hauptleistungspflichten erfüllt werden müssen. Wie beim Arbeitnehmer hängen auch für den Arbeitnehmerähnlichen Art und Umfang der geschuldeten Nebenpflichten von der Ausgestaltung des konkreten Vertrags und vom Zweck des Unternehmens ab.

So kann auch der Arbeitnehmerähnliche verpflichtet sein, die betriebliche Ordnung zu wahren, wenn er mit dieser in Berührung kommt, also seiner Beschäftigung im Betrieb des Auftraggebers nachgeht. Zwar ist der Arbeitnehmerähnliche persönlich selbständig, er muss also nicht im Unternehmen tätig werden. Diese Selbständigkeit kann es aber auch erfordern, die Leistung im Unternehmen zu erbringen, etwa um vorhandene Einrichtungen zu nutzen oder die Arbeit im Team zu leisten. Wie beim Arbeitnehmer kann auch für den Arbeitnehmerähnlichen die Pflicht zum Einhalten der betrieblichen Ordnung sowohl unmittelbar aus der Leistungspflicht selbst – sofern die hauptsächlich geschuldete Leistung betroffen ist – als auch aus den zusätzlichen Rücksichts- und Schutzpflichten des Arbeitnehmerähnlichen resultieren. Im letzten Fall liegt es im Integritätsinteresse des Unternehmens, dass der betriebliche Ablauf nicht durch den Einsatz der Arbeitnehmerähnlichen gestört wird. Es handelt sich bei der Aufrechterhaltung der betrieblichen Ordnung um ein geschütztes Rechtsgut des Unternehmers im Sinne des § 241 Abs. 2 BGB, auf das der Arbeitnehmerähnliche Rücksicht nehmen muss[342]. Bei der Verpflichtung des Arbeitnehmerähnlichen zur Einhaltung der betrieblichen Ordnung ist schließlich zu beachten, dass der Unternehmer gegenüber seinen Arbeitnehmern selbst verpflichtet ist, für die Einhaltung der betrieblichen Ordnung Sorge zu tragen. Dieser Pflicht könnte der Unternehmer nicht nachkommen, wenn nicht auch die Arbeitnehmerähnlichen an die betriebliche Ordnung gebunden wären. Diesem Gedanken trägt auch § 1 des BSchG Rechnung (künftig § 1 Abs. 2 ADG). Nach § 1 BSchG sollen auch die arbeitnehmerähnlichen Mitarbeiter vor sexueller Belästigung geschützt werden; für die Einhaltung dieses Schutzes, ein Bestandteil der betrieblichen Ord-

---

[341] BAG v. 11.08.1982, 5 AZR 1089/79, AP Nr. 9 zu Art. 5 Abs. 1 GG Meinungsfreiheit.

[342] *Schubert*, Arbeitnehmerähnliche Person, S. 352.

nung³⁴³, soll der Arbeitgeber verantwortlich sein; eine Verantwortung, der er nicht nachkommen könnte, wenn nicht auch die ausdrücklich erwähnten Arbeitnehmerähnlichen die betriebliche Ordnung einhalten müssten.

Es besteht auch kein Grund, den Arbeitnehmerähnlichen aus der Obhuts- und Bewahrungspflicht auszunehmen. Bereits den einmalig aufgrund eines Dienst- oder Werkvertrags Tätigen trifft die Pflicht, auf die Rechtsgüter des Auftraggebers bzw. Dienstherren Rücksicht zu nehmen und damit nicht zu beschädigen; es gilt auch hier der Grundsatz, dass jede Vertragspartei

> die gebotene Sorgfalt für die Gesundheit und das Eigentum des anderen Teils zu beobachten hat³⁴⁴.

Der Arbeitnehmerähnliche hat also einen sorgsamen Umgang mit den ihm anvertrauten Gegenständen zu pflegen und Gefahren im zumutbaren Umfang abzuwenden³⁴⁵.

Da die Arbeitnehmerähnlichen im Interesse ihres Auftraggebers tätig werden, würden sie den Vertragszweck des zugrunde liegenden Vertrages vereiteln, wenn sie sich bei Ausübung ihrer Tätigkeit von den Interessen Dritter vereinnahmen lassen würden³⁴⁶. Deshalb sind die Arbeitnehmerähnlichen verpflichtet, keine Schmiergelder oder sonst bestechende Leistungen anzunehmen³⁴⁷.

Die Arbeitnehmerähnlichen haben auch die ihnen zugänglichen Betriebs- und Geschäftsgeheimnisse zu bewahren, es besteht also eine Pflicht zur Verschwiegenheit³⁴⁸. Seit der UWG-Reform 2004 wird auch der Arbeitnehmerähnliche von der strafrechtlichen Sanktion der §§ 17 UWG erfasst. Objektives, täterbezogenes Merkmal des § 17 UWG a.F. war die Eigenschaft, Angestellter, Arbeiter oder Lehrling eines Geschäftsbetriebs zu sein. Nunmehr wird gemäß § 17 UWG n.F. jede bei einem Unternehmen beschäftigte Person erfasst, die ihre Arbeitskraft ganz oder teilweise dem Unternehmen widmet³⁴⁹. Darunter fällt auch die arbeitnehmerähnliche Person.

---

[343] MünchArbR/*Blomeyer*, § 53 Rn. 1 ff., 19 f.
[344] RG vom 07.12.1911, VI. 240/11, RGZ 78, 240; Palandt/*Heinrichs*, § 242 Rn. 35.
[345] Palandt/*Heinrichs*, § 242 Rn. 27; *Schubert*, Arbeitnehmerähnliche Person, S. 352.
[346] BGH vom 01.04.1987, IV a ZR 211/85, NJW-RR 1987, 1380 ff.; OLG München vom 10.05.1995, 7 U 5531/94, NJW-RR 1996, S. 176 ff.
[347] *Schubert*, Arbeitnehmerähnliche Person, S. 352.
[348] OLG Köln vom 04.02.2000, 4 U 37/99; OLG Naumburg vom 25.03.2002, 1 U 137/01.
[349] *Harte-Bavendamm* in Harte-Bavendamm/Henning-Bodewig, UWG, § 17 Rn. 8.

Schließlich kann auch eine Form von Loyalität des Arbeitnehmerähnlichen gegenüber dem Unternehmen verlangt werden[350], wenn es die Tendenz des Unternehmens erfordert.

(3) Ergebnis

Hinsichtlich der Nebenpflichten bestehen für Arbeitnehmer und Arbeitnehmerähnliche nur geringe Unterschiede. Diese nur geringfügigen Unterschiede bestehen in dem Umstand, dass die Arbeitnehmer typischerweise enger in das Unternehmen eingebunden sind als ein arbeitnehmerähnlicher Mitarbeiter. Der Arbeitnehmer muss zur Erfüllung seiner Pflichten im Betrieb sein, daher ist für ihn die die Einhaltung der betrieblichen Ordnung nicht umgehbar. Der Arbeitnehmerähnliche ist an die betriebliche Ordnung nur gebunden, wenn er im Betrieb ist; verlässt er den Betrieb, weil die Präsenz für seine Tätigkeit nicht erforderlich ist, besteht auch keine Bindung mehr an die betriebliche Ordnung. Im Übrigen erscheint es interessensgerecht, dass trotz der unterschiedlichen Formen der Beschäftigung vergleichbare Pflichten bestehen. Es wäre nicht sachgerecht, wenn das Unternehmen um eine Kamera, die es einem Arbeitnehmer für Dreharbeiten übergeben hat, weniger Sorge haben müsste als um eine Kamera, die das Unternehmen dem Arbeitnehmerähnlichen für Dreharbeiten übergeben hat.

b) Wettbewerb und Nebentätigkeit

Beschäftigt ein Medienunternehmen Arbeitnehmer und Arbeitnehmerähnliche, kann es ein berechtigtes Interesse daran haben, dass beide Beschäftigungsgruppen nur für das eigene Unternehmen tätig werden. Zwar erscheint es unwahrscheinlich, dass der Beschäftigte selbst mit dem Medienunternehmen in Wettbewerb gerät. Die Beschäftigten verfügen nicht über die erforderliche Ausrüstung, um die Beiträge eigenständig fertig zu stellen, sie sind also unabhängig von der Form der Beschäftigung bei der Erstellung medialer Beiträge auf den technischen Apparat des Beschäftigungsgebers angewiesen. Dagegen ist es umso wahrscheinlicher, dass der Beschäftigte ein grundsätzliches Interesse daran hat, zusätzlich für ein weiteres Medienunternehmen tätig zu werden, wenn seine Arbeitskraft bei dem einen Unternehmen nicht voll ausgeschöpft wird. Gegenstand der folgenden Untersuchung ist es deshalb, ob den beiden Beschäftigungsgruppen diese Freiheit zusteht. Zwar verpflichtet der zugrunde liegende Vertrag den Beschäftigten jeweils nur zur Leistung der versprochenen Dienste bzw. zur

---

[350] *Schubert*, Arbeitnehmerähnliche Person, S. 352.

Herstellung des versprochenen Werks. Die Verwendung der übrigen freien Zeit ist also grundsätzlich Sache des Beschäftigten. Dennoch können unter Umständen Nebenpflichten bestehen, aus denen sich das Verbot zu Wettbewerb und Konkurrenztätigkeit ergeben.

(1) Arbeitnehmer

Die Ausübung einer Nebentätigkeit des Arbeitnehmers ist grundsätzlich erlaubt. Der Arbeitnehmer kann sich auf sein Grundrecht der Berufsfreiheit aus Art. 12 GG stützen, das auch das Recht umfasst, mehrere Berufe nebeneinander auszuüben[351]. Eine Unterlassung kann der Arbeitgeber verlangen, wenn seine berechtigten Interessen beeinträchtigt werden, wenn beispielsweise die Qualität der geschuldeten Hauptleistungspflicht (Arbeitspflicht) durch die Nebentätigkeit beeinträchtigt wird[352].

Eine Konkurrenztätigkeit eines Arbeitnehmers haben die Medienunternehmen nicht zu befürchten. Konkurrenz setzt voraus, dass die Wettbewerber ihren Nachfragern vergleichbare Produkte anbieten, die einen bestimmten Markt befriedigen können[353]. Die Arbeitnehmer müssten also Produkte am Markt anbieten, die die der Medienunternehmen bei den Nachfragern ersetzen könnten. Es ist ausgesprochen unwahrscheinlich, dass einzelne Arbeitnehmer einen Radio- oder Fernsehkanal belegen werden und ihr eigenes Programm ausstrahlen. Es kann sich aber ein Wettbewerbsverbot zu Lasten der Arbeitnehmer ergeben. Besteht ein solches, sind die Arbeitnehmer gehalten, den unternehmerischen Interessen des Arbeitgebers nicht durch Betreiben eines Gewerbes oder der Beschäftigung bei einem konkurrierenden Unternehmen zuwiderzuhandeln[354]. Es kann daher schon verletzt werden, wenn der Arbeitnehmer seine Werke, etwa ein fertig gestellter Radiobericht oder ein Fernsehbeitrag, nicht nur einem, sondern gleich mehreren Unternehmen zur wirtschaftlichen Verwertung anbietet. Das Wettbewerbsverbot ist Ausdruck der Treuepflicht des Arbeitnehmers, konkretisiert durch einen allgemeinen Rechtsgedanken des Wettbewerbsverbots, der in § 60 Abs. 1 HGB zum Ausdruck kommt[355]. Dadurch kann das Wettbewerbsverbot

---

[351] BVerfG v. 15.02.1967, 1 BvR 569/62, AP Nr. 37 zu Art. 12 GG.
[352] BAG v. 06.09.1990, 2 AZR 165/90, AP Nr. 47 zu § 615 BGB.
[353] Funktionelle Austauschbarkeit nach dem Bedarfsmarktkonzept, *Kling/Thomas*, S. 297 f.
[354] MünchArbR/*Blomeyer*, § 52 Rn. 50.
[355] BAG v. 17.10.1969, 3 AZR 442/68, AP Nr. 7 zu § 611 BGB Treuepflicht; *Schaub*, Arbeitsrechtshandbuch/*Schaub*, § 57 Rn. 24.

auch dann gegenüber den Arbeitnehmern bestehen, wenn dieses nicht ausdrücklich im Arbeitsvertrag vereinbart worden ist. Ein Wettbewerb der Arbeitnehmer wird aber nicht umfassend verboten. Werke, die außerhalb der Arbeitszeit hergestellt werden und damit die Hauptleistungspflicht des Arbeitnehmers nicht beeinträchtigen, unterliegen einer freien Verwertung durch den Arbeitnehmer. Zwar wird teilweise angenommen, dass der Arbeitnehmer das Werk vorrangig seinem Arbeitgeber zur Verwertung anbieten müsse[356]; aber auch das kann nur angenommen werden, wenn sich zusätzliche Anhaltspunkte ergeben, die ein solches Erstverwertungsrecht des Arbeitgebers rechtfertigen könnten[357].

Schließlich können sich Schranken aus tariflichen oder einzelvertraglichen Vereinbarungen ergeben. Hier haben annähernd alle untersuchten Medienunternehmen generell alle Nebentätigkeiten unter einen formbedürftigen Zustimmungsvorbehalt des Unternehmens durch Tarifvertrag gestellt[358]. Es darf demnach keine Nebentätigkeit ausgeübt werden, soweit diese nicht dem Unternehmen angezeigt wurde und dieses nicht seine schriftliche Genehmigung erteilt hat. Eine Genehmigung kann nach den bereits genannten und in den Tarifverträgen aufgegriffenen Grundsätzen verweigert werden, wenn berechtigte Interessen der Medienunternehmen tangiert werden. Teilweise haben die Unternehmen hier sogar ausgeführt, wann das der Fall sein soll: Wenn die Nebentätigkeit für ein anderes Medienunternehmen erfolgt[359] oder

> wenn die Nebentätigkeit bestimmungsgemäß zur Verbreitung in Rundfunkprogrammen bzw. zur Herstellung solcher Programme (...) erbracht werden sollen[360].

Durch den Umstand, dass die Nebentätigkeiten generell unter einem Zustimmungsvorbehalt stehen, kann es also auch nicht zu einer wettbewerbsrelevanten Nebentätigkeit kommen. Zusätzlich wird der Wettbewerb bzw. die Tätigkeit bei

---

[356] *Ullmann*, Das urheberrechtlich geschützte Arbeitsergebnis - Verwertungsrecht und Vergütungspflicht, GRUR 1987, S. 6 ff., 9.
[357] Entstehung bei Gelegenheit der Ausführung der Arbeit für den Arbeitgeber, Verwendung der Materialien oder des technischen Geräts des Arbeitgebers, vertragliche Vereinbarung.
[358] Ziff. 391 des MTV beim NDR; Ziff. 391 des MTV beim SWR; § 12 des MTV beim HR; § 16 des MTV beim SR; Ziff. 10.1. des MTV beim MDR; § 32 des MTV beim WDR; § 9 des MTV beim ZDF.
[359] § 12 Ziff. 2, 5. Spiegelstrich des MTV für Arbeitnehmer beim HR; ähnlich auch Protokollnotiz Nr. 1 zu § 9 Abs. 2 des MTV beim ZDF.
[360] Ziff. 10.2. lit. d. des MTV für Arbeitnehmer beim MDR.

einem Mitbewerber durch das Zustimmungsverweigerungsrecht bei berechtigten Interessen des Unternehmens ausgeschlossen.

Verstößt der Arbeitnehmer gegen ein Nebentätigkeits- oder Wettbewerbsverbot, können dem Arbeitgeber Unterlassungs- und Schadensersatzansprüche gemäß § 280 Abs. 1 BGB zustehen. Darüber hinaus kann der Verstoß des Arbeitnehmers einen wichtigen Grund zur Kündigung im Sinne des § 626 BGB oder einen verhaltensbedingten Kündigungsgrund gemäß § 1 Abs. 2 S. 1 KSchG darstellen[361].

Ein Wettbewerb durch Arbeitnehmer ist demnach ganz ausgeschlossen, eine Nebentätigkeit kann nur unter der Kontrolle des Unternehmens ausgeübt werden.

(2) Arbeitnehmerähnlicher

Fraglich ist, ob diese Grundsätze auch für die Arbeitnehmerähnlichen gelten. Für die Dienst- und Werkleistungen, die die Arbeitnehmerähnlichen für das Medienunternehmen erbringen, gelten die gleichen Grundsätze wie sie auch für die Arbeitnehmer gelten.

An erster Stelle steht demnach das Gebot, dass durch eine Nebentätigkeit die Qualität der Hauptleistungspflicht nicht beeinträchtigt werden darf. Ebenso wenig darf bei den aufgrund Dienstvertrags Tätigen eine Inanspruchnahme der betriebseigenen Arbeitsmittel für die Nebentätigkeiten erfolgen, da diese nur für die dem Unternehmen geschuldeten Arbeiten zur Verfügung gestellt werden. Diese Grundsätze erlangen für die Arbeitnehmerähnlichen in vollem Umfang Geltung und müssen zu ihrer Wirksamkeit nicht ausdrücklich vereinbart werden, weil diese bereits der Erbringung der Hauptleistungspflicht immanent ist. Eine Pflichtverletzung würde eine Schadensersatzpflicht auch des Arbeitnehmerähnlichen begründen.

Fraglich ist, ob auch Nebentätigkeit und Wettbewerb des Arbeitnehmerähnlichen ausgeschlossen werden können, wenn die Hauptleistungspflicht gegenüber dem Unternehmen nicht konkret betroffen ist. Bei den Arbeitnehmern wurde festgestellt, dass ein entsprechendes Verbot unter Umständen bereits Bestandteil der Treuepflicht des Arbeitnehmers sein kann, im Zweifel aber der

---

[361] BAG vom 16.01.1975, 3 AZR 72/74, AP Nr. 8 zu § 60 HGB; MünchArbR/*Blomeyer*, § 52 Rn. 55, 47.

ausdrücklichen Vereinbarung bedarf. Dass ein Wettbewerbsverbot ausnahmsweise Bestandteil einer Treuepflicht sein kann, ist Ergebnis einer Abwägung der bestehenden Interessen zwischen Arbeitnehmer und Arbeitgeber. Der Arbeitnehmer widmet dem Arbeitgeber zum weitaus überwiegenden Teil seine gesamte Arbeitskraft. Dadurch besteht die zumindest abstrakte Gefahr, dass der Arbeitnehmer im Zweifel seine arbeitsvertraglichen Pflichten vernachlässigt, wenn er zusätzlich einer weiteren Beschäftigung nachgehen würde. Bereits diese Interessenlage besteht nicht beim Arbeitnehmerähnlichen: Wenn man mit § 12a TVG davon ausgeht, dass die Unternehmen vergleichbare Vergütungen leisten, beginnt der Status des Arbeitnehmerähnlichen bereits bei einer Beschäftigung von knapp 35 %[362]. Der Arbeitnehmerähnliche beeinträchtigt seine Tätigkeiten bei einem Unternehmen daher nicht zwangsläufig wie ein Arbeitnehmer, da weitere 65 % seiner Arbeitskraft ungenutzt sein können. Das Argument, dass eine Nebentätigkeit die abstrakte Gefahr einer Beeinträchtigung der Haupttätigkeit bietet, besteht bei den Arbeitnehmerähnlichen also nicht. Für diese muss die Tätigkeit ihrem Umfang nach nicht einmal eine Haupttätigkeit darstellen.

Bei den Arbeitnehmern kann man auch deshalb großzügig die betrieblichen Interessen des Arbeitgebers berücksichtigen, weil der Arbeitgeber im Gegenzug die wirtschaftliche Existenzgrundlage des Arbeitnehmers vollständig leistet. Der Arbeitnehmer ist also nicht zur Erhaltung seiner wirtschaftlichen Existenz gezwungen, einer weiteren entgeltlichen Beschäftigung nachzugehen. Anders ist die Situation des Arbeitnehmerähnlichen. Obwohl dieser auch wie ein Arbeitnehmer vom Beschäftigungsgeber wirtschaftlich abhängig ist, sorgt das Unternehmen im Zweifel nicht vollständig für dessen finanzielle Existenzgrundlage. Gem. § 12a Abs. 3 TVG beginnt der Status des journalistisch orientierten Arbeitnehmerähnlichen bereits, wenn dieser ein Drittel seines gesamten Einkommens bei einem Unternehmen verdient. Der Arbeitnehmerähnliche kann also ob der wirtschaftlichen Notwendigkeit heraus gar nicht allein nur bei einem Unternehmen beschäftigt sein, sondern bedarf im Zweifel zum Erhalt seiner wirtschaftlichen Existenz mehrerer Auftraggeber. Es besteht also wieder eine andere Interessenlage im Vergleich zu den Arbeitnehmern, so dass es nicht gerechtfertigt ist, eine Treuepflicht des Arbeitnehmerähnlichen mit dem Inhalt anzunehmen, dass dieser keine Nebentätigkeit zur Tätigkeit im Unternehmen ausüben darf. Vielmehr stehen sich gleichberechtigte Partner gegenüber, deren vertragli-

---

[362] Vgl. § 12 a TVG; wenn man davon ausgeht, dass die Unternehmen alle ähnliche Vergütungen erbringen: Die Norm stellt auf den Umfang des Entgelts, nicht auf den Umfang der Beschäftigung ab.

che Beziehung keinen Einfluss auf die übrigen Vertragsbeziehungen der Beteiligten haben kann. Freilich kann in besonderen Situationen eine Interessenabwägung ergeben, dass doch ein Wettbewerbsverbot besteht, etwa dann, wenn die Konkurrenzsituation so stark ist, dass die Hauptleistungspflicht – der Wert der journalistischen Arbeiten – beeinträchtigt wäre. So wurde ein stillschweigendes Wettbewerbsverbot zu Lasten eines Redakteurs angenommen, der für zwei gleich strukturierte und auf das gleiche Publikum mit gleichem Inhalt abgerichtete Nachrichtensendungen recherchiert hat[363]:

> Beiträge, die für Sendungen des einen Senders ernsthaft in Betracht kommen, dürfen trotz grundsätzlicher Erlaubnis zur Produktion anderweitiger Aufträge nicht für gleichartige Sendungen des anderen Senders erbracht (…), verwertet (…) oder weitergenutzt werden[364].

Beide Sendungen standen im Wettbewerb miteinander und eine Verwendung des Beitrags auf der einen Seite hätte zu einem Wettbewerbsnachteil der anderen Seite geführt. Ein Arbeitnehmerähnlicher darf also nicht für Unternehmen tätig werden, die gleiche Produkte anbieten und daher miteinander in Konkurrenz stehen. Eine Verwertung der Produkte des Arbeitnehmerähnlichen für das eine Unternehmen würde zum Nachteil des anderen Unternehmens führen. Es darf also keine zusätzliche Tätigkeit für eine Unternehmung stattfinden, die in Konkurrenz zur ersten Tätigkeit steht.

Schließlich ist ein Verbot oder auch nur eine Kontrolle der weiteren Tätigkeiten des Arbeitnehmerähnlichen auch nicht mit dessen persönlicher Unabhängigkeit zu vereinbaren. Im Gegensatz zum Arbeitnehmer besteht schon keine persönliche Weisungsgebundenheit bei der Ausführung der geschuldeten Arbeiten. A maiore ad minus kann es dann aber erst recht nicht sein, dass außerhalb der geschuldeten Leistungen eine Anzeige durch den Arbeitnehmerähnlichen oder eine Überwachung durch das Unternehmen stattfinden muss.

Dementsprechend sieht auch kein Tarifvertrag für Arbeitnehmerähnliche ein Zustimmungsvorbehalt für eine Nebentätigkeit, ein Konkurrenz- oder Wettbewerbsverbot vor. Die Tarifverträge der Deutschen Welle[365], des WDR[366] und des NDR[367] erwähnen im Gegenteil ausdrücklich die Freiheit der Arbeitnehmerähn-

---

[363] ArbG Köln vom 18.03.1998, 13 Sa 928/98, NZA-RR 1998, S. 342.
[364] ArbG Köln vom 18.03.1998, 13 Sa 928/98, NZA-RR 1998, S. 342.
[365] § 19 Abs. 3 des TV für ANÄ bei der DW.
[366] Ziff. 10.1. des Tarifvertrags für auf Produktionsdauer Beschäftigte.
[367] Ziff. III. des Tarifvertrags für befristete Programmmitarbeit beim NDR.

lichen, weitere berufliche Tätigkeiten auszuüben. Eine Ausnahme besteht beim HR, der in seinem Tarifvertrag ein besonderes, berechtigtes Interesse vereinbart hat: Der HR kann das bestehende Dauerrechtsverhältnis ohne eine Ankündigung beenden, wenn der Beschäftigte ohne Einwilligung des HR bei einem konkurrierenden kommerziellen Rundfunkunternehmen eine programmgestaltende Tätigkeit aufnimmt.[368] Die gefundenen Ergebnisse gelten unabhängig von der Art des zugrunde liegenden Schuldverhältnisses. Ob der Arbeitnehmerähnliche im Rahmen des bestehenden Rahmenvertrags aufgrund von Werk- oder Dienstverträgen tätig wird, ist unerheblich für eine Nebentätigkeit.

(3) Ergebnis

Es bestehen deutliche Unterschiede zwischen Arbeitnehmer und Arbeitnehmerähnlichem. In beiden Fällen darf dann eine Nebentätigkeit nicht ausgeübt werden, wenn die Hauptleistungspflicht in Mitleidenschaft gezogen werden würde. Dies ist Ausdruck des allgemeinen Grundsatzes, dass das Äquivalenzinteresse nicht gestört werden darf.

Für den Arbeitnehmer bestehen darüber hinaus ein Verbot von Nebentätigkeiten und ein Verbot von Wettbewerb als Ausfluss der bestehenden Treuepflicht gegenüber dem Arbeitgeber. Zur Manifestierung sehen die meisten Tarifverträge einen Zustimmungsvorbehalt einer Nebentätigkeit durch den Arbeitgeber vor. Die Zustimmung kann verweigert werden, sobald betriebliche Interessen tangiert sind.

Für den Arbeitnehmerähnlichen kann eine solche Treuepflicht nicht konstruiert werden. Dieser ist bei Ausübung und Wahl seiner Nebentätigkeiten grundsätzlich frei. Grund des deutlichen Unterschieds der beiden Beschäftigungsgruppen ist der Umstand, dass der Arbeitnehmerähnliche der Natur des Beschäftigungsverhältnisses nach auf mehrere Beschäftigungsgeber angewiesen ist, um sein Einkommen zu sichern. Anders als der Arbeitnehmer besteht außerdem keine persönliche Abhängigkeit zu einem Unternehmen.

7. Zusammenfassung

Die Pflichten gegenüber dem Arbeitgeber beziehungsweise dem Unternehmen können sich also erheblich durch die gewählte Form der Beschäftigung unterscheiden.

---

[368] § 13 Nr. 5 des TV für Arbeitnehmerähnliche beim HR.

Gemeinsam ist den beiden Formen der Beschäftigung, dass sowohl der Arbeitnehmer als auch der Arbeitnehmerähnliche höchstpersönlich zur Leistung verpflichtet sind. Der Umfang der Leistung wird zwischen den Parteien vereinbart.

Erste Unterschiede sind bei der Lage der Arbeitszeit zu erkennen. Der Arbeitgeber konkretisiert die Lage gegenüber dem Arbeitnehmer im Rahmen des Direktionsrechts. Dagegen muss die konkrete Arbeitszeit mit dem Arbeitnehmerähnlichen immer neu vereinbart werden; eine einseitige Bestimmung durch das Unternehmen ist nicht möglich. Soweit das Unternehmen im Rahmen werkvertraglicher Leistungserbringungen überhaupt ein Interesse an einer Konkretisierung hat – das Unternehmen ist ja vor allem am mangelfreien Werk interessiert und nicht an der Frage, wann das Werk entsteht –, kann es zumindest faktisch die Leistungszeit dadurch vorgeben, dass es eine Leistung zu einer bestimmten Zeit auf dem Markt nachfragt. Das Unternehmen ist hinsichtlich der Arbeitnehmerähnlichen auch nicht den Vorgaben des ArbZG unterworfen: Wenn das Unternehmen keinen einseitigen Einfluss auf den Zeitpunkt der Leistung hat, kann ihm auch nicht eine Einhaltung oder Überprüfung der Leistungszeiten zugemutet werden. Für den Zeitpunkt der Leistung ist eine den Unternehmensinteressen gerecht werdende Flexibilisierung bei Beschäftigung eines Arbeitnehmerähnlichen zu erkennen. Diese Flexibilisierung kann aber ebenso gut dem Arbeitnehmerähnlichen gerecht werden: Dieser ist frei und selbständig in seiner Zeiteinteilung und nur dem Fertigstellungszeitpunkt unterworfen. Wann er in diesem Zeitraum für das Unternehmen tätig wird, obliegt seiner eigenen Zeiteinteilung. Für den Beschäftigten bestehen hier wesentlich flexiblere Möglichkeiten als für einen Arbeitnehmer. Eine gegenseitige Absprache der Lage der Leistungszeit wird erst erforderlich, wenn die beiden Vertragspartner aufeinander angewiesen sind, wenn etwa der Arbeitnehmerähnliche auf das Team oder den technischen Apparat des Unternehmens zugreifen muss oder wenn die Leistung des Arbeitnehmerähnlichen durch die Notwendigkeiten von Programm oder Ablauf zu einer bestimmten Zeit erfolgen muss.

Notwendigerweise bestehen auch Unterschiede beim Wegfall einer Leistungspflicht. Diese ergeben sich aber nicht nach dem Status der Beschäftigung, sondern anhand einer Differenzierung nach den unterschiedlichen zugrunde liegenden Vertragstypen. So ist die Dienstleistung nicht mehr nachholbar, wenn der vereinbarte Zeitpunkt der Dienstleistung versäumt wurde. Der Zeitpunkt der Werkerstellung wird zwischen den Parteien nicht vereinbart, also kann hier auch kein Zeitpunkt versäumt werden. Es kann nur der Fertigstellungszeitpunkt überschritten werden. In diesem Fall liegt es beim Unternehmen, ob es die Leistung noch annimmt.

Der Umfang der Arbeitsleistung eines Arbeitnehmers kann nur schwer kurzfristig geändert werden. Es gibt zwar die Mittel der Aussetzung und der Verkürzung der Arbeitspflicht, diese sind aber an sehr hohe Voraussetzungen gebunden. Dagegen kann die Beschäftigung des Arbeitnehmerähnlichen sehr flexibel gehandhabt werden. Der Rahmenvertrag gibt diesen keinen Beschäftigungsanspruch für eine konkrete Beschäftigung. Lediglich die laufenden Einzelverträge müssen zu Ende geführt werden. Nach deren Ablauf liegt es in der Hand des Unternehmens, wann die nächste Beschäftigung stattfinden wird.

Die weiblichen Beschäftigten haben auf den ersten Blick in der Arbeitnehmerstellung eine bessere Position, da nur auf Arbeitnehmer das MuSchG Anwendung findet. Auf den zweiten Blick ergeben sich aus den Tarifverträgen der Unternehmen zugunsten der Arbeitnehmerähnlichen oft vergleichbare Regelungen. In jedem Fall kann aber die arbeitnehmerähnlich Beschäftigte durch ein frühzeitig geplantes Vorgehen finanzielle Schäden und eine Einbuße ihres Bestandsschutzes dadurch abmildern, dass sie das Volumen ihres Rahmenvertrags bereits weit vor der Niederkunft so sehr ausschöpft, dass sie während der arbeitsfreien Zeiträumen des MuSchG nicht arbeiten muss. Schließlich ist auch zu berücksichtigen, dass einer arbeitnehmerähnlichen Mutter die Arbeit während der Schwangerschaft oder nach der Geburt leichter fallen kann als einer Arbeitnehmerin: Soweit die Arbeitnehmerähnliche weder zeitlich noch örtlich ans Unternehmen gebunden ist, kann diese die Arbeit auch zu Hause vornehmen, während diese Alternative der Arbeitnehmerin durch ihre Arbeitspflicht im Betrieb versagt bleibt.

Unter Umständen kann den werkvertraglich Tätigen eine Pflicht zur Gewährleistung treffen. Ob und in welchem Umfang dieses Gewährleistungsrecht auch wahrgenommen wird, hängt von den Umständen des Einzelfalls ab. Eine Gewährleistung wird sich auf eine Nachbesserung beschränken, da eine Minderung nur schwer beziffert werden kann.

Die Nebenpflichten der beiden Beschäftigungsgruppen sind sich ähnlich; Unterschiede ergeben sich nur aus dem Umstand, dass der Arbeitnehmerähnliche dem Betrieb naturgemäß weiter entfernt ist als der Arbeitnehmer. Da der Arbeitnehmerähnliche im Zweifel nicht im gesamten Umfang seiner Arbeitskraft beschäftigt ist und grundsätzlich selbständig am Markt auftritt, kann er – anders als der Arbeitnehmer – weiteren Beschäftigungen nachgehen. Die Möglichkeit zu weiteren Tätigkeiten der Arbeitnehmerähnlichen ist nur dann eingeschränkt, wenn die Tätigkeiten für miteinander konkurrierende Unternehmen erfolgen.

Beiden Parteien erwächst also durch die Beschäftigung in Form der Arbeitnehmerähnlichkeit eine besondere Flexibilität im Vergleich zur Festanstellung. Annex dieser Flexibilität ist sicherlich eine stärkere Verantwortung, die der Arbeitnehmerähnliche übernehmen muss. Die Flexibilität und Ungebundenheit bietet aber auch Chancen, die der Arbeitnehmerähnliche nutzen kann.

III. Pflichten des Beschäftigungsgebers

Nachdem die Unterschiede in den Pflichten zwischen Arbeitnehmer und Arbeitnehmerähnlichem herausgestellt worden sind, sollen im Folgenden die Pflichten der Arbeit- bzw. Beschäftigungsgeber, also der Medienunternehmen, näher untersucht.

1. Beschäftigungspflicht

Der Arbeitgeber kann verpflichtet sein, den Arbeitnehmer bzw. den Arbeitnehmerähnlichen zu beschäftigen. Verlangt eine Person die Beschäftigung im Unternehmen, während das Beschäftigungsverhältnis nach Meinung beider Parteien besteht, so macht der Beschäftigte einen allgemeinen Beschäftigungsanspruch geltend[369]. Außerdem kann der Beschäftigte einen Anspruch auf Weiterbeschäftigung haben. Von einem solchen spricht man, wenn der Bestand des zugrunde liegenden Beschäftigungsverhältnisses zwischen den Parteien in Streit steht[370].

Aufgrund des Beschäftigungsanspruchs ist der Arbeitgeber verpflichtet, sämtliche Mitwirkungshandlungen vorzunehmen, die erforderlich sind, damit der Beschäftigte seine vertraglich vereinbarte Leistung erbringen kann[371]. Der Beschäftigungsanspruch stellt einen Nebenanspruch des Arbeitnehmers dar[372]; teilweise wird er auch als Hauptpflicht des Arbeitgebers eingeordnet[373].

a) Beschäftigungspflicht gegenüber dem Arbeitnehmer

Der Arbeitgeber unterliegt einer Beschäftigungspflicht gegenüber seinen Arbeitnehmern. Die Beschäftigungspflicht wurde ursprünglich aus der Treuepflicht des Arbeitgebers, dem personenrechtlichen Gemeinschaftsverhältnis und aus

---

[369] *Reidel*, EV auf Weiterbeschäftigung, NZA 2000, S. 454 ff., 455.
[370] MünchArbR/*Blomeyer*, § 95 Rn. 2.
[371] MünchArbR/*Blomeyer*, § 95 Rn. 3.
[372] MünchArbR/*Blomeyer*, § 95 Rn. 12.
[373] ErfK/*Preis*, § 611 BGB Rn. 703.

dem verfassungsrechtlich geschützten Persönlichkeitsrecht hergeleitet[374]. Zumindest die Begründung wurde von der Literatur kritisiert[375]; man erhalte durch eine nur schwammige Interessenabwägung eine

> „manipulierbare Manövriermasse, mit der alles oder nichts begründet werden kann"[376].

Die Stütze des allgemeinen Persönlichkeitsrechts erwachse einer „Verfassungseuphorie"[377]. Es fehlte also insbesondere an der erforderlichen Rechtssicherheit, um einen möglichen Anspruch klar erkennen zu können. Nach der neueren Rechtsprechung ist das Ergebnis gleich, eine Herleitung des Anspruchs wird aber nunmehr auf die Fürsorgepflicht des Arbeitgebers in Verbindung mit § 242 BGB gestützt[378].

Voraussetzung des allgemeinen Beschäftigungsanspruchs ist lediglich ein bestehendes Arbeitsverhältnis. Daher besteht der Anspruch des Arbeitnehmers grundsätzlich, es sei denn, es sprechen überwiegende Interessen des Arbeitgebers gegen diese Beschäftigung. Weil ein solches überwiegendes Interesse regelmäßig auch einen Grund zur fristlosen Kündigung gibt, streiten die Parteien dann nicht mehr um den allgemeinen Beschäftigungsanspruch, sondern um den Weiterbeschäftigungsanspruch. Der Arbeitgeber nutzt also diese Umstände nicht nur für eine Suspendierung, sondern darüber hinaus für eine fristlose Kündigung.

Ist der Anspruch auf Beschäftigung gegeben, richtet sich sein Inhalt nach dem Arbeitsvertrag. Für Art, Ort und Zeit der Arbeitsleistung gelten die allgemeinen Grundsätze (Seite 57 ff.).

b) Beschäftigungspflicht gegenüber dem Arbeitnehmerähnlichen

Fraglich ist, ob ein solcher Beschäftigungsanspruch auch als Nebenpflicht aus dem Vertragsverhältnis des Arbeitnehmerähnlichen resultiert. Auch für diese Untersuchung muss zwischen den aufgrund Dienstvertrags Tätigen und den aufgrund Werkvertrags Tätigen differenziert werden.

---

[374] BAG v. 10.11.1955, 2 AZR 591/54, AP Nr. 2 zu § 611 BGB Beschäftigungspflicht.

[375] *Fabricius*, Kollision von Beschäftigungspflichten aus Doppelarbeitsverhältnissen, ZfA 1972, S. 35 ff., 40 f.

[376] *Fabricius*, Kollision von Beschäftigungspflichten aus Doppelarbeitsverhältnissen, ZfA 1972, S. 35 ff., 41.

[377] MünchArbR/*Blomeyer*, § 95 Rn. 9.

[378] BAG v. 27.02.1985, GS 1/84, AP Nr. 14 zu § 611 BGB Abhängigkeit.

So besteht zugunsten der Arbeitnehmerähnlichen, die aufgrund eines Werkvertrages tätig sind, die Abnahmepflicht des beauftragenden Bestellers bzw. Rundfunkunternehmens gemäß § 640 Abs. 1 BGB. Während die Beschäftigungspflicht des Arbeitgebers noch als Nebenpflicht gewertet werden konnte, geht man hinsichtlich der Abnahme davon aus, dass sie Hauptleistungspflicht des Bestellers sei[379]. Nach Abschluss eines Werkvertrags im Rahmen des arbeitnehmerähnlichen Vertragsverhältnisses und vertragsgemäßer Herstellung hat der Arbeitnehmerähnliche also einen Anspruch auf Abnahme des Werks. Anders als der Anspruch auf Beschäftigung zielt der Abnahmeanspruch aber nicht auf eine Tätigkeit des Arbeitnehmerähnlichem im Betrieb ab. Denn während der Arbeitsvertrag vorsieht, dass ein Arbeitnehmer bestimmte Tätigkeiten, konkretisiert durch das Direktionsrecht des Arbeitgebers, im Unternehmen des Arbeitgebers erbringt, verlangt der Werkvertrag nur die Herstellung des versprochenen Werks gemäß § 631 Abs. 1 BGB. Dementsprechend beinhaltet die Abnahme des Werks, neben der Billigung als im Wesentlichen vertragsgemäß, lediglich die körperliche Hinnahme des Werks[380]. Anders als dem Arbeitnehmer muss dem Arbeitnehmerähnlichen hierfür aber kein Arbeitsplatz zur Verfügung gestellt werden. Dies kann möglicherweise dann anders beurteilt werden, wenn der Arbeitnehmerähnliche auf das Team des Unternehmens oder auf die technischen Einrichtungen angewiesen ist. Hier finden sich aber keine Regelungen in den Tarifverträgen; ob dies individualvertraglich bei Abschluss eines arbeitnehmerähnlichen Verhältnisses oder bei Abschluss eines konkreten Werkvertrags geschieht, ist fraglich. Zumindest kann nicht pauschal davon ausgegangen werden, dass einem Arbeitnehmerähnlichen, der die technischen oder personellen Einrichtungen des Unternehmens in Anspruch nehmen will, dieser Anspruch auch gewährt werden muss; hier kann lediglich eine Mitwirkungshandlung des Unternehmens nach § 642 BGB konstruiert werden. Die Mitwirkungshandlung stellt aber nur eine Gläubigerobliegenheit dar, die dem Werkhersteller keinen Anspruch auf Erfüllung der Mitwirkungshandlung gibt. Unabhängig von einem solchen Nutzungsrecht zielt der Anspruch nur auf Abnahme des Werks durch das Rundfunkunternehmen. Und diese Abnahmepflicht verpflichtet das Rundfunkunternehmen nicht, wie gegenüber dem Arbeitnehmer, zur Verwertung einer bestimmten Leistung. Während der Arbeitnehmer die vertraglich vorgesehene, durch das Direktionsrecht zu konkretisierende Arbeit zugewiesen bekommen

---

[379] BGH v. 23.02.1989, VII ZR 89/87, NJW 1989, 1602; Staudinger/*Peters* § 640 Rn. 42; MüKo/*Soergel,* § 640 Rn. 23.
[380] Staudinger/*Peters*, § 640 Rn. 2 ff.

muss, besteht beim Arbeitnehmerähnlichen nur die Pflicht, das Werk als wesentlich vertragsgemäß in Empfang zu nehmen. Die Leistung des Arbeitnehmers wird also in der Regel auch zur Verwertung und weiteren Verwendung bestimmt sein, weil sie durch den Umstand, dass sie im Betrieb und dadurch auch in einem betrieblich organisierten Team erbracht wird, nur schwer von den restlichen Leistungen, die in einem Betrieb erbracht werden, getrennt werden kann. Dagegen kann das abgenommene Werk von den übrigen Leistungen getrennt und nicht zur weiteren Verwertung vorgesehen werden. Hier besteht auch keine Pflicht zur weiteren Verwertung des Werks: Diese besteht schon nicht aus den werkvertraglichen Regeln, denn was der Besteller nach Abnahme des Werks mit diesem unternimmt, liegt (bei geistigen Werken in den Grenzen des UrhG) allein in seinem Machtbereich. Teilweise sehen es die Tarifverträge sogar ausdrücklich vor, dass der einzelne Werkvertrag

> eine Verpflichtung, das Werk oder die Leistung im Rahmen dieses Vertrags zu nutzen, für den (Sender) nicht begründet[381].

Trotz einer Abnahmepflicht des Unternehmens gibt es keine gesetzliche Pflicht, die vergleichbar der Beschäftigungspflicht dem werkvertraglich Tätigen solche Beschäftigungsrechte oder Verwertungsansprüche verleiht.

Der aufgrund eines Dienstvertrags Verpflichtete kann sich möglicherweise auf einen Beschäftigungsanspruch als Annex zum bestehenden arbeitnehmerähnlichen Dienstvertrag stützen, ähnlich wie ein Arbeitnehmer. Dann müsste ein solcher Anspruch nicht nur für das Arbeitsverhältnis, sondern auch für das arbeitnehmerähnliche Dienstverhältnis konstruiert werden können. Das Dienstvertragsrecht selbst kennt keinen solchen Anspruch. Die Interessen des Dienstverpflichteten werden vielmehr dadurch gewahrt, dass der Dienstverpflichtete bei Annahmeverzug des Dienstberechtigten seinen Anspruch auf die vereinbarte Vergütung behält, ohne zur Nachleistung verpflichtet zu sein[382]. Für das Arbeitsverhältnis als besonderes Dienstverhältnis und personenrechtliches Gemeinschaftsverhältnis werden daher weitere Gründe herangezogen, um dennoch einen dem Arbeitsrecht immanenten Anspruch darzulegen.

Grund für die Annahme einer Beschäftigungspflicht im Rahmen der Rechtsfortbildung ist das Persönlichkeitsrecht und die Menschenwürde des Arbeitneh-

---

[381] Ziff. 10.12. des Tarifvertrags für auf Produktionsdauer Beschäftigte beim NDR.
[382] Staudinger/*Richardi,* § 611 Rn. 903; a.a.O. § 615 Rn. 119 ff.

mers[383]; da das Arbeitsverhältnis die persönliche Eingliederung und Fremdbestimmtheit verlange, könnten auch zusätzliche Pflichten auferlegt werden. Die Arbeit führe zur Entwicklung von geistigen und körperlichen Fähigkeiten und trage deshalb zur Entfaltung der Persönlichkeit und Stellung in der Gesellschaft bei. Es könne dem Arbeitnehmer auch nicht zugemutet werden, langfristig Geld in Empfang zu nehmen, das

nicht durch entsprechende Leistung verdient sei.[384]

Außerdem beweise die Normierung des § 102 Abs. 5 BetrVG das ungeschriebene Bestehen dieses Anspruchs:

Wenn der gekündigte Arbeitnehmer weiterbeschäftigt werden soll, dann kann das nur bedeuten, dass er bis zum rechtskräftigen Abschluss des Kündigungsschutzprozesses seine bisherige Rechtsstellung behalten soll. Es ist kaum anzunehmen, dass der Gesetzgeber dem Arbeitnehmer während des Prozesses mehr Rechte einräumen wollte, als der Arbeitnehmer im vorigen, ungekündigten Arbeitsverhältnis hatte[385].

Um diese Argumente für die Arbeitnehmerähnlichen verwenden zu können, muss eine vergleichbare Interessenlage gegeben sein. So entfaltet der Arbeitnehmer seine Persönlichkeit auch durch die Tätigkeit am Arbeitsplatz, weil er durch seine tägliche Arbeit seine beruflichen Fähigkeiten erhält und ausbildet. Der Grund für die Entfaltung am Arbeitslatz liegt in den Verpflichtungen des Arbeitnehmers. Der Arbeitnehmer ist verpflichtet, während der Arbeitszeit dem Arbeitgeber seine gesamte Arbeitskraft zur Verfügung zu stellen. Nutzt der Arbeitgeber die Potentiale des Arbeitnehmers nicht, darf der Arbeitnehmer seine Arbeitskraft dennoch nicht anderweitig zur Verfügung stellen und damit anderweitig entfalten. Anders ist es aber beim Arbeitnehmerähnlichen: Aufgrund des Rahmenvertrags besteht keine Verpflichtung, Arbeitskraft zur Verfügung zu stellen; durch das Rahmenverhältnis werden lediglich begleitende Rechte und Pflichten vereinbart. Der Arbeitnehmerähnliche kann also während eines bestehenden Rahmenvertrags seine Persönlichkeit unabhängig vom Rundfunkunternehmen entfalten. Der konkrete Dienstvertrag des Arbeitnehmerähnlichen kann zwar wie das Arbeitsverhältnis als personenrechtliches Gemeinschaftsverhältnis qualifiziert werden, das die Persönlichkeit des Arbeitnehmerähnlichen zumindest mitbestimmen kann. Die Dienstverhältnisse bestehen aber nur für kurze

---

[383] BAG vom 27.02.1985, GS 1/84, AP Nr. 14 zu § 611 BGB Beschäftigungspflicht.
[384] BAG vom 27.02.1985, GS 1/84, AP Nr. 14 zu § 611 BGB Beschäftigungspflicht.
[385] BAG vom 27.02.1985, GS 1/84, AP Nr. 14 zu § 611 BGB Beschäftigungspflicht.

Zeiträume, so dass ihr Einfluss auf die Persönlichkeit gering ist – anders als ein Arbeitsverhältnis, das auf Dauer eingegangen ist. Da für die Anerkennung eines Anspruchs auf Beschäftigung ein wesentlicher Einfluss auf die Persönlichkeitsentfaltung bestehen muss, kann ein Beschäftigungsanspruch für kurze Dienstverhältnisse nicht anerkannt werden. Denn das Unternehmen ist durch den zugrunde liegenden Rahmenvertrag nicht verpflicht, weitere Dienstverträge zustande kommen lassen und kann stattdessen eine Ausfallvergütung zahlen. Anders als beim Arbeitnehmerähnlichen ist die Rechtsfolge fehlender Beschäftigung bereits vertraglich vereinbart. Schließlich ist die Situation beim Arbeitnehmerähnlichen anders, weil er im Gegensatz zum Arbeitnehmer seine Dienste nicht weisungsgebunden und in persönlicher Abhängigkeit erbringt. Der Arbeitnehmerähnliche ist also in der Lage, seine durch das Berufsleben definierte, persönliche und gesellschaftliche Stellung in anderen Arbeitsbereichen zu entfalten.

Lediglich in besonderen Konstellationen kann auch dem Arbeitnehmerähnlichen ein Anspruch auf Beschäftigung zukommen, wenn er ein besonderes Interesse an der Beschäftigung hat. Ein solches besonderes Beschäftigungsinteresse hat das LAG München bei einem Moderator erkannt:

> Sein Bekanntheitsgrad und seine Popularität sind ausschlaggebend dafür, ob er gerade auch neben der Tätigkeit beim Beklagten Einkünfte als Moderator von Veranstaltungen oder in Werbemaßnahmen erzielen kann. Der Kläger hat deshalb ein besonderes Beschäftigungsinteresse, soweit nicht überwiegende oder schutzwürdige Interessen des Beklagten entgegenstehen[386].

Ein solches besonderes Beschäftigungsinteresse hat aber nur ein Teil der Arbeitnehmerähnlichen. Es ist erforderlich, dass die Tätigkeit als Arbeitnehmerähnlicher seinen Bekanntheitsgrad beeinflusst und damit die Tätigkeiten, die zur arbeitnehmerähnlichen Tätigkeit hinzutreten, mit der arbeitnehmerähnlichen Tätigkeit stehen oder fallen. Diese Voraussetzung erfüllt etwa ein Moderator, der neben der Radio- oder Fernsehmoderation auch sonstige Veranstaltungen außerhalb des Unternehmens moderiert. In diesen Fällen ist die Beschäftigungspflicht bereits Bestandteil des Rahmenvertrags. Soweit sie nicht ausdrücklich vereinbart ist, besteht sie durch ergänzende Vertragsauslegung gemäß §§ 133, 157 BGB.

Auch das Argument a maiore ad minus, das vor allem die Literatur im Weiterbeschäftigungsanspruch in § 102 Abs. 5 BetrVG erkennt, greift nur für den Arbeitnehmer. Denn für den Arbeitnehmerähnlichen gilt der Weiterbeschäftigungsanspruch nicht, so dass keine Parallele hierzu gezogen werden kann. Ein allgemei-

---

[386] LAG München vom 21.06.1996, 4 Sa 205/96, ZUM-RD 1997, S. 49.

ner Beschäftigungsanspruch ist demnach für den aufgrund Dienstvertrags tätigen Arbeitnehmerähnlichen über den Wortlaut der dienstvertraglichen Vorschriften hinaus abzulehnen.

Demnach besteht für keinen Arbeitnehmerähnlichen ein gesetzlicher Beschäftigungsanspruch. Die Einzel- oder Tarifverträge können hiervon Ausnahmen machen. Ausnahmsweise besteht ein solcher durch ergänzende Vertragsauslegung, wenn die übrige Beschäftigung mit der arbeitnehmerähnlichen Beschäftigung in Zusammenhang steht. Von der Möglichkeit der ausdrücklichen Regelung macht der Hessische Rundfunk Gebrauch: Die Arbeitnehmerähnlichen haben einen Beschäftigungsanspruch in dem Umfang, dass das Entgelt für die Tätigkeit die Höhe des gewährten Bestandsschutzes erreicht[387]. Alle anderen Unternehmen sehen von einer solchen Regelung ab; es werden finanzielle Ausgleichsansprüche zugebilligt, auf die später einzugehen sein wird (Seite 199 ff.).

c) Ergebnis

Nur dem Arbeitnehmer steht während des bestehenden Arbeitsverhältnisses ein Beschäftigungsanspruch gegenüber dem Medienunternehmen zu.

Dagegen haben die Arbeitnehmerähnlichen diese Ansprüche nur ausnahmsweise. Die Rahmenverträge sehen statt einer Beschäftigung einen finanziellen Ausgleichsanspruch vor; darüber hinaus besteht ein Beschäftigungsanspruch nur, wenn ein besonderes Interesse an einer Beschäftigung besteht. Der werkvertraglich tätige Arbeitnehmer hat einen Abnahmeanspruch gegenüber dem Besteller, der dem Beschäftigungsanspruch nicht gleichkommt. Das Werk muss nur als vertragsgemäß entgegengenommen, nicht auch verwertet werden. Der dienstvertraglich tätige Arbeitnehmerähnliche wird nur kurzfristig durch den konkreten Dienstvertrag gebunden, weshalb dieser kurzen Zeit kein ausreichender Einfluss auf die Entfaltung der Persönlichkeit zukommt. Darüber hinaus ist der Beschäftigte durch seine persönliche Unabhängigkeit nicht auf den Arbeitsplatz eines Unternehmens angewiesen, um seine berufliche und persönliche Stellung über diesen einen Arbeitsplatz zu bestimmen; deshalb kann für diesen keine Parallele zum Arbeitnehmer gezogen werden.

---

[387] § 7 des TV über die Gewährung von Bestandsschutz beim HR.

2. Vergütung

Die Hauptpflicht des Arbeitgebers besteht darin, die vereinbarte Vergütung an den Beschäftigten zu zahlen[388], unter der Vergütung versteht man jeden als Gegenleistung für die Arbeitsleistung bestimmten geldwerten Vorteil. Die Vergütung kann sowohl zeit- als auch erfolgsbezogen erfolgen. Eine Zeitvergütung wird als Stunden-, Tages- Wochen- oder Monatsvergütung vereinbart[389]. Wird sie erfolgsbezogen erbracht, steht sie in Abhängigkeit zur Arbeitsmenge[390]. Die gezahlten Vergütungen können individualvertraglich vereinbart werden oder kollektivrechtlich bereits in Tarifverträgen enthalten sein. Besteht auf beiden Seiten Tarifbindung, kann die individuelle Vereinbarung nicht zu Ungunsten des Beschäftigten abweichen[391]. In den meisten Fällen besteht eine kollektivrechtliche Regelung; eine fehlende Tarifbindung wird durch individualvertragliche Bezugnahme auf die Vergütungstarifverträge überbrückt.

a) Entgeltfortzahlungspflicht gegenüber dem Arbeitnehmer

An die Arbeitnehmer zahlen die Medienunternehmen ein auf die Beschäftigungszeit bezogenes Gehalt. Die Höhe des Gehalts richtet sich nach der Art der jeweiligen Tätigkeit des Arbeitnehmers. Die einzelnen Vergütungsgruppen sind in den Gehaltstarifverträgen der einzelnen Unternehmen geregelt und erfolgen immer zeitbezogen.

Gemäß § 614 BGB sind die Gehälter zum Ende der Leistung bzw. der Dienste zu entrichten. Die Vergütung der Arbeitnehmer ist nach Zeitabschnitten bemessen, daher ist die Vergütung am Ende der jeweiligen Zeitabschnitte, also am Monatsende, zu entrichten, § 614, 2. Alt. BGB. Da jeden Monat das gleiche Grundgehalt gezahlt wird, erfolgt die Bezahlung – wie in allen anderen Arbeitsverhältnissen auch – gleichmäßig und regelmäßig spätestens in den ersten Tagen des folgenden Monats.

In den Arbeitsverträgen wird bereits festgelegt, dass das monatliche Arbeitsentgelt spätestens an einem der ersten Tage des Folgemonats gezahlt wird. Erfolgt die Zahlung des Arbeitgebers nicht zum vereinbarten Zeitpunkt, gerät dieser unmittelbar in Schuldnerverzug, § 286 Abs. 2 Nr. 1 BGB.

---

[388] MünchArbR/*Hanau*, § 62 Rn. 1.
[389] Schaub, Arbeitsrechtshandbuch/*Schaub*, § 67 Rn. 4.
[390] Schaub, Arbeitsrechtshandbuch/*Schaub*, § 67 Rn. 30.
[391] Schaub, Arbeitsrechtshandbuch/*Schaub*, § 67 Rn. 2.

b) Pflicht zur Vergütung gegenüber dem Arbeitnehmerähnlichen

Die Höhe der Vergütung der Arbeitnehmerähnlichen richtet sich auch nach den bei den einzelnen Medienunternehmen zustande gekommenen Vergütungstarifverträgen. Je nach Art der Leistung oder des Werks erfolgt eine Einstufung des Mitarbeiters. Die Vergütung wird entweder leistungs- oder erfolgsbezogen (stückmäßig[392]) erbracht. Die Differenzierung muss nicht zwangsläufig mit der Unterscheidung nach Dienst- oder Werkvertrag einhergehen; ebenso kann die werkvertragliche Vergütung an der aufgewendeten Zeit des Arbeitnehmerähnlichen und die dienstvertragliche Vergütung am hergestellten Erfolg orientiert sein. In den meisten Fällen ist für die Arbeitnehmerähnlichen eine zeitbezogene Vergütung vorgesehen, da die Arbeitnehmerähnlichen auch in den meisten Fällen ihre Dienste in der betrieblichen Organisation des Unternehmens erbringen müssen und sich aufgrund des zeitlichen Aufwands auch eine daran orientierte Vergütung anbietet. Ebenso kann aber die Vergütung anhand des Erfolgs der Tätigkeit bemessen werden, etwa bei der Erstellung eines Beitrags für Rundfunk oder Fernsehen. Hier können die Parteien vereinbaren, dass die Bezahlung nicht für jeden Tag oder für jede Stunde der aufgewendeten Zeit erfolgt, sondern für jede Sekunde oder für alle zehn Sekunden der Länge eines Sendebeitrags. So besteht bei manchen Sendern die Regelung, dass für je zehn Sekunden eines zu sendenden Fernsehbeitrags ein Tagessatz an den Arbeitnehmerähnlichen bezahlt wird. Haben die Parteien eine erfolgsbezogene Vergütung vereinbart, so entscheidet der Erfolg der Arbeit über den Verdienst des Arbeitnehmerähnlichen. Erstellt er sein Werk nur langsam, ist die wirtschaftliche Ausbeute geringer als bei der zeitbezogenen Vergütung. Zumindest ist der Arbeitnehmerähnliche in diesem Fall „Herr seiner Zeit", er kann während der Erstellung zusätzlich anderen Tätigkeiten nachgehen, die nicht im Zusammenhang mit der geschuldeten Arbeit stehen.

Der für die Vergütung maßgebliche Erfolg bezieht sich immer nur auf die Fertigstellung des Werks, nicht auf dessen wirtschaftliche Rentabilität. So wird die Vergütung beispielsweise nicht daran geknüpft, wie viele Zuschauer einen Beitrag gesehen haben[393]. Die Beliebtheit der Beiträge des Arbeitnehmerähnlichen bei den Zuschauern kann aber im Rahmen künftiger Verhandlungen berücksichtigt werden.

---

[392] BAG vom 22.04.1998, 5 AZR 342/97, AP Nr. 26 zu § 611 BGB Rundfunk.

Ist eine Vergütung ausnahmsweise nicht vereinbart worden, wird die übliche Vergütung an den Arbeitnehmerähnlichen bezahlt, § 612 Abs. 2 BGB. Eine ähnliche Regelung findet sich in § 632 Abs. 2 BGB, danach ist auch für die Arbeitnehmerähnlichen, die aufgrund eines Werkvertrags tätig werden, die übliche Vergütung zu zahlen.

Die Vergütung des Arbeitnehmerähnlichen, der aufgrund eines Dienstvertrags tätig wird, ist wie die des Arbeitnehmers am Ende des zu vergütenden Zeitabschnitts zu entrichten, § 614, 2. Alt. BGB. Anders als beim Arbeitnehmer sind die zu vergütenden Zeitabschnitte nicht nach Monaten geteilt, sondern werden produktionsbezogen aufgeteilt. So wird die Beschäftigung eines Arbeitnehmerähnlichen für eine wöchentlich erscheinende Sendung nicht monatlich, sondern wöchentlich, also für jede Sendung bzw. Produktion, neu vereinbart. Dieser Zeitraum kann kürzer oder länger sein, je nachdem, in welchem Rhythmus das Unternehmen eine organisatorische Unterbrechung der Beschäftigung als sinnvoll erachtet.

Die Vergütung des aufgrund eines Werkvertrags beschäftigten Arbeitnehmerähnlichen ist nach Abnahme des Werks zu entrichten, § 641 Abs. 1 S. 1 BGB. Auch hier kann sich je nach Umfang des Werks eine Abnahme bereits nach wenigen Tagen, bei kleinen Beiträgen, genauso gut wie nach einigen Monaten, bei der Erstellung ganzer Sendungen, ergeben. Unter Umständen können die Parteien bei der Erstellung eines größeren Werks, das mehrere Monate in Anspruch nimmt, vereinbaren, dass an den Arbeitnehmerähnlichen monatliche Abschlagszahlungen gezahlt werden.

Die Vergütung des Arbeitnehmerähnlichen variiert jeden Monat, da in den meisten Fällen keine gleich bleibende Beschäftigung des Arbeitnehmerähnlichen im Unternehmen erfolgen wird. Organisatorisch wird deshalb am Ende der Beschäftigung oder nach Abnahme des Werks an den Arbeitnehmerähnlichen ein Honorarvertrag gesendet, in dem die geleisteten Arbeiten aufgelistet werden. Der Arbeitnehmerähnliche unterzeichnet diesen Vertrag und sendet ihn an das Unternehmen zurück. Im Unternehmen wird der Vertrag von der Abteilung, die den Arbeitnehmerähnlichen beschäftigt hat, an die Personalabteilung (Abteilung „Honorare und Lizenzen") gesendet, die eine Auszahlung der Vergütung vornimmt. Vor einer Auszahlung werden also mehrere Arbeitsschritte durchgeführt.

---

[393] Eine Ausnahme bilden Leistungen, die neben der Werkleistung nach dem UrhG an den Mitarbeiter zu zahlen sind, diese Zahlungen können durch die Zahl der Zuschauer variieren.

Da die Vergütung erst am Ende aller Arbeitsschritte ausgezahlt wird, gelangt der Arbeitnehmerähnliche oft erst spät an die geschuldete Vergütung.

Das Unternehmen hat sich hier auch nicht in einem zugrunde liegenden Arbeitsvertrag verpflichtet, an einem bestimmten Tag des Folgemonats die Vergütung an den Arbeitnehmerähnlichen zu leisten, weil dies mit der Art der Zahlung nicht vereinbar wäre[394]. Deshalb gerät das Unternehmen auch nicht gemäß § 286 Abs. 2 Nr. 1 BGB mit Ablauf eines bestimmten Tages in Verzug; vielmehr greift hier regelmäßig die Regelung des § 286 Abs. 3 BGB, so dass das Unternehmen erst 30 Tage nach Fälligkeit und Rechnungsstellung, also einer Gegenzeichnung des Dienst- oder Werkvertrags, in Verzug gerät. Oftmals dauert der geschilderte Verwaltungsaufwand bis zum Ende dieser 30 Tage an. Der Arbeitnehmerähnliche erhält also bis zu 30 Tage später seine Vergütung als der Arbeitnehmer.

Häufig liegt die Vergütung der Freien und der Arbeitnehmerähnlichen etwas höher als die Vergütung der Arbeitnehmer des Unternehmens[395]. Dadurch respektieren die Unternehmen zum einen, dass die monatliche Vergütung variieren und dass sich der Arbeitnehmerähnliche nicht wie der Arbeitnehmer auf ein gleich bleibendes Gehalt verlassen kann; die höhere Vergütung erlaubt es dem Arbeitnehmerähnlichen also, stärkere Rücklagen zu bilden. Aber auch die Vorteile des Unternehmens liegen auf der Hand: Ein Arbeitnehmerähnlicher, der ein höheres Einkommen als ein Arbeitnehmer erhält, hat keinen Anlass zu Veränderungen seines rechtlichen Status

c) Ergebnis

Arbeitnehmer und Arbeitnehmerähnliche werden für die erbrachten Leistungen von den Unternehmen vergütet. Während der Arbeitnehmer ein regelmäßiges, monatliches Gehalt erhält, wird an den Arbeitnehmerähnlichen je nach Art, Umfang oder Erfolg seiner Tätigkeit eine von Monat zu Monat variable Vergütung gezahlt. Leistet das Unternehmen an den Arbeitnehmerähnlichen eine erfolgsbezogene Vergütung, kann dieser selbst die „Ertragsdichte" seines Tätigwerdens

---

[394] Ausnahmsweise findet sich eine kollektivrechtliche Regelung, vgl. Ziff. 7.3. des Tarifvertrags für auf Produktionsdauer Beschäftigte beim WDR.
[395] BAG vom 21.01.1998, 5 Az. AZR 50/97, AP Nr. 55 zu § 612 BGB; vgl. *Voß*, ZUM-Sonderheft 2000, S. 614 ff., S. 616; *Dörr*, Rundfunkfreiheit, ZUM-Sonderheft 2000, S. 666 ff., S, 674.

bestimmen. Häufig werden die Arbeitnehmerähnlichen besser vergütet als die Arbeitnehmer.

Beide Formen der Vergütung werden nach Ende der jeweiligen Leistung fällig. Der Verzug tritt bei der Vergütung des Arbeitnehmerähnlichen aber erst später ein als beim Arbeitnehmer; verbunden mit dem erforderlichen Verwaltungsaufwand führt dies dazu, dass der Arbeitnehmerähnliche auch erst später sein Gehalt erhält. Außerdem ist durch die wechselnde Menge des Arbeitsumfangs des Arbeitnehmerähnlichen auch eine wechselnde, monatliche Vergütung gegeben.

3. Entgelt ohne Arbeit

Grundsätzlich wird die geleistete Arbeit vergütet. Im Dienstvertrag stellen Dienstleistung und Vergütungspflicht die synallagmatischen Hauptleistungspflichten dar[396]. Entsprechendes gilt im Werkvertrag. Hier sind Besteller und Unternehmer verpflichtet, das Werk herzustellen und die Vergütung zu zahlen, beide Pflichten stehen auch hier im Synallagma[397].

Muss der zur Arbeit Verpflichtete seine Dienste oder sein Werk nicht mehr erbringen, fällt nach dem gesetzlichen Grundkonzept der §§ 320 ff. BGB auch die im Synallagma stehende Gegenleistungspflicht weg, § 326 Abs. 1, S. 1 HS 1 BGB. Ausnahmsweise bleibt aber die Vergütungspflicht des Arbeitgebers, des Dienstherren oder des Bestellers bestehen; es kann also ausnahmsweise auch dann Entgelt geschuldet sein, wenn keine Gegenleistung erbracht worden ist.

Die Verteilung der Leistungsgefahr wurde bereits weiter oben (Seite 79 ff.) behandelt. Im Folgenden ist Gegenstand der Untersuchung, in welchen Fällen und unter welchen Voraussetzungen an Arbeitnehmer und Arbeitnehmerähnliche Lohn ohne Arbeit geleistet werden muss, wer also die Vergütungsgefahr trägt.

a) Situation der Arbeitnehmer

Die Fallgruppen des „Lohns ohne Arbeit" sind anhand des klassischen Arbeitsverhältnisses entwickelt worden. Grundlage dieser Ausnahmen vom Entgeltausfallprinzip ist es, dass vom Fixschuldcharakter der Arbeitsleistung ausgegangen

---

[396] Palandt/*Weidenkaff*, § 611 Rn. 24, 49.
[397] Palandt/*Weidenkaff*, § 631 Rn. 12, 24 (für den Besteller ist außerdem die Abnahme eine Hauptpflicht).

wird. Dadurch wird die Leistung unmittelbar nach ihrer Nichterbringung – gleich aus welchem Grunde – unmöglich. Nach der gesetzlichen Regelung fällt dadurch auch die Gegenleistungspflicht, die Lohnzahlungspflicht des Arbeitgebers, weg, § 326 Abs. 1 BGB. Gesetz und Rechtsprechung sehen hier aus Gründen der Sicherung der Existenzgrundlage[398] eine Reihe von Ausnahmen vor.

(1) Vom Arbeitgeber zu vertretende Unmöglichkeit, § 326 Abs. 2 S. 1, 1. Alt. BGB

Eine erste Ausnahme regelt § 326 Abs. 2 BGB. Der Arbeitnehmer verliert seinen Anspruch auf Lohnzahlung nicht, wenn der Arbeitgeber für die Umstände, die den Wegfall der Arbeitspflicht verursacht haben, allein oder weit überwiegend verantwortlich ist. Die Verantwortlichkeit des Gläubigers bzw. Arbeitgebers kann nicht unmittelbar nach § 276 BGB bestimmt werden, weil dieser sowohl nach seiner amtlichen Überschrift als auch nach dem Wortlaut seines Absatz 1 auf die Verantwortlichkeit eines Schuldners und nicht eines Gläubigers anzuwenden ist, der Arbeitgeber aber nicht zwangsläufig eine Haupt- oder Nebenpflicht verletzt haben muss, hinsichtlich derer er Schuldner ist. Ein Beispiel für diesen Fall ist die Putzfrau, die das im Eigentum des Arbeitgebers stehende Arbeitsgerät zerstört, aufgrund der Zerstörung wird den übrigen Arbeitnehmern die Arbeit unmöglich. Es ist keine Hauptpflicht des Arbeitgebers, sein Eigentum sorgsam zu behandeln, sondern nur eine Nebenpflicht, dem Arbeitnehmer Arbeitsgerät zur Verfügung zu stellen. In diesem Fall werden die §§ 276 ff. BGB entsprechend angewendet.

(2) Annahmeverzug des Arbeitgebers, § 615 S. 1 BGB

Der Vergütungsanspruch des Arbeitnehmers bleibt auch bestehen, wenn der Arbeitgeber in Annahmeverzug mit der ihm angebotenen Arbeitsleistung gerät, § 615 S. 1 BGB. Für den Begriff des Annahmeverzugs gelten die allgemeinen und bereits dargelegten Regeln des Gläubigerverzugs der §§ 293 ff. BGB (Seite 93 ff.).

(3) Betriebsrisiko, § 615 S. 3 BGB

Ist ein Umstand für die Unmöglichkeit der Erbringung der Arbeitsleistung ursächlich, für den der Arbeitgeber das Risiko trägt, bleibt der Lohnanspruch e-

---

[398] ErfK/*Preis*, § 611 BGB Rn. 842.

benfalls bestehen, § 615 S. 3 BGB. Hierunter sind die Fälle des Betriebsrisikos des Arbeitgebers zu fassen. Unter dem Betriebsrisiko fasst die Rechtsprechung die Fälle zusammen, in denen der Arbeitgeber die Belegschaft ohne eigenes Verschulden aus betriebstechnischen Gründen nicht beschäftigen kann[399]. Beispielsweise hat das BAG das Vorliegen eines Betriebsrisikos angenommen, als durch einen Kurzschluss in der Trafostation einer Fabrik die Maschinen für diesen Arbeitstag nicht mehr verwendet werden konnten und damit die Produktion an diesem Tag eingestellt werden musste[400]. Von diesen Grundsätzen ging das BAG auch aus, als der Arbeitgeber – unverschuldet – die Betriebsräume nicht mehr heizen konnte und durch die dort herrschende Kälte die Produktion ausfallen musste[401]. In Abgrenzung zu den Fällen des § 326 Abs. 2 BGB kommt es beim Betriebsrisiko aufgrund betrieblicher Gründe zum Arbeitsausfall[402]; anders als für § 326 Abs. 2 BGB spielt es bei Beurteilung des Betriebsrisikos auch keine Rolle, ob den Arbeitgeber ein Verschulden trifft. Die Grundzüge des Betriebsrisikos sind durch die Rechtsprechung entwickelt worden[403], im Rahmen der Schuldrechtsreform 2002 in das BGB aufgenommen worden und seit 01.01.2002 in Kraft[404].

(4)   Vorübergehende Verhinderung des Arbeitnehmers, § 616 BGB

Auch eine vorübergehende, in der Person des Arbeitnehmers liegende und unverschuldete Verhinderung lässt dessen Lohnanspruch nicht entfallen, § 616 BGB. Die Verhinderung darf nur eine verhältnismäßig kurze Zeit vorliegen, der Grund der Verhinderung muss in der Person des Arbeitnehmers liegen und schließlich darf der Arbeitnehmer die Verhinderung nicht verschuldet haben[405]. Eine solche Verhinderung besteht beispielsweise, wenn ein Arbeitnehmer seinen staatsbürgerlichen Pflichten, etwa als Zeuge vor Gericht[406], oder sei-

---

[399] BAG vom 22.12.1980, 1 ABR 2/79, AP Nr. 70 zu Art. 9 GG Arbeitskampf.
[400] BAG vom 30.01.1991, 4 AZR 338/90, AP Nr. 33 zu § 615 BGB Betriebsrisiko.
[401] BAG vom 09.03.1983, 4 AZR 301/80, AP Nr. 31 zu § 615 BGB Betriebsrisiko.
[402] MünchArbR/*Boewer*, § 79 Rn. 2.
[403] BAG vom 08.02.1957, 1 AZR 338/55, AP Nr. 2 zu § 615 BGB Betriebsrisiko.
[404] Palandt/*Weidenkaff*, § 615 Rn. 1.
[405] *Löwisch*, Arbeitsrecht, Rn. 996 f.
[406] BAG vom 13.12.2001, 6 AZR 30/01, AP Nr. 103 zu § 616 BGB.

nen religiösen Gebräuchen, so etwa einer kirchlichen Eheschließung[407], nachzukommen hat.

(5) Feiertage, Krankheit, medizinische Vorsorge und Rehabilitation nach EFZG

Auch für Arbeitszeit, die infolge eines gesetzlichen Feiertags ausfällt, hat der Arbeitgeber dem Arbeitnehmer das Arbeitsentgelt zu zahlen, das er ohne den Ausfall der Arbeitszeit erhalten hätte, § 2 Abs. 1 EFZG.

Dies gilt statt des Arbeitsausfalls an Feiertagen auch im Fall der krankheitsbedingten Arbeitsunfähigkeit: Wird ein Arbeitnehmer durch Arbeitsunfähigkeit infolge Krankheit an der Erbringung seiner Arbeitsleistung gehindert, ohne dass ihn ein Verschulden trifft, so hat er Anspruch auf Entgeltfortzahlung im Krankheitsfall durch den Arbeitgeber bis zu einer Dauer von sechs Wochen, § 3 EFZG[408].

(6) Erholungsurlaub nach BUrlG in Verbindung mit dem Arbeitsvertrag

Nach § 1 BUrlG haben die Arbeitnehmer Anspruch auf bezahlten Erholungsurlaub. Die Mindestdauer des jährlichen Erholungsurlaubs beträgt 24 Tage, es wurden bereits die tarifvertraglichen Vereinbarungen zugunsten der Arbeitnehmer bei den unterschiedlichen Unternehmen untersucht (Seite 84). Die Höhe des Urlaubsentgelts regelt § 11 BUrlG; danach bemisst sich diese nach dem durchschnittlichen Entgelt des Arbeitnehmers der letzten 13 Wochen vor Beginn des Urlaubs.

(7) Bildungsurlaub

Nach den Ländergesetzen haben die Arbeitnehmer Anspruch auf bezahlten Bildungsurlaub[409]. Die Länge des Bildungsurlaubs wird in den Ländergesetzen geregelt; die Kompetenz der Länder zur Regelung dieses besonderen Urlaubsanspruchs ergibt sich aus Art. 70 Abs. 1 GG. Der Bildungsurlaubsanspruch tritt neben den Erholungsurlaubsanspruch und gewährt dem Arbeitnehmer für die Zeit des Bildungsurlaubs eine Entgeltfortzahlung.

---

[407] BAG vom 27.04.1983, 4 AZR 506/80, AP Nr. 61 zu § 616 BGB.
[408] *Schoof* in Kittner/Zwanziger, Arbeitsrecht, § 58 Rn. 16.
[409] Vgl. § 2 BFG RP.

(8) Mutterschutzlohn nach § 11 MuSchG

Auch für die Zeit des Mutterschutzes nach §§ 3 Abs. 1, 4, 6 Abs. 2, 3 oder wegen eines Mehr-, Nacht- oder Sonntagsarbeitsverbots besteht eine Entgeltfortzahlung nach § 11 Abs. 1 MuSchG.

(9) Personal- und Betriebsratstätigkeit, § 37 BetrVG

Schließlich geht der Vergütungsanspruch der Arbeitnehmer nicht durch den Umstand unter, dass der Arbeitnehmer während der Arbeitszeit der erforderlichen Betriebsratstätigkeit nachgeht, § 37 Abs. 2 BetrVG.

b) Situation der Arbeitnehmerähnlichen

Im Folgenden sollen die hier aufgezeigten Ausnahmen vom § 326 Abs. 1 BGB auch an der Gruppe der arbeitnehmerähnlich Beschäftigten untersucht werden. Ergeben sich hier Unterschiede, besteht bei der Beschäftigungsgruppe, die sich auf weniger Fallgruppen des „Lohns ohne Arbeit" stützen kann, ein geringerer Sozial- oder Existenzschutz durch das Lohnausfallprinzip.

(1) Vom Beschäftigungsgeber zu vertretende Unmöglichkeit, § 326 Abs. 2 S. 1, 1. Alt. BGB

Fraglich ist, ob der Honoraranspruch des freien Mitarbeiters erhalten bleibt, wenn der Beschäftigungsgeber die Unmöglichkeit zu vertreten hat. § 326 Abs. 2 S. 1, 1. Alt. BGB ist Bestandteil des Allgemeinen Teils des Schuldrechts[410] und gilt damit für alle Rechtsverhältnisse des Besonderen Schuldrechts. Die Norm gilt also nicht nur für das Arbeitsverhältnis, sondern ebenso für die Werk- und allgemeinen Dienstverträge[411]. Für die Arbeitnehmerähnlichen kommen dieselben Grundzüge zur Anwendung wie sie für die Arbeitnehmer gelten. Danach verliert der Arbeitnehmerähnliche seinen Anspruch auf Vergütung nicht, wenn der Beschäftigungsgeber allein oder weit überwiegend für den Umstand verantwortlich ist, der die Leistungserbringung unmöglich gemacht hat.

Die Fälle der Unmöglichkeit, bei denen der Arbeitnehmerähnliche aufgrund eines Dienstvertrags verpflichtet wird, waren bereits Gegenstand der Untersu-

---

[410] Systematische Stellung der Norm: Buch 2 (*Recht der Schuldverhältnisse*), Abschnitt 3 (*Schuldverhältnisse aus Verträgen*), Titel 2 (*Gegenseitiger Vertrag*).
[411] Vgl. *Medicus*, Schuldrecht AT, Rn. 36.

chung (Seite 88 ff.); dabei wurde festgestellt, dass sich keine Unterschiede zum Arbeitnehmer hinsichtlich des Eintritts der Unmöglichkeit ergeben: Bei beiden wird die geschuldete Dienstleistung unmittelbar nach Ablauf des vereinbarten Zeitraums der Leistungserbringung unmöglich. In beiden Fällen kann der Beschäftigungsgeber unterschiedliche Pflichten verletzen; auch für den Beschäftigungsgeber des dienstvertraglich tätigen Arbeitnehmerähnlichen werden die §§ 276 ff. BGB lediglich analog angewendet, wenn lediglich eine Obliegenheit verletzt worden ist. § 326 Abs. 2 BGB wird also für Arbeits- und Dienstnehmer gleich angewandt. Kann ein Mitarbeiter auf den personellen oder technischen Apparat des Medienunternehmens durch eine vom Beschäftigungsgeber verschuldete Handlung nicht zugreifen und deshalb seine Leistungspflicht nicht erfüllen[412], behält der Mitarbeiter seinen Anspruch auf Entgelt unabhängig davon, ob der Mitarbeiter aufgrund eines Arbeits- oder Dienstvertrags beschäftigt wird.

Für das Schicksal der synallagmatischen Hauptleistungspflicht ergeben sich auch keine Unterschiede zum Arbeitnehmerähnlichen, der aufgrund eines Werkvertrags verpflichtet worden ist. Auch in diesem Fall kann das bestellende Unternehmen für die Umstände, die eine Unmöglichkeit herbeigeführt haben, allein oder weit überwiegend verantwortlich sein. Es ändert sich aber der Umfang der Verantwortlichkeit des Gläubigers bzw. Unternehmens: Da die Arbeitnehmerähnlichen nicht der persönlichen Weisungsgebundenheit unterliegen, sind sie persönlich selbständig und damit auch persönlich verantwortlich. Was die Arbeitnehmerähnlichen in eigener Verantwortung entscheiden, kann nicht vom Unternehmen zu verantworten sein.

Bei den aufgrund eines Werkvertrags verpflichteten Arbeitnehmerähnlichen ist außerdem kein Fall von Unmöglichkeit gegeben, wenn lediglich ein relatives Fixgeschäft vereinbart worden ist (Seite 88 ff.) und der Arbeitnehmerähnliche die Fertigstellung verzögert hat. Hier besteht zugunsten des Unternehmens ein Rücktrittsrecht, und im Fall der Ausübung dieses Gestaltungsrechts wird das ursprüngliche Schuldverhältnis in ein Rückgewährschuldverhältnis umgewandelt. Im Fall des relativen Fixgeschäfts spielt also das Verschulden einer der beiden Parteien für das Schicksal der Gegenleistung keine Rolle. Handelt der Besteller hinsichtlich der Abnahme schuldhaft, so sind die §§ 276 ff. BGB direkt anwendbar, weil die Abnahme im Werkvertrag eine Hauptpflicht des Bestellers darstellt.

---

[412] BAG vom. 17.12.1968, 5 AZR 149/68, AP Nr. 2 zu § 324 BGB.

Eine Besonderheit ergibt sich schließlich für die werkvertraglich beschäftigten Arbeitnehmerähnlichen durch die Regelung des § 645 BGB, da die Sonderregelung des § 645 BGB den §§ 320 ff. BGB vorgeht[413]. § 645 Abs. 1 BGB gilt unmittelbar, wenn ein Mangel an einem vom Besteller gelieferten Stoff gegeben oder das Werk aufgrund einer Anweisung des Unternehmens untergegangen ist und deshalb die Herstellung des Werks unmöglich ist[414]. Darüber hinaus ist § 645 Abs. 1 BGB anzuwenden, wenn ein zufälliger Untergang des Stoffs vor Übergang an den Unternehmer stattfindet[415], wenn ein Fall der Zweckerreichung vorliegt[416] oder wenn die Leistung des Unternehmers aus Umständen untergeht oder unmöglich wird, die in der Person des Bestellers liegen oder auf Handlungen des Bestellers zurückgehen[417]. Ein Fall des § 645 Abs. 1 BGB wäre etwa gegeben, wenn ein Arbeitnehmerähnlicher den Auftrag bekommt, mit einem Prominenten durch die Vermittlung des Rundfunkunternehmens ein Interview zu führen, das Interview vom Prominenten aber abgelehnt wird. Sind die Voraussetzungen des § 645 Abs. 1 BGB gegeben, kann der Arbeitnehmerähnliche einen entsprechenden Teil der geleisteten Vergütung und Ersatz der Auslagen verlangen, § 645 Abs. 1 BGB.

In den Tarifverträgen findet sich die gesetzliche Wertung wieder. Einem werkvertraglich tätigen Arbeitnehmerähnlichen, dessen Beitrag unmöglich wird, wird ein Teil oder unter bestimmten Umständen sogar die gesamte Vergütung gezahlt:

> Unterbleibt die Beschäftigung ganz oder teilweise aus Gründen, die zum Betriebsrisiko des (Senders) gehören, so erhält der Beschäftigte die vereinbarte Vergütung als Ausfallvergütung[418].

Beim ZDF besteht eine ähnliche Regelung, die dem Beschäftigten allerdings nur 75 % der vereinbaren Vergütung gewährt[419]. Nach allen Vereinbarungen muss sich der Beschäftigte den Wert desjenigen anrechnen lassen, was er durch an-

---

[413] BGH v. 21.08.1997, VII ZR 17/96, NJW 1997, S. 3018; Staudinger/*Peters*, § 645 Rn. 7; Palandt/*Sprau*, § 645 Rn. 3.
[414] Palandt/*Sprau*, § 645 Rn. 7.
[415] BGH v. 06.11.1980, VII ZR 47/80; NJW 1981, S. 391.
[416] BGH v. 06.11.1980, VII ZR 47/80; NJW 1981, S. 391.
[417] Palandt/*Sprau*, § 645 Rn. 8.
[418] Ziff. 7.5. des TV für auf Produktionsdauer Beschäftigte beim WDR; Ziff. 4.3. des TV für auf Produktionsdauer Beschäftigte beim NDR.
[419] Ziff. 7.2. TV für auf Produktionsdauer Beschäftigte beim ZDF.

derweitige Verwendung seiner Dienste erwirbt oder infolge des Unterbleibens seiner Beschäftigung an Aufwendungen erspart[420].

(2) Annahmeverzug des Unternehmens

Der Vergütungsanspruch des Arbeitnehmerähnlichen kann auch bestehen bleiben, wenn das Unternehmen in Annahmeverzug der Leistung gerät.

Der aufgrund eines Dienstvertrags tätige Arbeitnehmerähnliche behält seinen Vergütungsanspruch, wenn das Unternehmen in Annahmeverzug der Leistung gerät, § 615 S. 1 BGB. Die Norm gilt nicht nur für das Arbeitsverhältnis, sondern für alle Dienstverhältnisse. Zwar besteht im Arbeitsrecht ein Streit darüber, ob hier ein Fall des Verzugs oder der Unmöglichkeit gegeben sei: Zwischen den beiden Instituten bestehe eine Exklusivität, da der Gläubigerverzug immer auch die Leistungsfähigkeit des Schuldners voraussetze, die bei der Unmöglichkeit nicht mehr vorliegen könne[421]. Dennoch erkennt man die Sonderregelung des § 615 S. 1 BGB auch für das Dienstvertragsrecht an und wendet für die Fälle des Gläubigerverzugs trotz des Fixschuldcharakters der Dienstleistungs- oder Arbeitspflicht die speziellen Verzugsfolgen an[422].

Beim Werkvertrag folgt aus dem Annahmeverzug des Unternehmens nicht zwangsläufig die Unmöglichkeit der Leistungserbringung. Vielmehr kann das vereinbarte Werk auch verspätet hergestellt und abgenommen werden, soweit nicht ein absolutes Fixgeschäft Gegenstand der Vereinbarung war oder der Leistungszweck vollständig weggefallen ist. Im Fall des absoluten Fixgeschäfts sind die Folgen bereits bei der Untersuchung der Unmöglichkeit behandelt worden; dies gilt ebenso für den Fall des Wegfalls des Leistungszwecks (Seite 88 ff.). Wird die Leistungserbringung nach Eintritt des Annahmeverzugs unmöglich, trägt das bestellende Unternehmen die Gefahr des Untergangs, § 644 Abs. 1 S. 2 BGB. Es handelt es sich um eine Spezialregelung, die den in § 326 Abs. 2 S. 1, 2. Alt. BGB enthaltenen Gedanken aufgreift[423]. Ansonsten bleiben das vereinbarte Werk und damit auch die vereinbarte Vergütung nach

---

[420] Ziff. 7.5. des TV für auf Produktionsdauer Beschäftigte beim WDR; Ziff. 4.3. des TV für auf Produktionsdauer Beschäftigte beim NDR; Ziff. 7.2. TV für auf Produktionsdauer Beschäftigte beim ZDF.

[421] Staudinger/*Löwisch*, Vorbem zu §§ 293-304, Rn. 6.

[422] Vgl. Staudinger/*Richardi*, § 615 Rn. 17 ff; *Neuvians*, Arbeitnehmerähnliche Person, S. 102 f.

[423] Staudinger/*Peters,* § 644 Rn. 24.

Abnahme des Werks geschuldet. In diesem Fall kann der Arbeitnehmerähnliche nur seinen Verzugsschaden gegenüber dem Besteller nach §§ 280 Abs. 1, 2, 286 BGB neben seinem Vergütungsanspruch geltend machen.

(3) Betriebsrisiko

Kann die vereinbarte Leistung aufgrund eines Umstandes nicht erbracht werden, der in das Betriebsrisiko des Unternehmens fällt, so bleibt der Vergütungsanspruch des arbeitsvertraglich Verpflichteten bestehen, § 615 S. 3 BGB.

Fraglich ist, ob diese Regelung auch für den Dienstvertrag gilt. Nach dem Wortlaut bestehen hier Zweifel, weil das Gesetz – anders als im übrigen Dienstrecht – nicht den Begriff des Dienstberechtigten und -verpflichteten, sondern den des Arbeitgebers verwendet. Auch die Begründung der Norm durch den Gesetzgeber lässt an ihrer Anwendung für das gesamte Dienstrecht Zweifel bestehen:

„Es sollte deshalb sichergestellt werden, dass der Arbeitgeber auch nach Inkrafttreten des Gesetzes zur Modernisierung des Schuldrechts weiterhin zur Zahlung des Arbeitsentgelts verpflichtet ist, wenn er das Risiko des Arbeitsausfalls trägt. Die Rechtsprechung sollte diesen Grundsatz wie bisher konkretisieren und den Besonderheiten der denkbaren Fallgestaltungen Rechnung tragen."[424]

An anderen Stellen verwendet der Gesetzgeber den Begriff des Arbeitgebers und des Arbeitsverhältnisses gezielt, so dass an diesen Stellen eine Anwendung nur auf die Arbeitsverhältnisse stattfinden soll: Beispielsweise findet § 613a BGB, der im Jahr 1972 in das BGB eingefügt worden ist, nur auf Arbeitsverhältnisse und nicht auf das allgemeine Dienstverhältnis Anwendung[425]. Im Umkehrschluss folgt daraus für den vorliegenden Fall, dass auch nur der Arbeitnehmer gemeint ist. Gegen eine Anwendung nur im Arbeitsverhältnis spricht lediglich, dass das Betriebsrisiko in einer entsprechenden Anwendung der Betriebsrisikolehre immer beim Unternehmer und nicht auch beim nur aufgrund eines Dienstvertrags Tätigen gesehen wurde[426]. Berücksichtigt man das legislative Ziel, Richterrecht zu normieren[427], könnte von einer Anwendung der Betriebsrisikolehre auch auf die allgemeinen Dienstverhältnisse ausgegangen werden. Eine

---

[424] Gesetzentwurf zur Modernisierung des Schuldrechts der Bundesregierung, BT-Drs. 14/6857, S. 48.
[425] BAG v. 13.02.2003, 8 AZR 59/02, AP Nr. 249 zu § 613 a BGB.
[426] OLG Sachsen-Anhalt v. 16.04.2003, 5 U 12/03, GmbHR 2004, S. 423.
[427] BT-Drs. 14/6857, S. 48.

solche weite historisch/ genetische Auslegung kann sich aber nicht über den Wortsinn hinwegsetzen. Zudem muss berücksichtigt werden, dass die Betriebsrisikolehre auch dem Umstand Rechnung trägt, dass dem Arbeitgeber die wirtschaftliche Initiative und das Entscheidungsrecht in betrieblichen Fragen zusteht[428] und dass diese Kompetenz in Korrespondenz mit der persönlichen Abhängigkeit des Arbeitnehmers steht. Diese persönliche Abhängigkeit besteht beim Arbeitnehmerähnlichen aber gerade nicht, denn dieser ist nicht in den Betrieb eingebunden und lediglich wirtschaftlich abhängig. Es muss deshalb davon ausgegangen werden, dass die Betriebsrisikolehre nicht auch für die allgemeinen Dienstverhältnisse angewendet werden kann. Obwohl § 615 S. 1 BGB auch für das Dienstverhältnis zur Anwendung kommt, gilt dies nicht für die in § 615 S. 3 BGB normierte Betriebsrisikolehre. Stattdessen kommt wieder die (allgemeine) Regelung des § 615 S. 1 BGB zur Anwendung, so dass die Fälle des Betriebsrisikos in diesem Fall unter dem Gesichtspunkt des Annahmeverzugs zu prüfen sind.

Daher haben bereits manche Tarifvertragsparteien von ihrer Regelungsbefugnis Gebrauch gemacht und das Betriebsrisiko durch Kollektivvereinbarung auf den Arbeitgeber übertragen: Im Tarifvertrag des WDR ist es vorgesehen, dass der auf Produktionsdauer Beschäftigte die vereinbarte Vergütung als Ausfallvergütung erhält, wenn die Beschäftigung aus Gründen unterbleibt, die zum Betriebsrisikos des Unternehmens gehören[429]. Der Tarifvertrag des NDR trifft eine ähnliche Regelung, wenn er das Bestehenbleiben des Vergütungsanspruchs für die Fälle vorsieht, in denen der Arbeitnehmerähnliche den Wegfall der Beschäftigung nicht zu vertreten hat[430]; dadurch wird dem Unternehmen das Ausfallrisiko auferlegt. Bei anderen Sendern ist eine entsprechende Regelung allerdings nicht vereinbart worden. Schließlich trifft der SWR zumindest eine ähnliche Regelung: Beim SWR werden bei nicht rechtzeitiger Absage einer Beschäftigung des Senders durch diesen 75 % des vereinbarten Honorars als Ausfallhonorar gezahlt[431].

Bei den werkvertraglich tätigen Arbeitnehmerähnlichen besteht gar kein Anlass, § 615 S. 3 BGB entsprechend anwenden zu wollen. Stattdessen kann sich ein

---

[428] MünchArbR/*Boewer*, § 79 Rn. 12.
[429] Ziff. 7.5. des TV für auf Produktionsdauer Beschäftigte beim WDR.
[430] Ziff. 4.3. des TV für Arbeitnehmerähnliche beim NDR.
[431] Ziff. 9 des Mindestbeschäftigungs-TV beim SWR.

ähnlicher Inhalt aus der Norm des § 645 BGB ergeben; der Inhalt der Norm wurde bereits weiter oben (Seite 140 ff.) behandelt.

(4) Vorübergehende Verhinderung zur Leistungserbringung

Fraglich ist, ob die Arbeitnehmerähnlichen auch einen Anspruch auf ihre Vergütung erlangen können, wenn sie vorübergehend an der Leistungserbringung gehindert sind. Für die dienstvertraglich tätigen arbeitnehmerähnlichen Personen kann dies durch eine direkte Anwendung des § 616 S. 1 BGB bejaht werden. Anders als in § 615 S. 3 BGB verwendet § 616 BGB den weiten Begriff der Dienstleistung. Daher geht die einhellige Ansicht auch davon aus, dass § 616 auf alle Dienstverhältnisse Anwendung findet[432]. Es können also zugunsten der Arbeitnehmerähnlichen die gleichen Fallgruppen gebildet werden, die auch für die Arbeitnehmer entschieden worden sind: Die Verhinderung des Beschäftigten aufgrund staatsbürgerlicher Pflichten oder religiösen Brauchtums oder aufgrund des pflegebedürftigen Kindes lassen den Honoraranspruch nicht entfallen. Darüber hinaus kann der Anwendungsbereich bei kurzen Erkrankungen des Arbeitnehmerähnlichen eröffnet sein, wenn sich keine vorrangige Spezialregelung findet.

Zu untersuchen bleibt, ob dieser Grundsatz auch für den aufgrund eines Werkvertrags tätigen Arbeitnehmerähnlichen gilt. Eine direkte Anwendung des § 616 BGB scheidet aus, da Werkverträge von der Norm weder nach ihrem Wortlaut noch von der Systematik des Besonderen Teils des Schuldrechts erfasst werden. Es findet sich auch keine entsprechende Regelung im Werkvertragsrecht. Fraglich ist also, ob hier eine Regelungslücke besteht und die Norm des § 616 BGB daher analog angewendet werden kann. Hier ist jedoch bereits das Vorliegen der erforderlichen Regelungslücke zu verneinen. Anders als im Werkvertrag verliert der Dienstleistende mit dem Versäumnis der Dienste auch seinen Vergütungsanspruch. Die Dienstleistung wird aufgrund ihres Fixschuldcharakters unmöglich, und soweit keine der Parteien die Unmöglichkeit verschuldet hat und keine der hier behandelten Fallgruppen eingreift, geht der Vergütungsanspruch nach § 326 Abs. 1 BGB unter. Für die Fallgruppen des § 616 BGB besteht zwar ein Regelungsbedürfnis, da der Dienstnehmer durch das Lohnausfallprinzip ansonsten keinen Lohn erhalten würde. Anders ist diese Situation aber, wenn eine be-

---

[432] Palandt/*Weidenkaff*, § 616 Rn. 1; ErfK/*Dörner*, § 616 Rn. 3; Staudinger/*Oetker*, § 616 Rn. 30 ff.; *Däubler*, Auswirkungen der Schuldrechtsreform auf das Arbeitsrecht, NZA 2001, S. 1329 ff., S. 1332; *Neuvians*, Arbeitnehmerähnliche Person, S. 103.

stimmte Leistung des Arbeitnehmerähnlichen aufgrund eines Werkvertrags geschuldet wird. Eine vorübergehende Verhinderung während der Erstellung des Werks wirkt sich auf die Pflichten der Parteien nicht aus, weil der Arbeitnehmerähnliche im Rahmen des Werkvertrags dem Besteller keine Arbeit zu festgelegten Zeiten schuldet. Besteht also eine vorübergehende Verhinderung, hat der werkvertraglich Verpflichtete die übrige Zeit bis zum vereinbarten Zeitpunkt der Abgabe des Werks auf dessen Erstellung zu verwenden[433]. Hier zeigen sich auch die beiden Seiten des Werkvertrags: Zum einen hat der werkvertraglich Verpflichtete eine größere Freiheit durch den Umstand, dass er zu jeder Zeit, die in seiner freien Entscheidung steht, das Werk fertig stellen kann; entscheidend für die Pflichten zwischen den Parteien ist nur, dass das Werk zum vereinbarten Zeitpunkt fertig gestellt sein wird. Auf der anderen Seite kann der werkvertraglich Verpflichtete nicht bestimmte persönliche Verhinderungsgründe, die ihn nur vorübergehend an einer Leistungserbringung hindern, auf den Besteller bzw. auf das Unternehmen abwälzen. Der Werkunternehmer trägt also anders als der Dienstverpflichtete ein Zeiteinteilungsrisiko bis zur Fertigstellung des Werks. Sollte die Verhinderung über den Zeitpunkt der vereinbarten Fertigstellung hinweg andauern und das Werk aus diesem Grund nicht zum vereinbarten Zeitpunkt fertig gestellt sein, befindet sich der Schuldner in Verzug nach §§ 280 Abs. 1, 2, 286 BGB, der ein Verschulden voraussetzt. Aufgrund der unterschiedlichen Vertragsgestaltungen bedarf es aber keines Rückgriffs auf die Regelung des § 616 BGB für den Werkunternehmer. Diese Argumentation greift aber nicht, wenn die Leistungszeit des werkvertraglich tätigen Arbeitnehmerähnlichen festgelegt wird, weil die Arbeit im Team erbracht werden muss und damit die zeitliche Bindung durch die Bindung an das Team der übrigen Mitarbeiter entsteht oder weil die Zeit von Beauftragung bis zur Fertigstellung des Werks so kurz bemessen ist, dass dadurch eine Festlegung der Leistungszeit erfolgt. Für diese Fälle würde die Regelung des § 616 BGB auch für die werkvertraglich tätigen Arbeitnehmerähnlichen einen eigenen Anwendungsbereich haben; daher sehen es einige Tarifverträge vor, dass bei einer Verhinderung aus persönlichen Gründen für eine verhältnismäßig kurze Zeit eine Entgeltfortzahlung stattfindet[434]. Darüber hinaus eine analoge Anwendung anzunehmen ist nicht möglich, weil die Interessenlage des werkvertraglich Tätigen durch die

---

[433] *Hromadka*, Arbeitsrecht der arbeitnehmerähnlichen Selbständigen, FS Söllner, S. 462, S. 473.

[434] Ziff. 6.3. des TV für auf Produktionsdauer Beschäftigte beim NDR; Ziff. 3.5. des Mindestbeschäftigungs-TV beim SWR; Ziff. 7.6.2. des TV für Arbeitnehmerähnliche beim WDR.

unterschiedliche Risikoverteilung nicht vergleichbar ist und es damit auch an der Planwidrigkeit der Regelungslücke fehlt.

Für den dienstvertraglich tätigen Arbeitnehmerähnlichen findet also die Norm des § 616 BGB Anwendung, für den werkvertraglich tätigen Arbeitnehmerähnlichen dagegen nicht.

(5) Entgeltfortzahlung während Krankheit und Feiertagen

Fraglich ist das Schicksal der Gegenleistung für die Arbeitnehmerähnlichen in den Fällen des Arbeitsausfalls während gesetzlicher Feiertage und krankheitsbedingter Arbeitsunfähigkeit.

Nach § 1 Abs. 1 EFZG gilt das Entgeltfortzahlungsgesetz nicht für Arbeitnehmerähnliche; das EFZG regelt nur die Zahlung und Fortzahlung von Arbeitsentgelt an Arbeitnehmer. § 1 Abs. 2 EFZG kennt nur Arbeiter und Angestellte[435]. Nur für Heimarbeiter sieht das EFZG Ausnahmen vor: Nach §§ 10, 11 EFZG erhalten diese auch eine Lohnfortzahlung an Feiertagen und während der Krankheit. Wie bereits weiter oben (Seite 72 ff.) ausgeführt wurde, handelt es sich bei den in Heimarbeit Beschäftigten zwar um arbeitnehmerähnliche Personen, sie stellen aber nur eine Teilmenge dar und sind für die untersuchte Gruppe der in den Medienunternehmen Beschäftigten nicht relevant.

Eine analoge Anwendung des EFZG für die übrigen Arbeitnehmerähnlichen kommt nicht in Betracht, weil es an der erforderlichen Planwidrigkeit der Regelungslücke fehlt[436]: Dem Gesetzgeber ist der Ausschluss der Arbeitnehmerähnlichen aus dem Kreis der Privilegierten bewusst, wenn er sich durch die Gesetzesformulierung auf das Arbeitsverhältnis beschränkt. Dies wird daran deutlich, dass es arbeitsrechtliche Gesetze gibt, die den Arbeitnehmerähnlichen besonders erwähnen[437]. Ist dagegen eine Einbeziehung des Arbeitnehmerähnlichen nicht gewollt, bezieht sich der Wortlaut nur auf das Arbeitsverhältnis oder möglicherweise – wie hier – lediglich auf die in Heimarbeit Beschäftigten.

Der dienstvertraglich tätige Arbeitnehmerähnliche behält seinen Honoraranspruch, wenn er lediglich kurze Zeit erkrankt, nach § 616 S. 1 BGB.

---

[435] MüKo/*Müller-Glöge*, § 1 EFZG Rn. 5.
[436] MüKo/*Müller-Glöge*; § 1 EFZG Rn. 7; argumentum e contrario, vgl. *Larenz*, die Feststellung von Lücken im Gesetz, §§ 35 f.; aA *Hromadka*, Arbeitnehmerähnliche Person, NZA 1997, S. 1249.
[437] Wie das BUrlG, vgl. § 2 S. 2 BUrlG.

Eine andere Regelung gibt es nicht. Weder das Dienstvertrags- noch das Werkvertragsrecht kennen eine entsprechende Krankheits- oder Feiertagsregelung. Nach der gesetzlichen Konzeption obliegt eine entsprechende Berücksichtigung von Feiertagen und Krankheitszeiten von Unternehmer oder Dienstverpflichtetem hinsichtlich einer Vergütung der allgemeinen Preisgestaltung im Vertrag: Da Dienst- und Werknehmer auch in der arbeitnehmerähnlichen Konstellation ihre persönliche Unabhängigkeit bewahren, haben sie grundsätzlich in eigener Verantwortung dafür Sorge zu tragen, für Sonn- und Feiertage, aber insbesondere für die Tage krankheitsbedingter Arbeitsunfähigkeit, eine wirtschaftliche Absicherung zu schaffen. Der Dienst- oder Werknehmer muss also bei Abschluss des Vertrags darauf achten, einen zusätzlichen Betrag für mögliche Krankheiten einzuplanen.

Diesen Gedanken berücksichtigen natürlich in erster Linie die klassischen Selbständigen, die ein Gewerbe betreiben oder einen Freien Beruf ausüben, im Rahmen ihrer wirtschaftlichen Dispositionen, sie können das Krankheitsrisiko gegebenenfalls versichern. Versicherungen bieten flexible Regelungen an; so kann ein Selbständiger wählen, ob eine Entgeltfortzahlung direkt ab dem ersten Krankheitstag oder erst nach einigen Tagen oder Wochen eintreten soll.

Die Arbeitnehmerähnlichen brauchen keine Versicherung, weil die Tarifverträge insoweit Regelungen enthalten. Für Arbeitnehmerähnliche findet unabhängig davon, ob der Tätigkeit ein Dienst- oder Werkvertrag zugrunde liegt, eine Entgeltfortzahlung durch Ausfallvergütung zwischen 75 % und 100 % für die Zeit der Krankheit statt. Wie lange der Zeitraum der Entgeltfortzahlung andauert, ist häufig an die Dauer der Beschäftigung des Arbeitnehmerähnlichen geknüpft. Teilweise besteht eine abschließende Regelung in den Tarifverträgen. So wird beispielsweise beim HR und beim BR ab dem ersten Tag der krankheitsbedingten Arbeitsunfähigkeit eine Fortzahlung der Vergütungen an den Arbeitnehmerähnlichen gewährt[438]. Beim ZDF wird ein Zuschuss von 75 % gezahlt, wenn die Arbeitsunfähigkeit länger als drei Tage andauert[439]; dauert die Arbeitsunfähigkeit keine drei Tage, besteht kein Anspruch. Diese Regelung vermeidet eine Entgeltfortzahlung für die Fälle eines „verlängerten Wochenendes" oder der „Montagsmüdigkeit". Bei SR und MDR werden ab dem ersten Tag Fortzahlun-

---

[438] § 8 des Tarifvertrags über die Gewährung von Sozialleistungen beim HR; Ziff. 4.1., 3.1. des Durchführungs-Tarifvertrags Nr. 1 beim BR.
[439] § 2 des Ergänzungs-Tarifvertrags Nr. 2 beim ZDF.

gen in Höhe von 75 % erbracht[440]. Einige Unternehmen bauen dagegen die Entgeltfortzahlung zweistufig auf. Einen ersten Fortzahlungsanspruch regelt ein „Mindestbedingungen-" Tarifvertrag für auf Produktionsdauer Beschäftigte, der nicht nur für die dauerhaft tätigen Arbeitnehmerähnlichen gilt, sondern ebenso für die nur selten oder einmalig beschäftigten freien Mitarbeiter[441]. Eine zweite Stufe der Entgeltfortzahlung findet nur für die Arbeitnehmerähnlichen statt, beginnend ab dem vierten Tag der krankheitsbedingten Arbeitsunfähigkeit[442]. In allen Tarifverträgen richtet sich die Höhe der Entgeltfortzahlung nach dem durchschnittlichen Verdienst des letzten Jahres der Beschäftigung. Richtwert des fortgezahlten Betrags ist daher immer 1/365 des letzten Jahres der Beschäftigung. Je nachdem, wie lange ein Arbeitnehmerähnlicher bereits bei einem Unternehmen beschäftigt ist, verlängert sich die Entgeltfortzahlung. Sie dauert mindestens 6 Wochen und kann, gestaffelt nach fünfjähriger bis fünfundzwanzigjähriger[443] Zugehörigkeit, bis zu 52 Wochen betragen. Darüber hinaus wird es in den meisten Fällen zur Voraussetzung des Fortzahlungsanspruchs gemacht, dass ein ausreichendes ärztliches Attest zum Nachweis der krankheitsbedingten Arbeitsunfähigkeit vorgelegt wird[444]; bei Nichtvorlage eines Attests besteht also – wie bei den Arbeitnehmern – kein Zurückbehaltungsrecht für einen bestehenden Anspruch, sondern der Anspruch gelangt erst gar nicht zum Entstehen. Durch diese unterschiedliche rechtliche Gestaltung bestehen auch in diesem Bereich Unterschiede für die Praxis: Während der Arbeitnehmer die Fälligkeit der Entgeltfortzahlung bereits telefonisch bewirken kann, muss der Arbeitnehmerähnliche zusätzlich einen Arzt konsultieren, um das für eine Entgeltfortzahlung erforderliche Attest zu erlangen.

---

[440] Ziff. 5.3. des TV für Freie Mitarbeiterinnen und Freie Mitarbeiter beim MDR.

[441] Ziff. 3.5. des Tarifvertrags für die Mindestbedingungen der beim SWR Beschäftigten; Ziff. 6.2. des TV für auf Produktionsdauer Beschäftigte beim NDR; Ziff. 7.6. des Tarifvertrags für auf Produktionsdauer Beschäftigte beim WDR.

[442] Ziff. 1.1. des Durchführungs-Tarifvertrags beim NDR; Ziff. 6.1. des Tarifvertrags für Arbeitnehmerähnliche beim SWR; § 9 des Tarifvertrags für Arbeitnehmerähnliche beim WDR.

[443] Ziff. 4.2. des Durchführungs-TV Nr. 1 beim BR.

[444] Ziff. 1.1. des Durchführungs-TV beim NDR; Ziff. 6.1., 6.4. des TV für Arbeitnehmerähnliche beim SWR; Ziff. 7.1., 7.3. des TV für Arbeitnehmerähnliche beim SR; Ziff. 5.3.1. des TV für Freie Mitarbeiter beim MDR; Ziff. 7.6.1. des Produktionsdauer-TV und § 9 Abs. 1 des ANÄ-TV beim WDR; Ziff. 2.1. des Durchführungs-TV Nr. 1 beim BR; §§ 2, 5 des Ergänzungs-Tarifvertrags Nr. 2 beim ZDF.

Die Entgeltfortzahlung findet unabhängig von den zugrunde liegenden Dienst- oder Werkverträgen statt. Voraussetzung ist lediglich die Arbeitnehmerähnlichkeit und die Tätigkeit für das Unternehmen in den letzten 12 Monaten[445]. Es spielt also für eine Entgeltfortzahlung keine Rolle, ob der Arbeitnehmerähnliche zum Zeitpunkt seiner Krankheit durch einen Dienst- oder Werkvertrag gegenüber dem Unternehmen zur Leistung verpflichtet ist. Wie ein Arbeitnehmer zeigt der Arbeitnehmerähnliche dem Medienunternehmen seine krankheitsbedingte Arbeitsunfähigkeit unter Vorlage des ärztlichen Attests an. Darauf werden die krankheitsbedingten Zahlungen an den Mitarbeiter vorgenommen. Hat der Arbeitnehmerähnliche während der Krankheit auch dienst- oder werkvertragliche Pflichten, ist außerdem der organisatorische Hinweis an das Unternehmen erforderlich, dass er seine Pflichten aufgrund seiner Erkrankung nicht erfüllen kann. Ist ein Arbeitnehmerähnlicher für mehrere Medienunternehmen tätig, muss er seine tariflichen Ansprüche allen Medienunternehmen gegenüber geltend machen. Der Fortzahlungsanspruch gegen ein Medienunternehmen richtet sich nach dem durchschnittlichen Honorar der vergangenen 12 Monate in diesem Unternehmen. Zusätzliches Einkommen, das der Beschäftigte bei anderen Unternehmen durch arbeitnehmerähnliche Tätigkeiten erwirtschaft hat, bleibt also außer Betracht. Will der Arbeitnehmerähnliche eine Fortzahlung erreichen, die sich an seinem persönlichen (Gesamt-)Honorar ausrichtet, muss er den Anspruch gegen alle Medienunternehmen geltend machen, in denen er als Arbeitnehmerähnlicher tätig ist.

Es gibt keine gesetzliche Entgeltfortzahlung im Krankheitsfall für die Arbeitnehmerähnlichen. Die Medienunternehmen haben mit den Tarifvertragsparteien von ihrer Regelungsbefugnis Gebrauch gemacht und entsprechende Tarifverträge geschlossen. Eine Feiertagsregelung zugunsten der Arbeitnehmerähnlichen existiert nicht und ist auch nicht Gegenstand der geschlossenen Tarifverträge.

---

[445] Ziff. 1.1. des Durchführungs-TV Nr. 1 beim BR; § 9 Abs. 1 des TV über Sozial- und Bestandsschutz beim NDR; § 2 des ErgänzungsTV Nr.2 beim ZDF; Ziff. 1.1. des TV über Zahlungen im Krankheitsfall für ANÄ beim NDR; Ziff. 6.1. des TV für ANÄ beim SWR; § 8 des TV über die Gewährung von Soziall. für ANÄ beim HR; Ziff. 7 des ANÄ-TV beim SR.

(6) Urlaub

Fraglich ist, ob den Arbeitnehmerähnlichen ein Anspruch während ihres Erholungsurlaubs zukommt. Nach § 2 BUrlG gelten als Arbeitnehmer

auch Personen, die wegen ihrer wirtschaftlichen Unselbständigkeit als arbeitnehmerähnliche Personen anzusehen sind.

Gesetzliche Mindestdauer des Urlaubs und die sonstigen Regelungen des BUrlG finden also auf die Arbeitnehmerähnlichen direkte Anwendung. Die Dauer des Urlaubs für die Arbeitnehmerähnlichen wurde bereits weiter oben (Seite 96 ff.) dargestellt. Danach steht dem Arbeitnehmerähnlichen ein Anspruch auf bezahlte Freizeit zu. Die Höhe der Bezahlung während der Freizeit wird anhand unterschiedlicher Berechnungsmethoden bestimmt. Das Bedürfnis nach einer Festlegung ergibt sich aus dem Umstand, dass der Arbeitnehmerähnliche aufgrund verschiedener Verträge tätig werden kann, die möglicherweise unterschiedlich vergütet werden. In der Regel nehmen daher die Medienunternehmen den durchschnittlichen Tagesverdienst der letzten 12 Monate zum Maßstab einer tageweisen Bezahlung der für die zur Erholung freigegebenen Arbeitstage[446]. Beim MDR werden den Arbeitnehmerähnlichen 0,3 % der letzten Jahresgesamtvergütung für jeden Urlaubstag ausgezahlt[447]. Nach dem gleichen Prinzip zahlt der BR eine höhere Urlaubsvergütung in Höhe von 1/250 des letzten Jahreseinkommens[448]. Der Urlaub wird aufgrund des Rahmenvertrags gewährt.

(7) Bildungsurlaub

Möglicherweise kann Vergütung ohne Leistung auch im Fall des Bildungsurlaubs beansprucht werden. Bezahlter Bildungsurlaub kann entweder in den Bildungsgesetzen der Länder oder in den Tarifverträgen gewährt werden. In Rheinland-Pfalz besteht beispielsweise ein Anspruch auf Freistellung unter Fortzahlung des Arbeitsentgelts nach § 1 Abs. 1, 2 BFG RP auch für Arbeitnehmerähnliche. Entsprechendes gilt in Hessen nach § 1 BildUrlG Hessen. Besteht kein Entgeltfortzahlungsanspruch nach einem Landesbildungsgesetz, können die Ta-

---

[446] § 8 Abs. 6 Bestandsschutz-TV beim WDR; § 3 Erg.-TV Nr. 1 (Urlaubs-TV) für ANÄ beim ZDF; Ziff. 3.1. Urlaubs-TV beim NDR; Ziff. 7.5. ANÄ-TV beim SWR; Ziff. 6.4. ANÄ-TV beim SR.
[447] Ziff. 5.4.2. des ANÄ-TV beim MDR.
[448] Ziff. 3 des Durchführungs-TV Nr. 3 (Urlaubs-TV) beim BR.

rifvertragsparteien eine solche Regelung treffen, wie dies beispielsweise beim BR geschehen ist[449].

(8) MuSchG

Im Rahmen der Befreiung von der Leistungspflicht wurde bereits bei der Frage der Leistungspflicht angesprochen (Seite 99 ff.), dass den Arbeitnehmerähnlichen ein Anspruch nach den jeweils bestehenden Tarifverträgen zusteht, der dem nach MuSchG vergleichbar ist. Während des gesetzlichen Beschäftigungsverbots der §§ 3, 6 MuSchG – also sechs Wochen vor und acht Wochen nach dem Zeitpunkt der Entbindung – gewähren der NDR, SWR, HR, MDR, WDR, BR und das ZDF[450] eine Entgeltfortzahlung, so dass die Existenzgrundlage nach dem durchschnittlichen, vergangenen Verdienst der arbeitnehmerähnlichen Mutter gesichert ist.

(9) Personal- und Betriebsratstätigkeit

Es wurde bereits festgestellt, dass keine passive Wählbarkeit der Arbeitnehmerähnlichen in den Betriebsrat besteht. Da eine Befreiung unter Entgeltfortzahlung nach § 37 BetrVG aber nur Mitgliedern des Betriebsrats gewährt werden kann, ist die Betriebsratstätigkeit keine Fallgruppe der Vergütung ohne Leistung. Etwas anderes gilt nur, wenn auch die Arbeitnehmerähnlichen Mitglied des Betriebs- oder Personalrats sein können, wie dies im Saarland, in Rheinland-Pfalz und in Hessen der Fall ist: Wählbar ist nach den Landesgesetzen, wer wahlberechtigt ist[451]. Wahlberechtigt sind die Beschäftigten oder Angehörigen einer Dienststelle[452]; als Beschäftigte bzw. Angehörige einer Dienststelle zählen auch die arbeitnehmerähnlichen Personen[453]. In diesen Fällen haben auch die Arbeit-

---

[449] Ziff. 1 f. des Durchführungs-TV Nr. 7, Fort- und Weiterbildungsmaßnahmen für arbeitnehmerähnliche Personen beim BR.

[450] § 2 TV über Zahlung von Zuschüssen bei der Schwangerschaft arbeitnehmerähnlicher Personen beim NDR; Ziff. 6.8. ANÄ-TV beim SWR; § 8 Tarifvertrag für ANÄ über die Gewährung von Sozialleistungen beim HR; Ziff. 5.5.1. ANÄ-TV beim MDR; § 10 Abs. 4 ANÄ-TV beim WDR; Ziff. 4.1. DV-TV Nr. 2 beim BR; Ergänzungs-TV Nr. 3 beim ZDF; Ziff. 7.1. ANÄ-TV beim SR.

[451] § 11 Abs. 1 PersVG RP; § 13 Abs. 1 PersVG Saarland; § 10 Abs. 1 PersVG Hessen.

[452] § 9 Abs. 1 PersVG Hessen; § 12 Abs. 1 PersVG Saarland; § 10 Abs. 1 PersVG RP.

[453] § 4 Abs. 1 PersVG RP; § 110 Abs. 3 PersVG Saarland; § 3 Abs. 1 PersVG Hessen.

nehmerähnlichen einen Anspruch auf Honorarfortzahlung, wenn sie dem Personal- oder Betriebsrat angehören[454].

c) Ergebnis

Die Arbeitnehmer können in mehr Konstellationen als die Arbeitnehmerähnlichen ihre Vergütung beanspruchen, ohne die geschuldete Leistung erbracht zu haben. Oft werden die Ansprüche nicht aufgrund gesetzlicher, sondern aufgrund kollektivvertraglicher Regelungen gewährt.

Der Anspruch aller Beschäftigten bleibt bestehen, wenn die Leistung aufgrund eines vom Unternehmen zu vertretenden Umstands unmöglich wird. Während sich Arbeitnehmer auf § 615 S. 3 BGB und auf § 326 Abs. 2 S. 1 BGB stützen, besteht der Anspruch des Werkunternehmers aufgrund des § 645 Abs. 1 BGB und des § 326 Abs. 2 S. 1 BGB: Der Vergütungsanspruch bleibt auch bestehen, wenn die Unmöglichkeit Folge einer Anweisung oder eines bestimmten, vom Besteller bzw. vom Unternehmen gelieferten Stoffs ist. Der Dienstnehmer stützt sich auf § 326 Abs. 2 S. 1 BGB; nur in Ausnahmefällen sieht zu seinen Gunsten ein Tarifvertrag eine Regelung vor, die der des § 615 S. 3 BGB vergleichbar ist.

Der Vergütungsanspruch von Dienst- und Arbeitnehmer bleibt auch bestehen, wenn das Unternehmen in Annahmeverzug gerät, § 615 BGB.

Bei vorübergehender Verhinderung behalten der Dienst- und der Arbeitnehmer ihren Anspruch gemäß § 616 BGB. Eine solche Regelung wird für den Werkvertragsnehmer nur ausnahmsweise in den Tarifverträgen vorgesehen; sie ist aber auch nicht erforderlich, da der Werkvertragsunternehmer seine Zeit selbst einteilt und deshalb dafür Sorge tragen muss, dass das Werk bis zum vereinbarten Termin unabhängig von persönlichen Verhinderungen fertig gestellt ist.

Bei krankheitsbedingter Arbeitsunfähigkeit besteht ein Anspruch der Arbeitnehmer gemäß den Regelungen des EFZG. Für die Arbeitnehmerähnlichen kommt das EFZG nicht zur Anwendung. Stattdessen bestehen für sie in den Tarifverträgen Regelugen, die den Regelungen der Arbeitnehmer nahe kommen. Oft wird nur eine geringere Vergütung, etwa 75 % der normalen Vergütung, während der Krankheit gezahlt; in den meisten Fällen geschieht dies aber mindestens für eine Dauer von sechs Wochen.

---

[454] BAG vom 20.01.2004, 9 AZR 291/02, AP Nr. 1 zu § 112 LPVG RP.

Sowohl die Arbeitnehmer als auch die Arbeitnehmerähnlichen können ihren Anspruch auf Erholungsurlaub auf das BUrlG in Verbindung mit den geschlossenen Tarifverträgen stützen. Zur Bestimmung des fortzuzahlenden Entgelts ist aufgrund der schwankenden Einkünfte der Arbeitnehmerähnlichen lediglich eine besondere Berechnungsmethode erforderlich.

Arbeitnehmer und Arbeitnehmerähnliche können eine Entgeltfortzahlung während eines Bildungsurlaubs beantragen; einen entsprechenden Anspruch gewähren die Bildungsgesetze der Länder oder die Tarifverträge.

Schließlich besteht für die Arbeitnehmer während der Tätigkeiten für Betriebs- oder Personalrat ein Anspruch auf Entgeltfortzahlung. Dieser Anspruch besteht nicht für die Arbeitnehmerähnlichen, da sie in dieser Stellung nicht für den Betriebs- und Personalrat wählbar sind und demnach auch keine Freistellung für die Gremien bedürfen. Eine Ausnahme gilt für Hessen, das Saarland und für Rheinland-Pfalz.

Im Ergebnis kommt sowohl den Arbeitnehmern als auch den Arbeitnehmerähnlichen ein Schutz der Vergütung im Fall der Nichterbringung der Leistungspflichten zugute. Der größte Unterschied zwischen den Beschäftigten ergibt sich bei den werkvertraglich tätigen Arbeitnehmerähnlichen. Dies liegt aber in der Natur des geschuldeten Werks begründet: Für die dienstvertraglich Tätigen ist eine Nachholung der Dienste aufgrund des Fixschuldcharakters nicht möglich, während die verspätete Fertigstellung eines Werks grundsätzlich nicht zur Unmöglichkeit führt und deshalb auch keine Vergütung trotz Nichtleistung gezahlt werden muss, denn die Leistung bleibt in diesen Fällen möglich.

4. Anspruch auf Erteilung eines Zeugnisses

Nach Beendigung einer Beschäftigung kann ein berechtigtes Interesse des Beschäftigten daran bestehen, dass der Beschäftigungsgeber die Arbeiten des Beschäftigten qualifiziert. Das Zeugnis dient dem beruflichen Fortkommen des Beschäftigten; es ist Bewerbungsunterlage und damit die Visitenkarte eines Arbeitnehmers bei seiner Stellensuche[455]. Fraglich ist, ob beiden Beschäftigungsgruppen ein Anspruch auf Erteilung eines Zeugnisses gegen das Unternehmen zusteht.

---

[455] MüKo/*Henssler*, § 630 Rn. 4; *Hohmeister*, Zeugnisanspruch, NZA 1998, S. 571 ff.

a) Arbeitnehmer

Der Arbeitnehmer kann seinen Anspruch auf Erteilung eines Zeugnisses auf § 109 GewO stützen. Zwar besteht auch gemäß § 630 BGB ein Anspruch auf Erteilung eines Zeugnisses; § 109 GewO ist aber die speziellere Norm, da sie in ihrem Wortlaut nicht auf das allgemeine Dienstverhältnis, sondern auf das Arbeitsverhältnis Bezug nimmt. Darüber hinaus besteht hier auch ein Fall der formellen Spezialität, da § 630 S. 4 BGB anordnet, dass für Arbeitnehmer die Norm der Gewerbeordnung Anwendung finden soll[456].

Voraussetzung für die Erteilung eines Zeugnisses ist nach § 109 GewO, dass ein Arbeitsverhältnis besteht oder bestanden hat und dass das Zeugnis aus Anlass der Beendigung des Arbeitsverhältnisses ausgestellt wird[457]. Nach Wahl des Arbeitnehmers hat der Arbeitgeber ein einfaches oder ein qualifiziertes Zeugnis auszustellen.

Die Tarifverträge regeln in den meisten Fällen[458] zusätzlich den Anspruch des Arbeitnehmers auf die Erteilung eines einfachen oder qualifizierten Zeugnisses. Darüber hinaus sehen die Tarifverträge die Erteilung eines Zwischenzeugnisses auf Verlangen des Arbeitnehmers vor[459].

b) Arbeitnehmerähnliche

Gegenstand der weiteren Untersuchung ist, ob auch die Arbeitnehmerähnlichen einen Anspruch auf Erteilung eines Zeugnisses haben. Werden sie aufgrund eines Dienstvertrags tätig, ergibt sich der Anspruch aus § 630 BGB. Die Norm gilt nicht für die spezielleren Arbeitsverhältnisse, sondern für alle dauernden Dienstverhältnisse, § 630 S. 1 BGB. Zwar wird im Schrifttum eine teleologische Reduktion der Norm erwogen, weil es nicht sein könne, dass beispielsweise ein Rechtsanwalt Anspruch auf Erteilung eines Zeugnisses bei langfristigen Mandaten habe[460]. Einigkeit besteht aber darüber, dass die Norm nur für die Dienstverpflichteten gelten soll, die in einer dem Arbeitnehmer vergleichbaren abhängi-

---

[456] Seit 01.01.2003, vgl. Palandt/*Weidenkaff*, § 630 Rn. 1.
[457] Palandt/*Weidenkaff*, Anhang zu § 630, Rn. 1.
[458] Vgl. § 39 des MTV für AN beim WDR; § 44 des MTV für AN beim ZDF; Ziff. 2.6.1. des MTV für AN beim NDR; Ziff. 260 des MTV für AN beim SWR; § 47 des MTV für AN beim HR; § 8 des MTV für AN beim SR; Ziff. 2.6. des MTV für AN beim MDR.
[459] Z.B. Ziff. 261.1. Mantel-TV für AN beim NDR.
[460] MüKo/*Schwerdtner*, § 630 Rn. 9.

gen Lage beschäftigt werden[461]: Hierunter sind die Arbeitnehmerähnlichen zu fassen, die aufgrund eines Dienstvertrages tätig werden. Diese sollen also in keinem Fall aus dem Kreis der begünstigten Dienstnehmer herausgenommen werden[462].

Fraglich ist, ob dieses Ergebnis auch für den Arbeitnehmerähnlichen gilt, der aufgrund eines Werkvertrags tätig wird. Sowohl der Wortlaut des § 630 BGB als auch seine systematische Stellung sprechen gegen eine Anwendung in diesem Fall, da nur vom Dienstverhältnis die Rede ist und die Norm im achten Titel des Besonderen Schuldrechts[463] und nicht im neunten Titel[464] zu finden ist. Auf der anderen Seite resultiert der Anspruch auf Erteilung eines Zeugnisses aus dem bestehenden Fürsorgeverhältnis zwischen Beschäftigtem und Beschäftigungsgeber[465]. Und dieses Fürsorgeverhältnis besteht zugunsten der Arbeitnehmerähnlichen unabhängig von der Frage, ob er aufgrund eines Werk- oder Dienstvertrags tätig wird. Indes ist die Diskussion eines möglichen Anspruchs in Rechtsprechung und Literatur bislang nicht vertieft worden; die Mehrheit der Stimmen geht ohne eine weitere Differenzierung darauf ein, dass die Arbeitnehmerähnlichen von der Norm erfasst werden sollen, gemeint kann damit aber immer nur der dienstvertraglich tätige Arbeitnehmerähnliche sein, da jede Ausführung immer nur im Kontext zum Dienstvertrag verstanden werden kann[466]. Allein Hohmeister spricht sich ausdrücklich dafür aus, auch dem werkvertraglich tätigen Arbeitnehmerähnlichen diesen Anspruch zukommen zu lassen[467]. Für eine entsprechende Einbeziehung führt er an, dass auch die gleiche Interessenlage der unterschiedlichen Arbeitnehmerähnlichen zu berücksichtigen sei. Auch der werkvertraglich tätige Arbeitnehmerähnliche könne ein Zeugnis als Bewerbungsunterlage für sein berufliches Fortkommen nutzen. Darüber hinaus bestehe die erforderliche Regelungslücke, weil der historische Gesetzgeber die Formen der modernen Beschäftigungsverhältnisse nicht gekannt habe. Beim Vergleich der Interessenlagen sei außerdem zu berücksichtigen, dass es oft auf vom Ar-

---

[461] ErfK/*Müller-Glöge*, § 630 BGB Rn. 2.
[462] ErfK/*Müller-Glöge*, § 630 BGB Rn. 2; Staudinger/*Preis*, § 630 Rn. 3.
[463] Amtliche Überschrift des achten Titels des zweiten Buchs ist *Dienstvertrag*.
[464] Amtliche Überschrift des neunten Titels des zweiten Buchs ist *Werkvertrag und ähnliche Verträge*.
[465] BGH vom 15.05.1979, VI ZR 230/76, AP Nr. 13 zu § 630 BGB.
[466] Dies belegt auch MüKo/*Schwerdtner*, der darauf hinweist, dass *Hohmeister* "noch weiter" gehen wolle; damit spielt *Schwerdner* auf die Einbeziehung auch der werkvertraglich Tätigen an; ähnlich *Neuvians*, Die arbeitnehmerähnliche Person, S. 110 f.
[467] *Hohmeister*, Zeugnisanspruch, NZA 1998, S. 571 ff.

beitnehmerähnlichen nicht zu kontrollierenden Zufällen beruht, ob seine Beschäftigung aufgrund eines Werk- oder eines Dienstvertrages stattfindet. Dagegen ist fraglich, ob heute noch von der für eine Analogie erforderlichen Unplanmäßigkeit der Regelungslücke ausgegangen werden kann. § 630 S. 4 BGB wurde erst im Jahr 2002 angefügt[468], also zu einem Zeitpunkt, zu dem sowohl die Beschäftigungsform der freien Mitarbeit als auch die der Arbeitnehmerähnlichkeit bekannt waren und zudem auch noch die Meinung *Hohmeisters* seit bereits 4 Jahren veröffentlicht gewesen ist. Auch die Begründung zur Gesetzesänderung bezieht sich ausdrücklich nur auf Dienstverhältnisse:

> Die in § 630 BGB enthaltene Vorschrift über das Zeugnis findet in Zukunft nur noch auf Dienstverträge mit Selbständigen Anwendung[469].

Die Gelegenheit der Erweiterung hätte die Legislative stattdessen nutzen können, die Norm auf alle Arbeitnehmerähnlichen zu erstrecken. So hätte die Regelung in den allgemeinen Teil übernommen werden können, in einen Bereich, in dem bereits allgemeine Voraussetzungen für Dauerschuldverhältnisse geregelt werden[470]. Dies ist nicht geschehen, so dass eine analoge Anwendung des § 630 BGB mangels der erforderlichen planwidrigen Regelungslücke jedenfalls seit Inkrafttreten des § 630 S. 4 BGB ausgeschlossen ist. Die Rechtsprechung hatte bislang noch nicht die Gelegenheit, sich zu dieser Frage zu äußern. Schließlich kann auch das Vorliegen einer vergleichbaren Interessenlage bezweifelt werden. Denn der werkvertraglich Tätige kann auf seine Werke verweisen, anhand derer sich potentielle Arbeitgeber ein Bild von seiner Leistungen machen können. Im Medienbereich ist dies auch durchaus üblich, so dass Arbeitnehmerähnliche ihre Bewerbungen mit Kopien ihrer Stücke und Beiträge anreichern, also entweder der Bewerbungsmappe eine Kopie auf Video/ DVD beiliegt oder auf die Veröffentlichung in allgemein zugänglichen Quellen verwiesen wird.

Entsprechende Regelungen außerhalb des BGB existieren für die Arbeitnehmerähnlichen nicht. Auch die abgeschlossenen Tarifverträge sehen keine Zeugnisansprüche vor. Nach der derzeitigen Rechtslage besteht ein Anspruch auf Erteilung eines Zeugnisses also nur für den dienstvertraglich tätigen Arbeitnehmerähnlichen.

---

[468] BGBl. I 2002, S. 3412, 3421.
[469] Gesetzentwurf der Bundesregierung, BT-Drs. 14/8796, S. 29.
[470] Vgl. § 314 BGB.

Die Unternehmen versuchen dennoch, den Interessen der Arbeitnehmerähnlichen gerecht zu werden, auch wenn das nicht ganz unkompliziert ist: Denn nach der Rechtsprechung des BAG kann sich die Arbeitnehmereigenschaft eines Beschäftigten aus einer ganzen Reihe von Indizien ergeben, wovon eines die einem Arbeitnehmer ähnliche Behandlung ist. Da der werkvertraglich tätige Arbeitnehmerähnliche keinen Anspruch auf Erteilung eines Zeugnisses hat und da man eine ähnliche Behandlung von Arbeitnehmern und Arbeitnehmerähnlichen vermeiden will, wird den Arbeitnehmerähnlichen eine „Bescheinigung über die Beschäftigung" ausgestellt. Nachdem aber auch der dienstvertragliche Arbeitnehmerähnliche ein Zeugnis bekommen kann, wird diese Praxis überflüssig sein.

5. Zusammenfassung

Oft bestehen vergleichbare Pflichten des Arbeitgebers gegenüber den Beschäftigten, unabhängig davon, in welcher Form die Beschäftigung stattfindet.

So besteht gegenüber den Arbeitnehmern genauso wie gegenüber den Arbeitnehmerähnlichen die Vergütungspflicht. Während die Vergütung des Arbeitnehmers dauerhaft gleichbleibend ist, ist die der Arbeitnehmerähnlichen in praxi oft etwas höher, dafür aber auch monatlich schwankend. Der Arbeitnehmerähnliche erhält aufgrund eines erhöhten Verwaltungsaufwandes seine Vergütung oft später als der Arbeitnehmer. Lohn ohne Arbeit kann sowohl den Arbeitnehmern als auch den Arbeitnehmerähnlichen zustehen. Hier besteht schon in den meisten Fällen die selbe gesetzliche Grundkonzeption. Soweit die Ansprüche nicht nach dem Gesetz gewährt werden, können die Tarifvertragsparteien eine entsprechende Vereinbarung treffen. Schließlich verbleiben Konstellationen, die nur den Arbeitnehmer berücksichtigen, die aber zugunsten der Arbeitnehmerähnlichen nicht erforderlich sind, weil diese selbständig und frei ihre Zeit einteilen können und damit eine Lohnfortzahlung nicht erforderlich ist.

Unterschiede bestehen bei der Pflicht zur Beschäftigung. Der Arbeitnehmer hat während des Bestehens des Beschäftigungsverhältnisses immer einen Anspruch auf Beschäftigung im Betrieb. Dagegen muss der Arbeitnehmerähnliche nicht beschäftigt werden; das Medienunternehmen kann sowohl auf den Einsatz von Diensten als auch auf die Verwendung von Werken verzichten. Auch, wenn die Vergütungspflicht nicht fortfällt, kann also zumindest auf die Mitarbeit verzichtet werden.

Unabhängig von der Form der Beschäftigung wird den Beschäftigten ein Zeugnis am Ende des Rechtsverhältnisses gewährt, soweit diese darauf angewiesen sind. Die Werkvertraglichen haben bislang keinen Anspruch auf Erteilung eines Zeugnisses.

IV. Haftung der Vertragsparteien

Unterschiede zwischen den beiden Beschäftigungsgruppen können sich auch bei der Frage der Haftung der beiden Gruppen ergeben. Dabei kann zwischen der Haftung des Beschäftigten gegenüber dem Unternehmer und der Haftung des Unternehmers gegenüber dem Beschäftigten differenziert werden.

1. Haftung des Beschäftigten

Durch schuldhafte Pflichtverletzungen des Beschäftigten kann es zu Schäden beim Unternehmen kommen. Fraglich ist, ob den Beschäftigten hier Ersatzpflichten treffen können.

a) Haftung des Arbeitnehmers gegenüber dem Arbeitgeber

Neben der deliktischen Haftung des Arbeitnehmers nach § 823 BGB kommt insbesondere dessen vertragliche Haftung nach § 280 Abs. 1 BGB in Betracht. Das zwischen den Parteien geschlossene Arbeitsverhältnis stellt ein Schuldverhältnis im Sinne des § 280 Abs. 1 BGB dar. In diesem Schuldverhältnis besteht die Pflicht des Arbeitnehmers gemäß § 241 Abs. 2 BGB, das Integritätsinteresse[471] des Arbeitgebers zu beachten und daher das Eigentum des Arbeitgebers zu schützen und nicht zu beschädigen.

Eine eigenständige gesetzliche Regelung des Verschuldensbegriffs besteht für das Arbeitsrecht nicht, stattdessen ist auf § 276 BGB zurückzugreifen, wonach der Schuldner grundsätzlich Vorsatz und Fahrlässigkeit zu vertreten hat[472]. Abweichende Bestimmungen hinsichtlich des Verschuldensmaßstabs finden sich auch nicht in den Tarifverträgen der Medienunternehmen oder in zusätzlich angenommenen, stillschweigenden Abreden[473].

Dennoch wird einhellig angenommen, dass sich die Arbeitnehmerhaftung nicht nach der Ausgangslage der §§ 276 ff. BGB richten kann; es ist erforderlich, die

---

[471] *Schwarz*, Gesetzliche Schuldverhältnisse, § 16 Rn. 22.
[472] Staudinger/*Richardi*, § 611 Rn. 570.
[473] Vgl. MüKo/*Blomeyer*, § 59 Rn. 23 ff.

Haftung zugunsten der Arbeitnehmer einzuschränken[474]. Die Notwendigkeit hierfür folgt aus mehreren Gründen. Angesichts der Dauerhaftigkeit der Arbeitsleistung kann der Arbeitnehmer bei Ausführung seiner täglichen Arbeiten gelegentliche Fehler nicht vermeiden[475]. Der Arbeitnehmer erbringt seine Tätigkeit darüber hinaus fremdbestimmt; er hat also keinen Einfluss auf die Organisation des Betriebs, auf die Arbeitsmittel und auf die Materialien[476]; er beeinflusst also auch nur eingeschränkt die haftungsbegründenden Umstände. Dennoch bedarf die Erfüllung seiner vertraglichen Pflichten einer Eingliederung in diesen Betrieb. Schließlich trägt der Arbeitgeber das unternehmerische Risiko[477], was ebenfalls eine Abweichung vom normalen Haftungsmaßstab rechtfertigt: Der Arbeitgeber trägt den wirtschaftlichen Erfolg der Arbeitsleistung und kann durch seine eigene Preiskalkulation und bzw. oder durch den Abschluss von Versicherungen das Risiko des Eintritts eines Schadens für sich beherrschbar und kalkulierbar machen.

Die Herleitungen der Haftungserleichterung unterscheiden sich nur gering. Im Ergebnis geht man davon aus, dass nach § 254 BGB analog – die Organisation des Betriebs durch den Arbeitgeber wird diesem als eine besondere Form des Mitverschuldens angerechnet – ein Mitverschulden des Arbeitgebers berücksichtigt werden muss[478]. Indes beruft sich der Große Senat des BAG auf die Grundrechte; nach dessen Meinung

> stellt eine unbeschränkte Schadenshaftung des Arbeitnehmers einen unverhältnismäßigen Eingriff in das Recht des Arbeitnehmers auf freie Entfaltung seiner Persönlichkeit (Art. 2 Abs. 1 GG) und in sein Recht auf freie Berufsausübung (Art. 12 Abs. 1 Satz 2 GG) dar[479].

Der BGH will diesen verfassungsrechtlichen Ausführungen nicht in allen Einzelheiten folgen, gelangt aber zu demselben Ergebnis[480]. Durch die Anwendung des § 254 BGB analog wird statt dem „Alles-oder-Nichts-Prinzip" der §§ 276,

---

[474] Staudinger/*Richardi*, § 611 Rn. 493.
[475] MünchArbR/*Blomeyer*, § 59 Rn. 23.
[476] Staudinger/*Richardi*, § 611 Rn. 593 ff.
[477] BAG, Großer Senat, Beschluss vom 12.06.1996, GS 1/89, AP Nr. 101 zu § 611 BGB Haftung des Arbeitnehmers.
[478] *Waltermann*, Beschränkte Arbeitnehmerhaftung, RdA 2005, S. 98 ff., S. 99.
[479] BAG, Großer Senat vom 12.06.1996, GS 1/89, AP Nr. 101 zu § 611 BGB Haftung des Arbeitnehmers.
[480] BGH, Gemeinsamer Senat vom 21.09.1993, GmS OBG 1/93, NZA 1994, 270.

249 BGB[481] dem Verschulden des Arbeitnehmers das betriebliche Schadensrisiko des Arbeitgebers entgegengesetzt[482]. Mit Inkrafttreten des Schuldrechtsmodernisierungsgesetzes hatte der Gesetzgeber die Absicht, eine Analogie zu § 254 BGB für die Zukunft entbehrlich zu machen:

§ 276 Abs. 1 BGB n.F. ist offen formuliert, so dass die Norm bereits eine strengere oder mildere Haftung durch die Natur des Schuldverhältnisses zulässt. In der Natur des Arbeitsverhältnisses hätte man nach dem legislativen Gedanken eine mildere Haftung erkennen können[483]. Dennoch wird dieser abweichende Haftungsmaßstab aufgrund der Eigenart des Schuldverhältnisses zumindest von der Literatur abgelehnt[484]: Auf diese Weise würde der Haftungsgrund eingeschränkt werden statt wie bisher eine besondere Risikozuweisung vorzunehmen, die den Besonderheiten des Arbeitsrecht gerechter wird[485]. Die Rechtsprechung hatte bislang noch keine Gelegenheit, einen entsprechenden Fall, bei dem das schädigende Ereignis nach dem Inkrafttreten der Schuldrechtsreform stattgefunden hat[486], zu entscheiden.

Voraussetzung für eine Einschränkung der Arbeitnehmerhaftung ist immer die betriebliche Veranlassung der Pflichtverletzung[487]. Während das BAG in früheren Entscheidungen noch die Gefahrgeneigtheit der Tätigkeit[488] vorausgesetzt hatte, wird seit 1993 mit der Entscheidung des Gemeinsamen Senats nunmehr auf die betriebliche Veranlassung der Tätigkeit abgestellt[489]. Damit folgt die

---

[481] *Gesetzgeberische Konzeption sieht volle Haftung für jedes Verschulden vor*, vgl. BGH, Gemeinsamer Senat vom 21.09.1993, GmS OBG 1/93, NZA 1994, 270.

[482] BAG, Großer Senat vom 12.06.1996, GS 1/89, AP Nr. 101 zu § 611 BGB Haftung des Arbeitnehmers; BGH, Gemeinsamer Senat, Beschluss vom 21.09.1993, GmS OBG 1/93, NZA 1994, 270; MünchArbR/*Blomeyer*, § 59 Rn. 34.

[483] Vgl. BT-Drs. 14/7052, S. 204; BT-Drs. 14/6857 S. 48.

[484] *Huber* in Huber/Faust, Schuldrechtsmodernisierung, 3/20; *Gotthardt*, Arbeitsrecht nach der Schuldrechtsreform, Rn. 195; *Waltermann*, Beschränkte Arbeitnehmerhaftung, RdA 2005, S. 98 ff., S. 99; *Herbert/Oberrath*, Arbeitsrecht nach der Schuldrechtsreform, NJW 205, S. 3745.

[485] *Waltermann*, Beschränkte Arbeitnehmerhaftung, RdA 2005, S. 98 ff., S. 99.

[486] Vgl. Art. 229 § 5 EGBGB: Ereignisse ab dem 01.01.2003, vgl. BAG v. 27.11.2003, 2 AZR 135/03, NJW 2004, S. 2401 ff., S. 2403. Auch das Urteil des BAG vom 18.04.2002 8 AZR 348/01, AP Nr. 122 zu § 611 BGB Arbeitnehmerhaftung behandelt einen „Altfall".

[487] Staudinger/*Richardi*, § 611 Rn. 581.

[488] BAG vom 25.09.1957, GS 4/56, AP Nr. 4 zu § 898 RVO.

[489] BAG, Großer Senat vom 12.06.1996, GS 1/89, AP Nr. 101 zu § 611 BGB Haftung des Arbeitnehmers.

Rechtsprechung einer Ansicht, die in der Literatur bereits zuvor im Vordringen gewesen ist[490] und es prägt die vom Arbeitgeber gesetzte Organisation das eingeschränkte Haftungsrisiko des Arbeitnehmers[491].

Nach diesen Grundsätzen haftet der Arbeitnehmer nicht, wenn ihn nur ein leichtes Verschulden an der Pflichtverletzung trifft. Bei mittlerem Verschulden tragen die Parteien die Haftung je zur Hälfte, bei grobem Verschulden und bei Vorsatz haftet der Arbeitnehmer allein[492]. Im Einzelfall können eine Reihe weiterer, besonderer Umstände berücksichtigt werden[493].

Die Beweislast für ein fehlendes Verschulden an der Pflichtverletzung trägt nach § 280 Abs. 1 S. 2 BGB grundsätzlich der Schuldner. Dabei handelt es sich um einen Fall der gesetzlichen Beweislastumkehr, weil der Anspruchsschuldner das Fehlen einer Anspruchsvoraussetzung darlegen und beweisen muss. Für die Arbeitnehmer gilt hier aber abweichend von dieser Regel der nach den Darlegungs- und Beweisgrundsätzen ansonsten normale Fall, dass der Anspruchsinhaber das Vorliegen des Verschuldens beweisen muss; für die Gruppe der Arbeitnehmer ist zu diesem Zweck § 619a BGB mit dem Schuldrechtsmodernisierungsgesetz eingefügt worden[494]. Die Norm ist erst zu diesem Zeitpunkt notwendig geworden, weil die Beweislastumkehr vor der Schuldrechtsmodernisierung durch entsprechende Anwendung des § 282 BGB a.F.[495] erreicht wurde, die man für die Darlegung der Arbeitnehmerhaftung abgelehnt hat[496].

b) Haftung des Arbeitnehmerähnlichen gegenüber dem Beschäftigungsgeber

Für die Arbeitnehmerähnlichen wird hinsichtlich der Anspruchsgrundlagen auf dieselben haftungsrechtlichen Generalnormen zurückgegriffen. Auch für die Beurteilung des Verschuldens ist grundsätzlich § 276 BGB der Ausgangspunkt.

---

[490] Vgl. Anmerkung *Löwisch* in EWiR 1990, S. 31; *Rieble* in EzA § 611 Gefahrgeneigte Arbeit Nr. 23.

[491] BAG vom 27.09.1994, GS 1/89.

[492] Schaub, Arbeitsrechtshandbuch/*Linck,* § 52 Rn. 53 ff.; MünchArbR/*Blomeyer,* § 59 Rn. 41 ff.

[493] MünchArbR/*Blomeyer,* § 59 Rn. 58 ff.

[494] Vgl. Gesetzesbegründung BT-Drs. 14/6857, S. 11.

[495] Vgl. Gesetzesbegründung, BT-Drs. 14/6040, S. 136.

[496] Palandt/*Heinrichs,* 60. Aufl. 2001, § 282 Rn. 6 f., 17 f.; vgl. auch *Oetker,* Neues zur Arbeitnehmerhaftung durch § 619 a BGB?, BB 2002, S. 43 ff.; *Däubler,* Die Auswirkungen der Schuldrechtsreform auf das Arbeitsrecht, NZA 2001, S. 1329 ff., S. 1331.

Fraglich ist, ob auch zugunsten des Arbeitnehmerähnlichen eine Haftungseinschränkung und Freistellung in Betracht kommt. Für die Anwendung der haftungseinschränkenden Grundsätze ist entscheidend, ob auch für die Arbeitnehmerähnlichen eine entsprechende Analogie des § 254 BGB erfolgen muss.

Eine Regelungslücke besteht auch hinsichtlich der Arbeitnehmerähnlichen[497]. Zwar wird zugunsten der Arbeitnehmer seit mehr als 100 Jahren gefordert, ein besonderes Arbeitnehmerrecht zu schaffen[498]; eine solche Notwendigkeit ist für die Arbeitnehmerähnlichen bislang noch nicht geäußert worden. Aber auch die Haftung der Arbeitnehmerähnlichen bemisst sich nach §§ 276, 254 BGB, was einem zwischen den Parteien bestehenden Dauerschuldverhältnis unter Berücksichtigung des Verhältnisses von Unternehmen zu Beschäftigtem nicht immer gerecht wird. Zwar kommt es auch hinsichtlich der Arbeitnehmerähnlichen in Betracht, dass im Sinne der Gesetzesbegründung zur Schuldrechtsreform der Inhalt des Schuldverhältnisses den Haftungsmaßstab bereits im Rahmen der Anwendung des § 276 BGB bestimmt. Aber wie dies bereits für die Arbeitnehmer von der Literatur angenommen wird, könnte auch hier das „Alles-oder-Nichts-Prinzip" des § 276 BGB keine interessensgerechte Lösung darbieten. Eine flexible Schadensaufteilung, die alle Umstände des Einzelfalles berücksichtigt, ist daher im Rahmen des § 276 BGB nicht möglich.

Schließlich bleibt es zu prüfen, ob eine vergleichbare Interessenlage zwischen der Arbeitnehmerhaftung und der Haftung der Arbeitnehmerähnlichen besteht, ob also dieselben Argumente die Analogie des § 254 BGB rechtfertigen und damit zu einer Haftungsbeschränkung führen. Die Notwendigkeit einer Einschränkung der Haftung ergibt sich aus der auf Dauer angelegten Erbringung der Arbeitsleistung in Verbindung mit der Unvollkommenheit der menschlichen Natur. So ist es klar, dass ein Schaden bei der Erbringung der Arbeitsleistung nicht ausgeschlossen werden kann und dass er in keiner Relation zum Gehalt des Arbeitnehmerähnlichen stehen muss. Besteht also für diesen Punkt keine Möglichkeit der Beschränkung, erbringt der Arbeitnehmerähnliche seine Leistung immer in der Gefahr der eigenen Existenzgefährdung. Unabhängig von der Notwendigkeit einer Beschränkung steht damit aber noch nicht fest, ob diese zu Lasten des Unternehmens vorzunehmen ist oder, etwa im Rahmen einer optional abzuschließenden Versicherung, zu Lasten des Arbeitnehmerähnlichen. Gegen eine

---

[497] *Schubert*, Arbeitnehmerähnliche Person, S. 415.
[498] So bereits der Deutsche Reichstag 1896, vgl. Staudinger/*Richardi*, Vorbem. zu §§ 611 ff., Rn. 472.

Haftungseinschränkung zu Lasten des Unternehmens spricht der Umstand, dass der Arbeitnehmerähnliche anders als der Arbeitnehmer seine Tätigkeiten nicht weisungsgebunden erbringt und dass anders als beim Arbeitnehmer keine so umfassende Eingliederung in den Betrieb vorliegt. Daher könnte man davon ausgehen, dass es dem Arbeitnehmerähnlichen selbst obliegt, die Arbeitsprozesse zu organisieren und damit mögliche Haftungsrisiken im Prozess der Produktion auszuschalten bzw. zu beherrschen. Daher kommen auch freie Dienstverhältnisse nicht in das Privileg einer Haftungsbeschränkung[499]. Dieses Ergebnis würde aber die Umstände der Arbeitserbringung der Arbeitnehmerähnlichen in den Medien nicht umfassend berücksichtigen. So ist der Arbeitnehmerähnliche bei Erstellung seiner Produkte auf den technischen und personellen Apparat des Medienunternehmens angewiesen und kann in diesem Rahmen gerade nicht selbst die Arbeitsabläufe selbst organisieren. Stattdessen ist der Arbeitnehmerähnliche bei der Benutzung des technischen oder personellen Apparats an die Benutzungsbedingungen des Unternehmens gebunden und damit wie ein Arbeitnehmer hinsichtlich der Benutzung der Mittel in eine fremde Organisation eingegliedert. Die Gefahrenquellen organisiert und beherrscht also nicht der Arbeitnehmerähnliche, sondern das Unternehmen. Schließlich muss auch bei Verteilung der Gefahren eines eintretenden Schadens das unternehmerische Risiko berücksichtigt werden. So ist es nicht der Arbeitnehmerähnliche, der den wirtschaftlichen Gewinn seines Arbeitsergebnisses erntet, sondern das Unternehmen, das eine Verwertung vornimmt. Will man den unternehmerischen Chancen am Arbeitsergebnis auch die Risiken der Erstellung des Produkts zuordnen, so muss die Beschränkung der Haftung des Beschäftigten zu Lasten des Unternehmens vorgenommen werden. Dies erscheint auch nicht unbillig, denn ebenso wie bei den Arbeitnehmern wird dadurch nicht unverhältnismäßig in die Grundfreiheiten des Unternehmens eingegriffen, im Gegenzug aber der Schutzbedürftigkeit des Beschäftigten Rechnung getragen. Wie bei den Arbeitnehmern kann der Unternehmer das Risiko eines Schadenseintritts durch Organisation der betrieblichen Abläufe beeinflussen, womit er auch die Gefahr eines Schadenseintritts eigenverantwortlich setzt[500]. Schließlich kann das Unternehmen die Gefahr eines Schadenseintritts durch Abschluss von Versicherungen kontrollierbar und kalkulierbar machen. Freilich kann das nicht gelten, wenn der Arbeitnehmerähnliche die Tätigkeit eigenverantwortlich organisiert in einem Bereich, auf den das

---

[499] BGH vom 01.02.1963, VI ZR 271/61, AP Nr. 28 zu § 611 Haftung des Arbeitnehmers.
[500] BAG, Großer Senat vom 12.06.1996, GS 1/89, AP Nr. 101 zu § 611 BGB Haftung des Arbeitnehmers.

Unternehmen keinen Einfluss hat[501]: Die Abgrenzung muss danach erfolgen, in wessen Organisationsbereich der haftungsbegründende Umstand fällt. Ist der Unternehmer für die Organisation verantwortlich, gelten die Grundsätze, wie sie auch für Arbeitnehmer gelten.

Für den Arbeitnehmerähnlichen kann daher auch eine Beschränkung der Haftung bestehen, wenn durch seine pflichtverletzenden Handlungen ein Schaden entstanden ist. Ob sich diese Haftungsbeschränkung auf § 254 BGB analog aufgrund der Organisationsverantwortung des Unternehmens stützt oder auf § 242 BGB[502], kann zwar im Ergebnis dahinstehen. Da aber im Rahmen des § 254 BGB analog die Umstände des Einzelfalls berücksichtigt werden können, reicht hier wie bei den Arbeitnehmern auch die Anwendung des § 254 BGB aus.

Die Haftungsverteilung erfolgt gemäß § 254 BGB analog. Auch für den Arbeitnehmerähnlichen ist in Anlehnung an das Arbeitsrecht der Arbeitnehmer eine Dreiteilung der Haftung[503] anzunehmen. Ähnlich wie beim Arbeitnehmer besteht eine Veranlassung zur Beschränkung der Haftung nur in den Fällen, in denen die pflichtverletzende Handlung betrieblich veranlasst[504] gewesen ist.

Für den Arbeitnehmerähnlichen bleibt es bei der Beweislastumkehr des § 280 Abs. 1 S. 2 BGB, weil die Norm des § 619a BGB nach ihrem ausdrücklichen Wortlaut nur zugunsten der Arbeitnehmer gilt. Es obliegt also dem Arbeitnehmerähnlichen, bei einer Pflichtverletzung seine fehlende Verantwortlichkeit für diese darzulegen und gegebenenfalls zu beweisen. Fraglich ist aber, ob hier nicht eine Analogie zugunsten des Arbeitnehmerähnlichen in Betracht kommt. Von der Literatur wird eine solche Analogie angenommen, weil die gleichen Gründe, die eine Haftungsbeschränkung des Arbeitnehmerähnlichen rechtfertigte, auch für eine Analogie bei Darlegungs- und Beweislast sprächen[505]. Ansonsten bestehe eine Diskrepanz zwischen materieller Privilegierung einerseits und der Beweislast andererseits. Zwar ist der Teleologie hier grundsätzlich zu folgen, denn die gleichen Argumente sprechen für den Schutz des Arbeitnehmerähnlichen wie auch für den Arbeitnehmer. Fraglich ist nur, ob auch eine planwidrige Gesetzeslücke besteht, weil auch die Gesetzesbegründung nur von den

---

[501] *Waltermann*, Beschränkte Arbeitnehmerhaftung, RdA 2005, S. 98 ff., S. 103.
[502] *Schubert*, Arbeitnehmerähnliche Person, S. 419.
[503] Vgl. Schaub, Arbeitsrechtshandbuch/*Linck*, § 52 Rn. 34.
[504] Staudinger/*Richardi*, § 611 Rn. 577.
[505] Staudinger/*Oetker*, § 619 a, Rn. 4; *Gotthardt*, Arbeitsrecht nach der Schuldrechtsreform, Rn. 197.

Arbeitnehmern, vom Arbeitgeber und vom Arbeitsverhältnis spricht[506]. Für eine Einbeziehung auch nach dem Willen der Legislative spricht aber schließlich, dass die Norm nur die alte rechtliche Lage beibehalten sollte, und danach war auch der Arbeitnehmerähnliche im Rahmen der Beweislast begünstigt[507].

c) Ergebnis

Für den Arbeitnehmer und für den Arbeitnehmerähnlichen besteht die gleiche Haftungsbeschränkung. Bei beiden Beschäftigungsarten gilt diese Einschränkung indes nicht, wenn der Beschäftigte vorsätzlich oder grob fahrlässig handelt. Bei einfacher Fahrlässigkeit besteht eine paritätische Haftung der beiden Parteien. Bei leichter Fahrlässigkeit haften die Beschäftigten nicht. In allen Fällen können außerdem die Umstände des Einzelfalls Berücksichtigung finden. Für beide Beschäftigungsgruppen gilt die Norm des § 619a BGB mit der Folge, dass der eine Pflicht verletzende Beschäftigte nicht sein fehlendes Vertretenmüssen darlegen und beweisen muss, sondern der Gläubiger.

2. Haftung des Beschäftigungsgebers

Es kann auch zu Schäden beim Beschäftigten kommen. Diese können durch den Unternehmer verursacht worden sein oder durch Zufälle. Es stellt sich die Frage, ob eine Haftung des Unternehmens in diesen Fällen besteht.

a) Haftung des Arbeitgebers gegenüber dem Arbeitnehmer

Hat der Arbeitgeber einen Schaden schuldhaft verursacht, haftet er gegenüber dem Arbeitnehmer ohne Einschränkung. Anspruchsgrundlagen sind die §§ 823 ff. BGB und die §§ 280 ff. BGB[508].

Auch wenn weder der Arbeitgeber noch ein anderer den Schaden verursacht oder zu vertreten hat, kann eine Haftung des Arbeitgebers für Zufallsschäden bestehen. Grundlage einer Haftung für einen von keiner Partei zu vertretenden Schaden ist dann § 670 BGB analog. Erforderlich ist eine doppelte Analogie, um dem Arbeitnehmer einen entsprechenden Anspruch zukommen zu lassen[509]: Die

---

[506] BT-Drs. 14/7052, S. 204.
[507] *Oetker*, Neues zur Arbeitnehmerhaftung durch § 619 a BGB?, BB 2002, S. 43 ff.
[508] *Däubler*, Die Auswirkungen der Schuldrechtsmodernisierung auf das Arbeitsrecht, NZA 2001, S. 1329 ff., S. 1331.
[509] BGH vom 27.11.1962, VI ZR 217/61, BGHZ 38, S. 270 ff., S. 277.

erste Analogie ist erforderlich, weil zwischen den Parteien kein Auftrag zustande gekommen ist. Nach Ansicht des BAG kann das Ergebnis aber kein anderes sein;

> denn der Grundsatz des § 670 BGB ist so selbstverständlich und von der Sache her so notwendig, dass er für den Arbeitsvertrag auch ohne ausdrückliche Statuierung der entsprechenden Anwendbarkeit analog anzuwenden ist[510].

Eine zweite Analogie ist erforderlich, da Eigenschäden keine Aufwendungen darstellen. Dogmatisch wird das mit der Ausführung der Leistung verbundenes Schadensrisiko einem freiwilligen Vermögensopfer gleichgesetzt[511]: Schäden sind als Aufwendung zu betrachten, wenn sich der Schaden

> aus der mit dem Auftrag verbundenen Gefahr ergeben hat. Das wurde auch dann angenommen, wenn sie nicht bewusst übernommen waren, auch wenn sich die Beteiligten subjektiv des riskanten Charakters der Tätigkeit nicht bewusst waren[512].

Verwirklicht sich diese Gefahr bei Ausführung der Arbeit, so hat der Arbeitnehmer grundsätzlich Anspruch auf Ersatz des daraus entstehenden Schadens, soweit der Schaden inadäquat und bei Vollzug der Arbeit entstanden ist.

b) Haftung des Dienstherren bzw. Bestellers gegenüber dem Arbeitnehmerähnlichen

Das Unternehmen haftet auch zugunsten des Arbeitnehmerähnlichen vollumfänglich und ohne Einschränkung, wenn es selbst die pflichtverletzende Handlung verschuldet hat. Anspruchsgrundlage sind die §§ 823 ff. BGB und die §§ 280 ff. BGB.

Im Fall von Zufallsschäden, die weder der Arbeitnehmerähnliche noch das Unternehmen oder Dritte zu verantworten haben, kommt ebenso wie bei den Arbeitnehmern eine Ersatzpflicht des Arbeitgebers nach § 670 BGB analog in Betracht. Auch hier ist eine erste Analogie erforderlich, um den fehlenden Auftrag bzw. eine fehlende Geschäftsbesorgung zu überwinden. Während die übrigen Arbeitnehmerähnlichen in anderen Unternehmen auch aufgrund eines Ge-

---

[510] BAG vom 03.11.1961, 1 AZR 383/60, BAGE 12, 15 ff., 24.
[511] BAG vom 03.11.1961, 1 AZR 383/60, BAGE 12, 15 ff., 24; Palandt/*Sprau*, § 670 Rn. 11.
[512] BAG vom 03.11.1961, 1 AZR 383/60, BAGE 12, 15 ff., 26.

schäftsbesorgungsvertrags tätig werden können[513], ist bei den Arbeitnehmerähnlichen in den Medien davon nicht auszugehen. Die Tätigkeit in den Medien hat einen programmgestaltenden Charakter, so dass eine Wahrnehmung fremder Vermögensinteressen oder eine selbständige Tätigkeit wirtschaftlicher Art[514], wie es für einen Geschäftsbesorgungsvertrag erforderlich wäre, dabei nicht zu erkennen sind. Eine zweite Analogie ist erforderlich, da der eingetretene Schaden nicht unmittelbar als Aufwendung im Sinne des § 670 BGB bezeichnet werden kann.

Der Große Senat des BAG hat bereits zur Anwendung des § 670 BGB analog auch auf Arbeitnehmerähnliche bereits früh Stellung genommen, nämlich in der schon erwähnten Grundsatzentscheidung aus 1961[515]. Sie betraf keinen Arbeitnehmer, sondern einen „nichtständigen Hafenarbeiter", der also in unregelmäßigen, aber wiederkehrenden Abständen für ein Unternehmen tätig gewesen ist. Auch wenn damals die Bezeichnung als arbeitnehmerähnliche Person noch nicht gewählt wurde, erfüllte der Kläger bereits die Voraussetzungen dieser besonderen Beschäftigungsart.

Im Jahre 1991 hatte das BAG zu entscheiden, ob ein Journalist einen Anspruch auf Freistellung von Gerichtskosten gegen das ihn beschäftigende Rundfunkunternehmen hat, wenn er im Rahmen einer Sendung unwahre Tatsachen verbreitet und er deshalb auf Unterlassung in Anspruch genommen wird[516]. Zwar wurde in diesem Fall ein Anspruch verneint, weil der klagende Journalist durch ungenaue Recherchen grob fahrlässig gehandelt hatte; der achte Senat hat aber deutlich gemacht, dass auch einem Arbeitnehmerähnlichen ein solcher Anspruch zustehen und grundsätzlich ein Anspruch in dieser Konstellation bestehen kann.

Die Anwendung des § 670 BGB in doppelter Analogie erscheint auch interessensgerecht. Bei Ausführung der Arbeiten für das Unternehmen kann durch die Leistungserbringung im Organisations- und Herrschaftsbereich des Unternehmens bereits darauf verwiesen werden, dass in diesen Fällen das Unternehmen die tätigkeitsspezifischen Risiken sogar beherrscht. Schließlich würde aber wieder, wenn nicht eine Ersatzpflicht des Unternehmens für die Schäden des Ar-

---

[513] *Schubert*, Arbeitnehmerähnliche Person, S. 421.
[514] Palandt/*Sprau*, § 675 Rn. 2 ff.
[515] BAG vom 03.11.1961, 1 AZR 383/60, BAGE 12, 15 ff.
[516] BAG vom 14.11.1991, 8 AZR 628/90, AP Nr. 10 zu § 611 BGB Gefährdungshaftung des Arbeitgebers.

beitnehmerähnlichen angenommen werden würde, ein Missverhältnis zwischen unternehmerischen Chancen und Risiken bestehen[517].

3. Zusammenfassung

Im Schadensrecht ergeben sich keine Unterschiede zwischen den beiden Beschäftigungsgruppen. Obwohl der Arbeitnehmerähnliche anders als der Arbeitnehmer nicht im gleichen Umfang in den Betrieb des Unternehmens eingebunden ist und keine persönliche Weisungsgebundenheit des Arbeitnehmerähnlichen gegenüber dem Unternehmen besteht, wirkt sich diese Freiheit auf eine Beschränkung der Haftung des Beschäftigten und auf eine Ersatzpflicht des Unternehmens für Zufallsschäden nicht aus.

Der Grund der Gleichheit der Haftung ist, dass die Arbeiten im Organisations- und Herrschaftsbereich des Unternehmens ausgeführt werden. Dort ist auch der Arbeitnehmerähnliche fremdbestimmt, weil er sich zumindest der Haus- oder Betriebsordnung des Unternehmens unterwerfen muss. Darüber hinaus beruht die Gleichheit der beiden Beschäftigungsgruppen auf dem Umstand, dass der Unternehmer auch die wirtschaftliche Verwertung der Arbeitsleistung vornimmt. Im Umkehrschluss muss das Unternehmen damit auch gewisse Risiken tragen, damit in den Vertragsverhältnissen kein Ungleichgewicht entsteht.

V. *Beendigung und Änderungen des Beschäftigungsverhältnisses*

Ein Bereich, in dem weitere Unterschiede zwischen der Behandlung von Arbeitnehmer und Arbeitnehmerähnlichem bestehen können, ist der Bereich des Bestandsschutzes: Durch die Regelungen des KSchG sei ein Arbeitnehmer nur schwer oder zumindest „sehr teuer" kündbar. Dagegen sei es leicht, die Mitarbeit eines Arbeitnehmerähnlichen für die Zukunft zu beenden. Im Folgenden wird anhand der gesetzlichen Regelungen und der abgeschlossenen Tarifverträge geprüft, ob in den Medienunternehmen zugunsten der Arbeitnehmer ein stärkerer Bestandsschutz besteht als für die Arbeitnehmerähnlichen.

1. Situation der Arbeitnehmer

Gemäß § 620 Abs. 1 BGB endet ein Dienstverhältnis mit Ablauf der Zeit, für die es eingegangen ist. Ist die Dauer des Dienstverhältnisses nicht bestimmt, so

---

[517] *Schubert*, Arbeitnehmerähnliche Person, S. 422.

kann es jeder Teil nach besonderen Voraussetzungen kündigen, § 620 Abs. 2 BGB. Im Folgenden werden die Möglichkeiten und die Voraussetzungen einer Beendigung von Arbeitsverhältnissen in den Medienunternehmen dargestellt.

a) Zeitablauf bei befristeten Arbeitsverhältnissen

Ein Arbeitsverhältnis endet durch Zeitablauf, wenn es wirksam befristet worden ist, § 620 Abs. 1 BGB[518]. Unstreitig belegt die Existenz § 620 BGB, dass die Befristung von Arbeitsverhältnissen ein zulässiges Instrument zur Steuerung der Beschäftigungsverhältnisse für den Arbeitgeber darstellt[519]. Aber auch schon vor dem Inkrafttreten des TzBfG hatte man anerkannt, dass eine völlige Freiheit zur Befristung die Regelungen des Kündigungsschutzes unterlaufen würde[520]. Die Rechtsprechung hat daher eine Reihe von Gründen herausgearbeitet, die eine Befristung erlauben; diese Fallgruppen wurden später im TzBfG übernommen[521]. Für die programmgestaltende Mitarbeit im Rundfunk ist es aufgrund der Rundfunkfreiheit in Art. 5 Abs. 1 S. 2 GG anerkannt und nunmehr normiert, dass

die Eigenart der Arbeitsleistung die Befristung rechtfertigt,

§ 14 Abs. 1 Nr. 4 TzBfG[522]. Bereits nach der Gesetzesbegründung bezieht sich der unter Nr. 4 angeführte Befristungsgrund

insbesondere auf das von der Rechtsprechung aus der Rundfunkfreiheit abgeleitete Recht der Rundfunkanstalten, programmgestaltende Mitarbeiter aus Gründen der Programmplanung lediglich für eine bestimmte Zeit zu beschäftigen[523].

Das Bundesverfassungsgericht betont das Erfordernis der Rundfunkfreiheit, über Auswahl, Einstellung und Beschäftigung der programmgestaltenden Mitarbeiter

---

[518] BAG GS vom 12.10.1960, GS 1/59, AP Nr. 16 zu § 620 BGB Befristeter Arbeitsvertrag.
[519] Schaub, Arbeitsrechtshandbuch/*Schaub*, § 39 Rn. 1; ErfK/*Müller-Glöge*, § 14 TzBfG, Rn. 1.
[520] ErfK/*Müller-Glöge,* § 14 TzBfG Rn. 2; Schaub, Arbeitsrechtshandbuch/*Schaub*, § 39, Rn. 3 ff.
[521] BT-Drs. 14/4374 S. 2, 13, 19.
[522] Eine Reihe von Gründen hat 1978 schon *Beuthien* genannt, vgl. *Beuthien/Wehler*, Freie Mitarbeit im Arbeitsrecht, RdA 1978, S. 2 ff., S. 8.
[523] BT-Drs. 14/4374 S. 2, 19.

frei entscheiden zu können[524]. Auch das BAG erkennt dieses verfassungsrechtliche Gebot an und hat die Wirksamkeit von Befristungen der Arbeitsverhältnisse mit programmgestaltenden Mitarbeitern im Rundfunk bereits vor Inkrafttreten des TzBfG bestätigt[525]. Dennoch besteht keine unbeschränkte Befristungsmöglichkeit von Arbeitsverhältnissen, auch nicht im Bereich programmgestaltender Tätigkeit: Zwar steht es außer Frage, dass die Rundfunkfreiheit

> die Befristung des Arbeitsvertrags mit einem programmgestaltend tätigen Mitarbeiter rechtfertigen kann, ohne dass weitere Gründe für die Befristung erforderlich sind[526].

Nach Ansicht des BAG ist aber auch dann eine Einschränkung durch die allgemeinen zivilrechtlichen Grundsätze erforderlich. Daher sind auch Befristungen mit programmgestaltenden Mitarbeitern einer arbeitsgerichtlichen Prüfung zugänglich:

> Eine Befristungskontrolle findet statt, aber – wie vom Bundesverfassungsgericht gefordert – unter Berücksichtigung des hohen Rangs der Rundfunkfreiheit. Ist der Schutzbereich der Rundfunkfreiheit berührt, sind die Belange der Rundfunkanstalt und des betroffenen Arbeitnehmers im Einzelfall abzuwägen[527].

Zu berücksichtigende Belange des betroffenen Arbeitnehmers im Einzelfall sind insbesondere dessen Interesse am Fortbestehen des Arbeitverhältnisses. Je länger ein befristetes Arbeitsverhältnis andauert, desto mehr wird auch das Interesse des Arbeitnehmers am Bestand dieses Arbeitsverhältnisses bei der Einzelfallentscheidung berücksichtigt[528]. Umgekehrt wird bei dieser Beurteilung die Dauer der Beschäftigung als Indiz gegen das Interesse des Unternehmens an einer

---

[524] BVerfG vom 13.01.1982, 1 BvR 848, 1047/77, AP Nr. 48 zu § 611 BGB Abhängige Beschäftigung; BVerfG vom 28. 06.1983, 1 BvR 525/82; BVerfG vom 18.2.2000, 1 BvR 624/98; BVerfG vom 19.07.2000, 1 BvR 6/97, vgl. Meinel/Heyn/*Herms*, TzBfG, § 14 Rn. 38 ff.; Annuß/*Thüsing*, TzBfG, § 14 Rn. 39 ff.

[525] BAG vom 03.10.1975, 5 AZR 162/74, AP Nr. 15 zu § 611 BGB Abhängigkeit; BAG vom 30.11.1977, 5 AZR 561/76, AP Nr. 44 zu § 620 BGB Befristeter Arbeitsvertrag; BAG vom 13.01.1983, 5 AZR 149/82, AP Nr. 42 zu § 611 BGB Abhängigkeit; BAG vom 13.01.1983, 5 AZR 156/82, AP Nr. 43 zu § 611 BGB Abhängigkeit; BAG vom 24.04.1996, 7 AZR 719/95, AP Nr. 180 zu § 620 BGB Befristeter Arbeitsvertrag; LAG Sachsen v. 16.04.1996, 9 Sa 518/95.

[526] BAG vom 22.04.1998, Az: 5 AZR 342/97, AP Nr. 26 zu § 611 BGB Rundfunk; BVerfG vom 18.02.2000, Az: 1 BvR 491/93.

[527] BAG vom 22.04.1998, 5 AZR 342/97, AP Nr. 26 zu § 611 BGB Rundfunk.

[528] Vgl. *Beuthien/Wehler*, Freie Mitarbeit im Arbeitsrecht, RdA 1978, S. 2 ff, S. 6.

Befristung gewertet. Nachdem das BVerfG im Jahr 1982 hierzu grundlegend Stellung genommen hat[529], hat das BAG die Rechtsprechung adaptiert: Die Dauer der Beschäftigung könne Indiz dafür sein,

> dass für die Anstalt kein Bedürfnis nach einem (personellen) Wechsel besteht, während auf der anderen Seite die soziale Schutzwürdigkeit solcher Mitarbeiter im Laufe der Zeit wachsen wird[530].

Eine absolute Grenze, die die Unwirksamkeit einer Befristung im Bereich der programmgestaltenden Tätigkeit bestimmt, gibt es nicht. Dies liegt zum einen an dem Umstand, dass das BAG immer wieder die Berücksichtigung der widerstreitenden Belange des Einzelfalls betont[531], zum anderen daran, dass nur wenige Fälle bislang in diesem Bereich entschieden worden sind. In einer Entscheidung hat das BAG dargelegt, dass eine Befristung bis hin zu vier Jahren und neun Monaten noch nicht die Interessen des Arbeitnehmers an einer unbefristeten Beschäftigung überwiegen lässt, wenn das Unternehmen für programmgestaltende Tätigkeit normale Interessen an der Beschäftigung hat[532].

Befristungen können sich sowohl auf einen bestimmten Zeitraum als auch auf einen bestimmten Zweck beziehen. Ein Arbeitnehmer kann demnach nach Monaten bzw. Jahren oder nach einer Anzahl von Produktionen beschäftigt werden. Ist eine Befristung unwirksam, so gilt nach § 16 S. 1 TzBfG

> der befristete Arbeitsvertrag als auf unbestimmte Zeit geschlossen.

Befristungen nach Zeit oder Zweck sind also für die Beschäftigung der programmgestaltenden Mitarbeiter in den Medienunternehmen ein geeignetes Mittel, den Bestandsschutz der Beschäftigten zu beschränken. Schranken bestehen, wenn die Beschäftigung langfristig andauert, was ab einem Zeitraum von mehr als fünf Jahren der Fall sein kann. Sollte danach die Unwirksamkeit der Befristung festgestellt werden, besteht mit dem Beschäftigten ein unbefristetes Ar-

---

[529] BVerfG vom 13.01.1982, BVerfGE 59, S. 231 ff., S. 271, AP Nr. 1 zu Art 5 Abs. 1 GG Rundfunkfreiheit.
[530] BAG v. 22.04.1998, 5 AZR 342/97, AP Nr. 26 zu § 611 BGB Rundfunk.
[531] BAG v. 11.12.1991, 7 AZR 128/91, AP Nr. 144 zu § 620 BGB Befristeter Arbeitsvertrag.
[532] BAG v. 22.04.1998, 5 AZR 342/97, AP Nr. 26 zu § 611 BGB Rundfunk; für 4 Jahre: LAG Köln vom 31.08.2000, 6 Sa 609/00; *bei einem ähnlichen Zeitraum wurde auch schon gegenteilig entschieden aufgrund ausnahmsweise überwiegender Interessen des Beschäftigten*, vgl. LAG Köln vom 01.09.2000, 4 Sa 401/00.

beitsverhältnis, und das Beschäftigungsverhältnis kann nur noch durch Kündigung beendet werden.

Die Tarifvertragsparteien der Rundfunkanstalten haben den Abschluss befristeter Beschäftigungen modifiziert. Manche Tarifverträge sehen für befristete Programm-Mitarbeit einen eigenen Katalog sachlicher Gründe für eine Befristung im betroffenen Unternehmen vor[533]. Dabei handelt es sich aber um die von der Rechtsprechung anerkannten Gründe, so dass hier keine von der gesetzlichen Lage abweichenden Konstruktionen möglich sind. Darüber hinaus sehen die tarifvertraglichen Vereinbarungen bestimmte Höchstgrenzen für die Befristung selbst bei Vorliegen eines sachlichen Grundes vor. So dürfen beim WDR einzelne Befristungen drei Jahre, mehrere insgesamt sechs Jahre nicht überschreiten[534]. Der Tarifvertrag des MDR sieht eine befristete Gesamtdauer von höchstens sechs Jahren vor[535]. Beim HR darf eine Befristung vier Jahre, das Rahmenarbeitsverhältnis insgesamt nicht länger als acht Jahre andauern[536]. Dauert das befristete Arbeitsverhältnis beim HR länger als acht Jahre an, so besteht ein Anspruch des Arbeitnehmers auf Übernahme in ein unbefristetes Beschäftigungsverhältnis[537]. Eine ähnliche Regelung findet sich auch beim NDR: Der Arbeitnehmer wird in ein unbefristetes Arbeitsverhältnis übernommen, wenn er entweder seit 25 Jahren beschäftigt ist oder zumindest seit 15 Jahren und zusätzlich mindestens 55 Jahre alt ist.[538] Dagegen hat der NDR keine zeitliche Höchstgrenze für die Befristung geregelt[539]. Hier existiert ein anderes System zum Schutz der befristet Beschäftigten und gewährt diesen stattdessen Bestandsschutz[540]. Dieser greift ein, wenn die Tätigkeit des Mitarbeiters wesentlich eingeschränkt wird. Die Definition der wesentlichen Einschränkung ist gestuft und hängt von der Dauer der Beschäftigung ab[541]. Liegt eine Einschränkung vor, wird dem Mitarbeiter die Differenz zwischen tatsächlichem Gehalt und einem durch-

---

[533] § 4 MTV beim WDR; § 7 MTV beim HR.
[534] § 4 Abs. 3 MTV beim WDR; ähnlich nach § 4 beim MTV für die Privaten (TPR).
[535] Ziff. 3.1.1. MTV beim MDR.
[536] § 8 Ziff.7 MTV beim HR.
[537] § 8 Ziff. 4 MTV beim HR.
[538] Ziff. IV.6. MTV beim NDR.
[539] Ziff. IV.6. MTV beim NDR.
[540] Ziff. IV.1. MTV beim NDR.
[541] Bei einer Beschäftigung bis 5 Jahren: Einschränkung mehr als 40 % ist wesentlich; bis 8 Jahre schon mehr als 25 %, ab 8 Jahren schon mehr als 15 %, vgl. Ziff. IV.2. des MTV beim NDR.

schnittlichen Monatsgehalt[542] gezahlt unter der Verpflichtung, dass der Mitarbeiter andere, zumutbare Tätigkeiten ausübt[543]. Die Dauer der Fortzahlung richtet sich auch nach der Dauer der vergangenen Beschäftigung[544]. Teilweise sehen die Tarifverträge vor, dass dem befristet Beschäftigten das beabsichtigte, weitere Vorgehen nach Ablauf der Frist rechtzeitig mitgeteilt wird.

b)   Einverständliche Aufhebung des Beschäftigungsverhältnisses

Ein Arbeitsverhältnis kann auch durch eine einverständliche Aufhebung der Parteien beendet werden[545]. Es haben sich zwei Modelle durchgesetzt, die beide auf einer – mehr oder weniger – einverständlichen Beendigung des Arbeitsverhältnisses beruhen. Beim Aufhebungsvertrag wird das Arbeitsverhältnis durch vertragliche Vereinbarung einvernehmlich aufgehoben[546]. Dagegen führt beim Abwicklungsvertrag eine Kündigung zur Beendigung des Arbeitsverhältnisses; der geschlossene Vertrag regelt nur das Verhalten des Arbeitnehmers nach der Kündigung, der auf eine Kündigungsschutzklage verzichtet und dafür eine finanzielle Gegenleistung erhält[547].

Ein das Arbeitsverhältnis beendender Vertrag kann nach dem Grundsatz der Vertragsfreiheit jederzeit geschlossen werden. Erforderlich ist nach §§ 623, 125 BGB jetzt[548] die Schriftform[549].

c)   Anwendung der §§ 312 ff. BGB

Seit Inkrafttreten des Schuldrechtsmodernisierungsgesetzes kann zugunsten des Arbeitnehmers ein Widerrufsrecht nach den §§ 312, 355 BGB bestehen, so dass der Arbeitnehmer seine auf Abschluss des Aufhebungsvertrags gerichtete Willenserklärung widerrufen könnte. Dafür müsste der Arbeitnehmer Verbraucher

---

[542] Das durchschnittliche Monatsgehalt errechnet sich aus einem Zwölftel des Jahresgehalts des letzten Beschäftigungsjahres, Ziff. IV.3. MTV beim NDR.
[543] Ziff. IV.3. des MTV beim NDR.
[544] Drei Monate bei einer Beschäftigung bis zu 5 Jahren, ab 5 Jahre fünf Monate, ab 8 Jahre fünf Monate, für jedes weitere Jahr ein weiterer Monat, Ziff. IV.3. MTV beim NDR.
[545] *Appel* in Kittner/Zwanziger, § 87 Rn. 9.
[546] Schaub, Arbeitsrechtshandbuch/*Linck*, § 122 Rn. 1.
[547] Schaub, Arbeitsrechtshandbuch/*Linck*, § 122 Rn. 1.
[548] Seit 01.05.2000, BGBl I S. 333, durch ArbGerBeschleuniggG vom 30.03.2000, vgl. Palandt/*Putzo*, 62. Aufl. § 623 Rn. 1.
[549] *Bauer*, Neue Spielregeln für Aufhebungs- und Abwicklungsverträge durch das geänderte BGB?, ZA 2002, S. 169.

im Sinne des Gesetzes sein; diese Frage wurde intensiv diskutiert[550]. Unstreitig ist insoweit zwar, dass der Arbeitnehmer, wie jede natürliche Person, zumindest auch Verbraucher sein kann, wenn ein Rechtsgeschäft zu privaten Zwecken vorgenommen wird[551]. Streit besteht aber darüber, in welchen Konstellationen der Arbeitnehmer Verbraucher ist.

(1) Arbeitnehmer als Verbraucher?

Die Vertreter des sog. absoluten Verbraucherbegriffs gehen davon aus, dass der Arbeitnehmer in allen Situationen als Verbraucher zu qualifizieren sei[552]. Dafür spricht der Wortlaut des § 13 BGB, der nur die gewerbliche und selbständige Tätigkeit vom Verbraucherschutz ausnimmt, und dass das Gesetz nach seiner Begründung den Arbeitnehmer als Verbraucher erfassen soll[553].

Eine weitere Meinung verlangt mit dem sog. relativen oder funktionalen Verbraucherbegriff, dass eine weitere Voraussetzung, nämlich der Abschluss eines verbraucherspezifischen Rechtsgeschäfts, erfüllt sein müsse[554]. Die Norm diene der Umsetzung der Verbrauchsgüterkaufrichtlinie[555] und wolle weder Arbeitnehmer noch Arbeitsverhältnis erfassen[556]. Betrachte man die Gesetzesbegründung systematisch, sei zu beachten, dass die Ausführungen speziell im Rahmen der Gesetzesbegründung zum Verbrauchsgüterkauf und nicht allgemein zur Verbrauchereigenschaft erfolgen[557] und damit nicht allgemein zur Begrün-

---

[550] *Rieble/Klumpp*, Widerrufsrecht des Arbeitnehmer-Verbrauchers, ZIP 2002 S. 2153; *Die „arbeitsrechtliche Megafrage des Jahres 2000": Preis*, Arbeitsrecht, Verbraucherschutz und Inhaltskontrolle, NZA 2003, Heft 16, Sonderbeilage, S. 19 ff., S. 25.

[551] Palandt/*Heinrichs*, § 13 Rn. 3; Überblick über Begriffes des Verbrauchers bei *Dreher*, Verbraucher, JZ 1997, S. 167 ff.

[552] *Däubler*, Die Auswirkungen der Schuldrechtsreform auf das Arbeitsrecht, NZA 2001, S. 1329 ff., S. 1333 f.; *Hümmerich/Holthausen*, NZA 2002, 173; *Konzen*, AGB-Kontrolle im Arbeitsrecht, FS Hadding, S. 145 ff., S. 163.

[553] BT-Drs. 14/6040, S. 243.

[554] *Rieble/Klumpp*, Widerrufsrecht des Arbeitnehmer-Verbrauchers, ZIP 2002, 2153; *Hromadka*, Schuldrechtsmodernisierung und Vertragskontrolle im Arbeitsrecht, NZA 2002, 2523; *Fiebig*, DB 2002, 1608; Palandt/*Weidenkaff*, Einf v § 611 Rn. 7b; *Henssler*, RdA 2002, 129; *Bauer*, Neue Spielregeln für Aufhebungs- und Abwicklungsverträge durch das geänderte BGB?, NZA 2002, S. 169; S. 171.

[555] Richtlinie 1999/44 EG.

[556] *Hromadka*, Schuldrechtsmodernisierung und Vertragskontrolle im Arbeitsrecht, NZA 2002, S. 2523 ff.

[557] *Hromadka*, Schuldrechtsmodernisierung und Vertragskontrolle im Arbeitsrecht, NZA 2002, S. 2523 ff.

dung der Verbrauchereigenschaft des Arbeitnehmers herangezogen werden können. Schließlich spreche das allgemeine Sprachverständnis für diese Auffassung: Verbraucher sei, wer Waren oder Dienstleistungen eines Unternehmers zum Verbrauch erwerbe. Im Arbeitsverhältnis sei dies nicht der Fall[558].

In der Rechtsprechung war eine Stellungnahme bislang entbehrlich[559].

Der relative bzw. funktionale Verbraucherbegriff ist vorzugswürdig. Bei wörtlicher Auslegung kann sowohl der relative als auch der absolute Verbraucherbegriff vertreten werden. Weder nationale noch gemeinschaftsrechtliche Entstehungsgeschichte sprechen für den absoluten Verbraucherbegriff. Das Verbraucherrecht kann aber nicht wie das Handelsrecht oder das Arbeitsrecht als *Sonder*privatrecht bezeichnet werden. Der Verbraucherschutz knüpft nicht an den Status des handelnden Rechtssubjekts, sondern an einen besonderen Vertragstypus[560]. Daher kann der Arbeitnehmer nicht generell als Verbraucher gelten, und es ist nicht erforderlich, dem Arbeitnehmer diesen zusätzlichen Verbraucherschutz zukommen zu lassen.

(2) Weitere Voraussetzungen des § 312 BGB

Darüber hinaus ist es für ein gesetzliches Widerrufsrecht nach § 312 BGB erforderlich, dass das Geschäft eine entgeltliche Leistung zum Gegenstand hat und als Form des besonderen Vertriebs am Arbeitsplatz des Arbeitnehmers zustande kommt.

Fraglich ist, ob der Aufhebungsvertrag eine entgeltliche Leistung zum Gegenstand hat. Nach einer Meinung sei dieser zu bejahen, wenn die Parteien eine Abfindung zugunsten des Arbeitnehmers vereinbaren würden; aber selbst ohne eine solche Abfindung müsse man von der Entgeltlichkeit ausgehen, weil man den Geldwert der geschützten Arbeitnehmerposition berücksichtigen müsse[561]. Andere Stimmen lehnen den Begriff der Entgeltlichkeit ab: Es müsse zwischen der

---

[558] *Hromadka*, Schuldrechtsmodernisierung und Vertragskontrolle im Arbeitsrecht, NZA 2002, S. 2523 ff.
[559] Z.B. in BAG vom 27.11.2003, 2 AZR 135/03, AP Nr. 1 zu § 312 BGB; LAG Hamm vom 01.04.2003, 19 Sa 1901/02, NZA-RR 2003, S. 401.
[560] *Schmidt*, Unternehmer, Kaufmann, Verbraucher, BB 2005, S. 837 ff.
[561] *Gotthardt*, Arbeitsrecht nach der Schuldrechtsreform, Rn. 215; *Bauer/Kock*, arbeitsrechtliche Auswirkungen des neuen Verbraucherschutzrechts, DB 2002, S. 42 ff., S. 45; wohl auch *Hümmerich/Holthausen*, Der Arbeitnehmer als Verbraucher, NZA 2002, S. 173 ff., S. 178.

Belastung mit einer zusätzlichen Ausgabe und dem Verzicht auf zukünftige Einnahmen unterschieden werden; auch, wenn wirtschaftlich keine Unterschiede bestehen, sei es nicht der Schutzzweck der Norm, zukünftige Erwerbsmöglichkeiten zu sichern. Bei einer Berücksichtigung auch solcher mittelbarer Beeinträchtigungen würde der Begriff der Entgeltlichkeit jede Kontur verlieren[562].

Unstreitig findet das Gespräch am Arbeitsplatz des Arbeitnehmers statt. Der Begriff des Arbeitsplatzes ist weit auszulegen und erfasst neben dem tatsächlichen Arbeitsplatz des Arbeitnehmers den gesamten Betrieb einschließlich des Personalbüros[563], so dass der Arbeitgeber nicht umhin kommen wird, den Vertrag am Arbeitsplatz zu schließen. Allein werden hier solche Personen nicht erfasst, die sich erstmalig um eine Stelle bewerben; dann wird zwischen diesen Parteien aber kein Aufhebungsvertrag zustande kommen, sondern ein Arbeitsvertrag.

Schließlich müsste eine besondere Vertriebsform vorliegen. Die Rechtsprechung verlangt für das Vorliegen eines Haustürgeschäfts – wie ein Großteil der Stimmen in der Literatur[564] – nicht nur die Verhandlung am Arbeitsplatz bzw. an einem anderen Ort nach § 312 Abs. 1 Nr. 1 bis 3 BGB, sondern darüber hinaus – zur Erfüllung des Kriteriums eines Haustürgeschäfts – eine besondere Vertriebsform[565], also eine weitere Voraussetzung. Nach der Ansicht des 2. Senats des BAG widerspricht es der

> Gesetzessystematik, § 312 BGB n. F. auf arbeitsrechtliche Beendigungsvereinbarungen anzuwenden. Das Haustürwiderrufsrecht nach §§ 312 ff. BGB ist vertragstypenbezogenes Verbraucherschutzrecht. (…) Auf Verträge, die – wie der (…) arbeitsrechtliche Aufhebungsvertrag – keine Vertriebsgeschäfte sind, findet das gesetzliche Widerrufsrecht keine Anwendung[566].

---

[562] *Rieble/Klumpp*, Widerrufsrecht des Arbeitnehmer-Verbrauchers, ZIP 2002, S. 2153 ff., S. 2159.

[563] BAG v. 27.11.2003, 2 AZR 135/03, NJW 2004, S. 2401 ff., S. 2404; *Bauer/Kock*, Arbeitsrechtliche Auswirkungen des neuen Arbeitsschutzrechts, DB 2002, S. 42 ff., S. 44.

[564] *Hümmerich/Holthausen*, Der Arbeitnehmer als Verbraucher, NZA 2002, S. 173 ff., S. 178; *Löwisch*, Auswirkungen der Schuldrechtsreform, in FS Wiedemann S. 311 ff., S. 317.

[565] BAG v. 27.11.2003, 2 AZR 135/03, NJW 2004, S. 2401 ff., S. 2404.

[566] BAG v. 27.11.2003, 2 AZR 135/03, NJW 2004, S. 2401 ff., S. 2404.

Da kein Aufhebungsvertrag ein Vertriebsgeschäft ist, werden die Voraussetzungen des Haustürgeschäfts durch den Abschluss eines Aufhebungsvertrags am Arbeitsplatz nicht erfüllt.

Dem Arbeitnehmer steht demnach kein gesetzliches Widerrufsrecht nach den §§ 312, 355 BGB bei Abschluss eines Aufhebungsvertrags zu, weil es sich bei Abschluss des Aufhebungsvertrages nicht um ein Haustürgeschäft im Sinne des § 312 BGB handelt.

d) Ordentliche Kündigung unter Berücksichtigung des KSchG

Im Folgenden soll wird untersucht, wann und unter welchen Voraussetzungen eine Kündigung des Arbeitsverhältnisses erfolgt. Die überwiegende Zahl der Arbeitsverhältnisse wird auf unbestimmte Zeit geschlossen. Ist der Arbeitnehmer nicht bereit, das Arbeitsverhältnis zu beenden, kann der Arbeitgeber kündigen.

Die Kündigung ist eine einseitige, empfangsbedürftige Willenserklärung, durch die das Arbeitsverhältnis nach dem Willen des Kündigenden für die Zukunft sofort oder nach Ablauf der Kündigungsfrist unmittelbar beendet wird[567]. Gemäß § 623 BGB muss die Kündigung schriftlich erfolgen[568]. Sofern eine Kündigung im Rahmen eines unbefristeten Arbeitsverhältnisses fristgerecht erfolgt und kein allgemeiner und besonderer Kündigungsschutz zur Anwendung kommt, ist die Kündigung grundlos möglich[569].

Das Kündigungsschutzgesetz bildet den allgemeinen Kündigungsschutz zugunsten des Arbeitnehmers[570]. Gesetz und hierzu ergangene Rechtsprechung bewegen sich im Spannungsfeld zwischen wirtschaftlicher Handlungsfreiheit des Arbeitgebers und sozialer Schutzbedürftigkeit des Arbeitnehmers[571]. Das Kündigungsschutzgesetz ist anwendbar, wenn persönlicher und betriebsbezogener

---

[567] *Preis* in Stahlhacke/Preis/Vossen, KSchG, Rn. 1; *Löwisch*, Arbeitsrecht, Rn. 1242; Hesse in MüKo-BGB, Vor § 620 Rn. 1.

[568] Art. 2 des ArbGerBeschleunigG vom 30.03.2000, BGBl I, S. 333, in Kraft seit 01.05.2000; *dadurch sind sonstige Schriftformerfordernisse nur noch deklaratorisch, z.B.* in § 36 Abs. 1 MTV beim WDR; § 41 Abs. 1 MTV beim ZDF; Ziff. 252.1. MTV beim NDR; Ziff. 252.1. MTV beim SWR; § 44 MTV beim HR; § 7 Abs. 8 MTV beim SR; Ziff. 2.5.2. MTV beim MDR.

[569] *Löwisch*, Arbeitsrecht, Rn. 1250; ErfK/*Müller-Glöge*, § 620 BGB Rn. 62.

[570] *Lieb*, Arbeitsrecht, Rn. 337.

[571] *Kittner* in Kittner/Däubler/Zwanziger, KSchR, Einl. Rn. 10.

Anwendungsbereich eröffnet sind. In persönlicher Hinsicht muss das Arbeitsverhältnis des gekündigten Arbeitnehmers gemäß § 1 Abs. 1 KSchG mindestens seit sechs Monaten bestanden haben[572]. Der Kündigungsschutz gilt nach der Kleinbetriebsklausel gemäß § 23 Abs. 1 S. 2 KSchG nicht für Betriebe, in denen zehn oder weniger Arbeitnehmer beschäftigt werden[573]. Die hier untersuchten Medienunternehmen sind keine Kleinbetriebe.

Kommt das Kündigungsschutzgesetz zur Anwendung, ist eine Kündigung nur aufgrund bestimmter Kündigungsgründe wirksam[574]: Eine Kündigung ist gemäß § 1 KSchG sozial ungerechtfertigt und unwirksam, wenn sie nicht durch Gründe, die in der Person oder in dem Verhalten des Arbeitnehmers liegen, oder durch dringende betriebliche Erfordernisse, die einer Weiterbeschäftigung des Arbeitnehmers in diesem Betrieb entgegenstehen, bedingt ist. Eine Kündigung muss also, um auch nach dem KSchG wirksam zu sein, verhaltensbedingt, personenbedingt oder betriebsbedingt erfolgen. Jeder Grund wird anhand unterschiedlicher, durch die Rechtsprechung konkretisierter Kriterien überprüft: Da es sich um unbestimmte Rechtsbegriffe handelt[575], sind diese von der Rechtsprechung in der Vergangenheit konkretisiert worden.

Für die Mitarbeiter in den Rundfunkunternehmen kann etwa ein Verstoß gegen die Tendenzloyalität[576] oder die mangelnde Eignung eines Orchestermusikers wegen subjektiv-künstlerischer Aspekte[577] einen verhaltensbedingten Kündigungsgrund darstellen.

In den Tarifverträgen wird die Kündigungsmöglichkeit weiter eingeschränkt: Arbeitnehmer, die seit mindestens zehn Jahren beim Unternehmen beschäftigt

---

[572] Vgl. zur Berechnung der Betriebs- und Unternehmenszugehörigkeit *Preis* in Stahlhacke/Preis/Vossen, KSchG, Rn. 899 ff.

[573] BAG v. 22.01.2004, 2 AZR 237/03, NZA 2004, S. 479; Zur Berechnung der Mindestbeschäftigtenzahl: *Preis* in Stahlhacke/Preis/Vossen, KSchG, Rn. 895 ff.

[574] *Ehman/Sutschet*, Die betriebsbedingte Kündigung in JURA 2001, S. 145 ff.

[575] *Bitter*, Unternehmerfreiheit ohne Ende?, DB 1999, S. 1214; *Tschöpe*, Betriebsbedingte Kündigung, BB 2000, S. 2630; *Schiefer*, Kündigungsschutz und Unternehmerfreiheit, NZA 2002, S. 770 ff.

[576] LAG Sachsen-Anhalt vom 09.07.2002, 8 Sa 40/02, NZA-RR 2003, S. 400; MünchArbR/*Berkowsky*, § 146 Rn. 11.

[577] BAG vom 15.08.1984, 7 AZR 228/82, AP Nr. 8 zu § 1 KSchG 1969.

sind, können teilweise nur noch aus wichtigem Grund im Sinne des § 626 Abs. 1 BGB gekündigt werden[578].

Die Kündigung kann auch nach den allgemeinen Regeln unwirksam sein: Sie ist nach § 138 BGB sittenwidrig, wenn ihr ein besonders verwerfliches Motiv zugrunde liegt[579]. Auch kann eine Kündigung treuwidrig und damit wegen Verstoß gegen § 242 BGB unwirksam sein, wenn der Kündigende – in der Regel der Arbeitgeber – gegen das Maßregelungsverbot verstößt[580], wenn die Kündigung als ungehörig erscheint[581] oder offenbar willkürlich erfolgt[582].

Die Kündigungsfristen werden in § 622 BGB festgelegt. Sie betragen zwischen vier Wochen und sieben Monaten, je nach Dauer des Arbeitsverhältnisses. Auch die Kündigungsfristen werden durch die abgeschlossenen Tarifverträge zugunsten der Arbeitnehmer modifiziert. Oft sehen sie eine Frist von zwölf Monaten vor, wenn das Arbeitsverhältnis zehn Jahre angedauert hat[583].

e) Außerordentliche Kündigung

Neben der fristgerechten Beendigung des Arbeitsverhältnisses durch eine ordentliche Kündigung besteht die Möglichkeit, das Arbeitsverhältnis durch eine außerordentliche Kündigung ohne Abwarten der Kündigungsfrist zu beenden. Gemäß § 626 Abs. 1 BGB ist es dafür erforderlich, dass ein wichtiger Grund vorliegt. Ein solcher ist gegeben, wenn Tatsachen vorliegen, auf Grund derer dem Kündigenden unter Berücksichtigung aller Umstände des Einzelfalls und unter Abwägung der Interessen beider Vertragsteile die Fortsetzung des Arbeitsverhältnisses bis zum Ablauf der Kündigungsfrist nicht zugemutet werden kann[584]. Nur selten gehen die Arbeitsgerichte vom Vorliegen eines solchen

---

[578] § 36 Abs. 2 beim WDR; Ziff. 253.11. MTV beim SWR; § 44 MTV beim HR; Ziff. 2.5.6. beim MDR; unter zusätzlicher Berücksichtigung des Lebensalters vgl. Ziff. 253.11. MTV beim NDR; § 7 Abs. 8 MTV beim SR.
[579] BAG vom 16.02.1989, 2 AZR 299/88, NZA 1989, S. 923; *Preis* in Stahlhacke/Preis/Vossen, KSchG, Rn. 295.
[580] Z.B. wegen geschlechtsbezogener Benachteiligung nach § 611 a BGB.
[581] *Preis* in Stahlhacke/Preis/Vossen, KSchG, Rn. 311.
[582] *Preis* in Stahlhacke/Preis/Vossen, KSchG, Rn. 316.
[583] Vgl. § 36 Abs. 2 MTV beim WDR; § 41 Abs. 2 MTV beim ZDF; § 42 NTV beim HR; Ziff. 2.5.1. MTV beim MDR; *teilweise kürzer*, vgl. § 7 beim SR; Ziff. 251.2. beim SWR; Ziff. 251.11. beim NDR.
[584] BAG vom 16.12.2004, 2 ABR 7/04, AP Nr. 191 zu § 626 BGB; Palandt/*Weidenkaff*, § 626 Rn. 37 ff., Staudinger/*Preis*, § 626 Rn. 49, 50 ff., 97 ff.

Grundes aus: Bei einem Redakteur, der sich außerbetrieblich gegen die Meinung seines Arbeitgebers gestellt hat, hat dieser Umstand noch nicht zur außerordentlichen Kündigung ausgereicht[585]: Das Gericht erkennt zwar an, dass ein Arbeitnehmer durch die Tendenztreuepflicht auch hinsichtlich seines außerdienstlichen Verhaltens weitergehende Pflichten als andere Arbeitnehmer haben kann und sich daher auch bei der außerdienstlichen Meinungsäußerung engere Grenzen ergeben können. Erforderlich sei aber eine konkrete Beeinträchtigung zwischen dem Mitarbeiter einerseits und dem Tendenzunternehmen andererseits im Hinblick auf Betriebsfrieden und Tendenzcharakter. Im zu entscheidenden Fall hätte das Gericht eine solche Beeinträchtigung erst erkannt, wenn durch die Meinungsäußerung des Journalisten auch die Grundhaltung oder Glaubhaftigkeit des Tendenzunternehmens beeinträchtigt worden wäre. Die außerordentliche Kündigung ohne vorherige Abmahnung wurde vom LAG Sachsen-Anhalt auch für unwirksam gehalten, als ein Redakteur innerbetrieblich gegen das Tendenzgebot seines Arbeitgebers verstoßen hat[586]. Zwar hat das Gericht eine erhebliche Vertragsverletzung durch das Verhalten des angestellten Redakteurs bejaht; da das Fehlverhalten aber nur einmal stattgefunden habe, sei es nicht auszuschließen, dass es seine Ursache in einer eklatanten Fehleinschätzung gehabt habe; eine Interessenabwägung könnte daher nicht zu einem wichtigen Grund im Sinne der außerordentlichen Kündigung führen. Zumindest wird eine aktive Tendenzförderungspflicht abgelehnt[587].

f) Sonderkündigungsschutz

Besondere Kündigungsschutztatbestände können den allgemeinen Kündigungsschutz ergänzen. Diese gewähren zugunsten bestimmter Personengruppen oder in bestimmten Situationen weiteren Bestandsschutz.

Beispielsweise haben die Mitglieder und Wahlbewerber der Betriebsverfassungsorgane einen besonderen Schutz: Nach § 15 KSchG ist eine ordentliche Kündigung dieser Personen für eine bestimmte Zeit ausgeschlossen[588]. In diesem Zeitraum ist nur eine außerordentliche Kündigung möglich, die gemäß

---

[585] LAG Berlin vom 06.12.1982, 9 Sa 80/82, EzA § 1 KSchG Tendenzbetrieb Nr. 11; ZUM 1985, S. 272 ff.

[586] LAG Sachsen-Anhalt vom 09.07.2002, 8 Sa 40/02, NZA-RR 2003, S. 244, MDR 2003, S. 400.

[587] LAG Berlin vom 06.12.1982, 9 Sa 80/82, EzA § 1 KSchG Tendenzbetrieb Nr. 11;

[588] *Löwisch*, Kündigungsschutz allein gebliebener Initiatoren zur Betriebsratswahl, DB 2002, 1503.

§ 103 BetrVG der Zustimmung des Betriebsrats bedarf. Eine entsprechende Regelung sehen auch die Personalvertretungsgesetze der Länder[589] und die Tarifverträge[590] vor.

Auch den Müttern kommt ein besonderer Kündigungsschutz zu. Nach § 9 MuSchG ist jede außerordentliche und ordentliche Kündigung gegenüber einer Frau während ihrer Schwangerschaft und bis vier Monate nach der Entbindung unzulässig. Nur ausnahmsweise kann eine Kündigung durch die Erklärung oberster Landesbehörden für zulässig erklärt werden. Ein ähnlicher Kündigungsschutz kommt Vätern und Müttern zugute, wenn sie Erziehungsurlaub verlangen oder nehmen, § 18 BErzGG.

Schließlich kommt den Schwerbehinderten ein besonderer Kündigungsschutz zugute. Seit dem 01.07.2001 gilt für diese das SGB IX[591], das Regelungen des bisherigen SchwbG übernommen hat. Danach bedarf die Kündigung eines Schwerbehinderten immer der vorigen Zustimmung des Integrationsamtes, § 85 SGB IX.

g)   Anhörung des Betriebsrats bzw. Personalrats

Vor jeder Kündigung eines Arbeitnehmers ist das Vertretungsorgan der Arbeitnehmer im Unternehmen zur Kündigung zu hören. Für die privatrechtlichen Unternehmen ergibt sich das Erfordernis aus § 102 Abs. 1 S. 1 BetrVG, für die öffentlich-rechtlichen Anstalten aus den Personalvertretungsgesetzen der Länder[592]. Soweit Anhörung oder Mitbestimmung des Betriebs- oder Personalrats vorgesehen sind, ist eine Kündigung unwirksam, wenn die gewählte Form der Mitwirkung des Vertretungsorgans nicht eingehalten worden ist.

---

[589] § 70 Abs. 1 LPersVG RP; Art. 47 Abs. 1 Bayr. LPersVG; § 43 PersVG NRW; § 46 Abs. 1 Saarl. PersVG; § 48 LPersVG Sachsen; § 48 LPersVG Thüringen; § 108 BPersVG.

[590] § 36 Abs. 7 MTV beim WDR.

[591] BGBL I, S. 1046.

[592] *Eine Kündigung ist unwirksam, wenn der Personalrat nicht beteiligt worden ist,* § 79 Abs. 4 PersVG u. Art. 77 Bayr. PersVG u. § 78 Abs. 4 LPersVG Thüringen u. § 82 Abs. 4 PersVG RP; *Eine ohne Beteiligung des Personalrates ausgesprochene Kündigung oder ein ohne Beteiligung des Personalrates geschlossener Aufhebungs- oder Beendigungsvertrag ist unwirksam,* § 72 a Abs. 3 PersVG NRW; *Eine Kündigung ist unwirksam, wenn der Personalrat nicht nach Absatz 1 beteiligt wurde,* § 78 LpersVG Sachsen; *Eine ohne Anhörung des Personalrats ausgesprochene außerordentliche Kündigung ist unwirksam,* § 80 Abs. 3 S. 3 LPersVG SR.

h)   Weiterbeschäftigungsanspruch

Fraglich ist, ob dem Arbeitnehmer ein Weiterbeschäftigungsanspruch zustehen kann. Nach dem Großen Senat des BAG hat der gekündigte Arbeitnehmer

> einen arbeitsvertraglichen Anspruch auf vertragsgemäße Beschäftigung über den Ablauf der Kündigungsfrist oder bei einer fristlosen Kündigung über deren Zugang hinaus bis zum rechtskräftigen Abschluss eines Kündigungsprozesses, wenn die Kündigung unwirksam ist und überwiegende schutzwerte Interessen des Arbeitgebers einer solchen Beschäftigung nicht entgegenstehen[593].

Beim Weiterbeschäftigungsanspruch handelt es sich nicht wie beim allgemeinen Beschäftigungsanspruch um einen Nebenanspruch; der Weiterbeschäftigungsanspruch zielt vielmehr auf eine Verlängerung des bestehenden bzw. auf eine Neugründung eines sich anschließenden Arbeitsverhältnisses ab[594]. Teilweise wird dieser zusätzlich in den bestehenden Tarifverträgen[595] oder Personalvertretungsgesetzen der Länder[596] geregelt. Unter Umständen kommt dem Arbeitnehmer auch der betriebsverfassungsrechtliche Weiterbeschäftigungsanspruch gemäß § 102 Abs. 5 BetrVG zu.

i)   Wiedereinstellungsanspruch

Ändern sich die Umstände, aufgrund derer der Arbeitgeber die Kündigung ausgesprochen hat, noch vor Ablauf der Kündigungsfrist, besteht die Möglichkeit, dass dem Arbeitnehmer ein Wiedereinstellungsanspruch zusteht:

> Dem betriebsbedingt gekündigten Arbeitnehmer kann ein Wiedereinstellungsanspruch zustehen, wenn sich zwischen dem Ausspruch der Kündigung und dem Ablauf der Kündigungsfrist unvorhergesehen eine Weiterbeschäftigungsmöglichkeit ergibt[597].

Diese Grundsätze gelten nicht nur für die betriebsbedingte Kündigung, sondern für alle Arten der Kündigung, auch für die Verdachtskündigung[598]. Erforderlich ist, dass die Voraussetzungen, Prognosen oder Vermutungen einer wirksamen

---

[593] BAG v. 27.02.1985, GS 1/84, AP Nr. 14 zu § 611 BGB Beschäftigungspflicht.
[594] MünchArbR/*Blomeyer*, § 95 Rn. 14.
[595] § 43 MTV beim ZDF.
[596] § 82 Abs. 2 LPersVG RP; § 78 Abs. 2 LPersVG Sachsen; § 78 Abs. 2 LPersVG Thüringen; § 77 Abs. 2 LPersVG Bayern.
[597] BAG vom 28.06.2000, 7 AZR 904/98, AP Nr. 6 zu § 1 KSchG 1969 Wiedereinstellung.
[598] *Löwisch*, Arbeitsrecht, Rn. 1271.

Kündung nachträglich weggefallen sind[599]. Der Wiedereinstellungsanspruch stellt einen Nebenanspruch gemäß §§ 241 Abs. 2, 242 BGB i.V.m. Art. 12 Abs. 1 GG dar[600] und kompensiert den Umstand, dass für eine Kündigung bereits das Vorliegen einer bloßen Prognose ausreicht[601].

j) Änderungskündigung

Eine Änderungskündigung ist erforderlich, wenn der Arbeitgeber die Inhalte des Arbeitsverhältnisses so wesentlich verändern will, dass diese nicht mehr anhand des ihm zustehenden Direktionsrechts in das bestehende Arbeitsverhältnis eingebracht werden können[602]. Im Rahmen der Änderungskündigung wird dem Arbeitnehmer das alte Arbeitsverhältnis gekündigt mit dem Angebot, das Arbeitsverhältnis zu den geänderten Bedingungen fortzusetzen. Stattdessen kann die Kündigung auch unter die aufschiebende oder auflösende Bedingung gestellt werden, dass sich der Gekündigte mit der vorgeschlagenen Änderung nicht einverstanden bzw. einverstanden erklärt[603].

Insbesondere ist eine Änderungskündigung erforderlich, wenn der Arbeitgeber die Arbeitszeit des Arbeitnehmers reduzieren will, da

die Menge der Arbeitszeit und der Arbeitsvergütung (...) zum Kernbereich des Arbeitsverhältnisses [gehören], der grundsätzlich nicht dem Direktionsrecht des Arbeitgebers unterliegt[604].

Das gilt auch für die Änderung der Entlohnung[605], für einen neuen Urlaubsanspruch[606] oder für die dauerhafte Änderung des Einsatzorts[607] des Arbeitnehmers. Für eine Änderungskündigung gelten die gleichen, engen materiellen und formellen Voraussetzungen wie für die übrigen Kündigungen.

---

[599] Schaub, Arbeitsrecht/*Schaub*, § 129 Rn. 28 f.
[600] Schaub, Arbeitsrecht/*Schaub*, § 129 Rn. 28.
[601] Löwisch/Spinner, KSchG, § 1 Rn. 82.
[602] BAG vom 24.08.2004, 1 AZR 419/03, AP Nr. 77 zu § 2 KSchG 1969.
[603] *Löwisch*, Arbeitsrecht, Rn. 1286.
[604] LAG RP vom 13.08.2003, AZ: 10 Sa 513/03.
[605] BAG vom 11.10.1989, 2 AZR 61/89, AP Nr. 47 zu § 2 KSchG 1969.
[606] LAG RP vom 17.05.2001, 4 Sa 137/01, EzA-SD 2001, Nr. 23, 10.
[607] BAG vom 28.10.1999, 2 AZR 437/98, AP Nr. 44 zu § 15 KSchG 1969; LAG Köln vom 06.12.2001, 6 Sa 874/01.

k) Zusammenfassung

Zugunsten der Arbeitnehmer besteht innerhalb der Unternehmen ein umfassendes Instrumentarium, um die Beendigung der Arbeitsverhältnisse zu kontrollieren. Die einzige Möglichkeit, sich nur für eine absehbare Zeit an einen programmgestaltenden Mitarbeiter im Rahmen eines Arbeitsverhältnisses zu binden, ist die Befristung des Arbeitsverhältnisses. Durch den verfassungsrechtlichen Schutz der Rundfunkfreiheit in Art. 5 Abs. 1 GG sind hier längere Befristungen als üblich möglich, wenn diese auch nicht uferlos gewährt werden. Einschränkungen bestehen durch die geschlossenen Tarifverträge und durch die Rechtsprechung. Besteht ein unbefristetes Arbeitsverhältnis, so kann sich der Arbeitgeber nur schwer von seinem programmgestaltenden Mitarbeiter trennen. Zugunsten der Arbeitnehmer sehen die Tarifverträge oft eine zusätzliche Erschwerung der Kündigung nach einer bestimmten Betriebszugehörigkeit oder ab einem bestimmten Lebensalter vor. Die einverständliche Aufhebung der Arbeitsverhältnisse steht immer unter der Beeinflussung der Kündigungsmöglichkeiten. Ist eine Kündigung nur schwer oder gar nicht möglich, wird dadurch die Verhandlungsposition des Arbeitnehmers bei Abschluss eines Aufhebungsvertrags gestärkt, und entsprechend hoch ist die Gegenleistung des Arbeitgebers. Die unbefristeten Arbeitsverhältnisse in den Medienunternehmen sind demnach umfassend bestandsgeschützt.

2. Situation der Arbeitnehmerähnlichen

Fraglich ist, ob hinsichtlich der arbeitnehmerähnlich Beschäftigten eine vergleichbare Situation besteht. Zuvor muss aber für die Arbeitnehmerähnlichen differenziert werden, welches Rechtsverhältnis Gegenstand der Kündigung ist und ob eine Kündigung – oder besser eine Beendigung – in Betracht kommt.

Zum einen bestehen kurzfristige Rechtsverhältnisse: Zwischen den Parteien werden ständig neue, kurzfristige Dienst- oder Werkvertragsverhältnisse begründet, anhand derer die Mitarbeit des Arbeitnehmerähnlichen für bestimmte Projekte, Produktionen oder Sendungen vereinbart wird. Die Kündigung der einzelnen Vertragsverhältnisse ist rechtlich uninteressant, da diese nur für kurze Zeiträume eingegangen worden sind. Besteht zwischen den Parteien ein befristeter Dienstvertrag, kann dieser nur außerordentlich gemäß § 626 BGB gekündigt werden; dass bei Zeit- und Zweckbefristungen die ordentliche Kündbarkeit ausgeschlossen ist, ergibt sich aus dem Umkehrschluss des § 620 Abs. 2 BGB[608]. Ein Werkvertrag kann zwar bis zur Vollendung des Werks gekündigt werden, der Besteller bleibt aber nach § 649 f. BGB zur Zahlung der vereinbarten Vergütung verpflichtet. Die einzelnen Vertragsverhältnisse werden schließlich durch ihr Auslaufen bzw. beim Werkvertrag mit Herstellung und Übergabe des vereinbarten Werks und anschließender Vergütung beendet[609].

Von rechtlicher Bedeutung für die Beurteilung des Bestandsschutzes sind die begleitenden Dauerrechtsverhältnisse zwischen den Parteien, die den Status der Arbeitnehmerähnlichkeit ausmachen. Sie entstehen durch eine dauerhafte Tätigkeit des Beschäftigten für ein Unternehmen und gestalten die vertragliche Beziehung zwischen den Parteien. Fraglich ist daher, ob das arbeitnehmerähnliche Rechtsverhältnis gekündigt oder beendet werden kann, das die Einzelaufträge überlagert. Die Kündigung kann nur dann ein Ziel haben, wenn zwischen den Parteien ein Dauerschuldverhältnis zustande gekommen ist, das Rechte und Pflichten auch für die Zukunft begründet. Solche Rechte und Pflichten wurden bisher noch nicht festgestellt. Der Status der Arbeitnehmerähnlichkeit hat bislang nur die immer neu zustande kommenden Werk- oder Dienstverträge modifiziert. Ein Recht oder eine Pflicht für die Zukunft kann dem arbeitnehmerähnlichen Rechtsverhältnis dagegen nicht entnommen werden[610].

Eine Gegenüberstellung der Rechte und Pflichten aus dem Arbeitsvertrag mit denen des arbeitnehmerähnlichem Rechtsverhältnisses macht den Unterschied deutlich: Der unbefristet beschäftigte Arbeitnehmer hat mit seinem Vertragspartner vereinbart, täglich eine bestimmte Leistung zu erbringen. Um auf diese Leistung für die Zukunft zu verzichten, muss der Vertragspartner eine gestaltende Willenserklärung, die Kündigung, aussprechen. Der Arbeitnehmerähnliche bietet dagegen seinem Vertragspartner nach Ablauf der einzelnen Verträge seine Leistungen immer wieder neu an, und der Vertragspartner muss diese immer wieder neu annehmen. Um in Zukunft auf die Leistungen zu verzichten, ist keine Umgestaltung der derzeitigen Lage erforderlich, weil der Vertragspartner nur die angebotenen Dienste des Arbeitnehmerähnlichen nicht annehmen muss. Die Besonderheit der Arbeitnehmerähnlichkeit, verbunden mit den Tarifverträgen,

---

[608] *Hesse* in MüKo-BGB, § 620 Rn. 11.
[609] *Seidel*, Medienmensch im Tarifvertrag, ZUM-Sonderheft 2000, S. 660 ff., S. 663.
[610] BAG v. 16.03.1999, AZ: 9 AZR 314/98, unter Ziff. I.2.. lit. b.aa.

gebietet lediglich einen rechtzeitigen Hinweis auf den baldigen Verzicht der angebotenen Dienste[611].

Die im Rundfunk bestehenden Tarifverträge für Arbeitnehmerähnliche begründen auch keine Pflicht des Unternehmens über den Einzelvertrag hinaus, da in diesen keine Beschäftigungspflichten für die Zukunft vereinbart werden. Für den Fall der einseitigen Aufhebung des Vertragsverhältnisses ist dann aber nicht der Begriff der Kündigung zu verwenden, sondern der der Beendigung; daher haben die Tarifvertragsparteien auch lediglich Beendigungsfristen vereinbart. Diesen Fristen ist es gemeinsam, dass der Beschäftigungsgeber vor der vollständigen Beendigung der Beschäftigung den Arbeitnehmerähnlichen auf diese Absicht hinweist.

§ 623 BGB gilt nur für die Kündigung von Arbeitsverhältnissen, nicht aber für die Beendigung des arbeitnehmerähnlichen Dienstverhältnisses[612]. Für die Beendigung ist daher nach der gesetzlichen Konzeption keine Schriftform erforderlich. Teilweise enthalten die Tarifverträge der Medienunternehmen die Voraussetzung, arbeitnehmerähnliche Rechtsverhältnisse schriftlich zu beenden[613].

a) Zeitablauf

Fraglich ist, ob das arbeitnehmerähnliche Rechtsverhältnis durch Zeitablauf enden kann. Die Dauerrechtsbeziehung, die die Arbeitnehmerähnlichkeit des Beschäftigten ausmacht, kann in einem zeitlich befristeten Rahmen begründet werden: Zu Beginn einer Beschäftigung wird die Vereinbarung getroffen, dass der Beschäftigte für einen bestimmten Zeitraum, etwa ein oder zwei Jahre, in einem so hohen Maß beschäftigt wird, dass sich dadurch die Arbeitnehmerähnlichkeit des Beschäftigten begründet (Befristete Honorarrahmen- oder Honorarzeitverträge)[614]. Das TzBfG kommt für solche Rahmenverträge nicht zur Anwen-

---

[611] Anderer Ansicht *Neuvians*, Entscheidungsanmerkung zu BAG vom 20.01.2004, AP Nr. 1 zu § 112 LPVG RP.
[612] KR-*Rost*, Arbeitnehmerähnliche Person, Rn. 39; ErfK/*Müller-Glöge*, § 623 BGB Rn. 4; im Grunde auch BAG v. 20.01.2004, 9 AZR 291/02, AP Nr. 1 zu § 112 LPersVG RP.
[613] § 12 Abs. 1 des ANÄ-TV beim WDR; Ziff. 4.2.1. des ANÄ-TV beim BR; § 9 Abs. 1 des ANÄ-TV bei der DW; Ziff. 5.2.1. des ANÄ-TV beim SWR; § 11 Abs. 1 ANÄ-TV beim HR; Ziff. 5.2. des ANÄ-TV beim SR; Ziff. 5.2.2. des ANÄ-TV beim MDR.
[614] Vgl. §§ 18 ff. des Tarifvertrags für Arbeitnehmerähnliche bei der DW.

dung[615], da es ausdrücklich nur für die Befristung von Arbeitsverträgen anzuwenden ist, vgl. §§ 1, 3 14 TzBfG.

Auf Basis dieses Rahmenvertrags erfolgt die Beschäftigung durch einzelne, vom Unternehmen erteilte Aufträge. Diese Einzelaufträge werden aber wie bei den übrigen Arbeitnehmerähnlichen immer wieder neu abgeschlossen[616]. Läuft der vereinbarte Zeitraum ab, ist das arbeitnehmerähnliche Dauerrechtsverhältnis beendet. Teilweise sehen es die Tarifverträge vor, dass das Auslaufen der befristeten Honorar-Rahmenverträge in einer bestimmten Frist dem Arbeitnehmerähnlichen anzukündigen ist[617]. Teilweise wird dem Beschäftigten über die Ankündigungsfrist hinaus ein Anspruch auf Übergangsgeld gewährt[618].

Während der Befristung hat der Arbeitnehmerähnliche keinen Anspruch auf Beschäftigung. Eine Ausnahme besteht gemäß § 7 des ANÄ-TV lediglich beim Hessischen Rundfunk: Die Arbeitnehmerähnlichen haben einen Beschäftigungsanspruch in einem Umfang, der ihrem bestehenden Bestandsschutz entspricht. Bei den übrigen Medienunternehmen steht ihnen lediglich ein Ausgleichsanspruch zu.

b)   Einverständliche Aufhebung des Beschäftigungsverhältnisses

Das zwischen Unternehmen und Beschäftigtem begründete Dauerrechtsverhältnis der Arbeitnehmerähnlichkeit kann auch durch einverständliche Aufhebung der beiden Parteien beendet werden[619]. Dabei gilt der Grundsatz der Vertragsfreiheit. Ob ein praktisches Bedürfnis des Unternehmens besteht, auf diesem Weg die Beschäftigung zu beenden, ist fraglich. Denn ein Aufhebungs- oder Abwicklungsvertrag wird mit einem Arbeitnehmer nur geschlossen, um schnell und sicher ein Arbeitsverhältnis zu beenden und Prozessrisiken auszuschließen[620]; diese Sicherheit erwirbt der Arbeitgeber beim Arbeitnehmer, indem er entweder durch einen Aufhebungsvertrag das Arbeitsverhältnis beendet oder zumindest durch einen Abwicklungsvertrag den Rechtsschutz vor den Arbeitsgerichten ausschließt.

---

[615] KR-*Rost*, Arbeitnehmerähnliche Personen, Rn. 41.
[616] Vgl. § 19 Abs. 1 des Tarifvertrags für Arbeitnehmerähnliche bei der DW.
[617] Vgl. § 18 Abs. 1 des Tarifvertrags für Arbeitnehmerähnliche bei der DW.
[618] Vgl. §§ 20 Abs. 2, 11 des Tarifvertrags für Arbeitnehmerähnliche bei der DW.
[619] KR-*Rost*, Arbeitnehmerähnliche Personen, Rn. 39.
[620] *Weber/Ehrich/Burmester*, Handbuch der arbeitsrechtlichen Aufhebungsverträge, S. 1.

Diese Gewissheit liegt dem arbeitnehmerähnlichen Rechtsverhältnis aber bereits zugrunde, weil sich das Unternehmen von den arbeitnehmerähnlich Beschäftigten leichter als von einem Arbeitnehmer lösen kann. Wie bereits dargelegt wurde, ist es nicht erforderlich, sich von etwas zu lösen, weil die Parteien keine Rechte und Pflichten für die Zukunft vereinbart haben.

c) Anwendung der §§ 312 ff. BGB auf die Arbeitnehmerähnlichen

Sollten Medienunternehmen und Arbeitnehmerähnlicher einen Aufhebungs- oder Abwicklungsvertrag schließen, stellt sich für den Arbeitnehmerähnlichen die Frage, ob er ein Widerrufsrecht gemäß § 355 BGB hat.

Jede natürliche Person kann als Verbraucher auftreten. Daher ist auch der Arbeitnehmerähnliche als Verbraucher zu qualifizieren, wenn das abzuschließende Rechtsgeschäft weder der beruflichen noch gewerblichen Tätigkeit zuzurechnen ist. Ob der Arbeitnehmerähnliche bei Begründung, Änderung oder Aufhebung seines Tätigkeitsverhältnisses als Verbraucher nach § 13 BGB zu qualifizieren ist, wird unterschiedlich beantwortet.

Einerseits wird dieser aufgrund von Verträgen tätig, bei deren Abschluss und Ausübung der Arbeitnehmerähnliche unabhängig und damit persönlich selbständig ist[621]. Kann aber das Rechtsgeschäft einer selbständigen beruflichen Tätigkeit zugerechnet werden, liegt gemäß § 13 BGB keine Verbrauchereigenschaft vor. Der Arbeitnehmerähnliche wäre dann als Unternehmer zu qualifizieren, da gemäß 14 BGB derjenige Unternehmer ist, der bei Abschluss des Rechtsgeschäfts in Ausübung seiner selbständigen beruflichen Tätigkeit handelt. Das Handeln ist selbständig, wenn der potenzielle Unternehmer auf eigene Verantwortung und auf eigene Rechnung und Gefahr handelt; dafür ist eine im Wesentlichen freie inhaltliche Gestaltung der Tätigkeit sowie die Selbstbestimmung über Arbeitszeit, -ort und -pensum charakteristisch[622]. Diese Umstände können freie Mitarbeiter und Arbeitnehmerähnliche selbst bestimmen, weshalb beide persönlich selbständig sind. Da der Begriff des Unternehmers nach § 14 BGB weit auszulegen ist[623], spielt es auch keine Rolle, ob die Tätigkeit im Rahmen eines freien Berufsbildes oder eines Gewerbes ausgeübt wird. Der Arbeitneh-

---

[621] ErfK/*Preis*, § 611 BGB Rn. 12.
[622] MüKo/*Micklitz*, § 14 Rn. 24.
[623] Palandt/*Heinrichs*, § 14 Rn. 1.

merähnliche bietet also als Dienstleister seine Leistungen frei auf dem Markt an und wäre nach dieser Auffassung kein Verbraucher.

Andererseits ist der Arbeitnehmerähnliche wirtschaftlich abhängig, was ihn einem Arbeitnehmer vergleichbar sozial schutzbedürftig macht. Aufgrund dieser Vergleichbarkeit stellt sich die Frage, ob nicht auch der Arbeitnehmerähnliche mit ähnlicher Begründung wie der Arbeitnehmer als Verbraucher eingestuft werden muss. Die Frage erscheint auch durch den Aspekt interessant, dass dem Arbeitnehmerähnlichen nicht der gesamte Schutz des Arbeitsrechts zugute kommt, er also anders als ein Arbeitnehmer weiter schutzbedürftig erscheint. Dennoch muss die Verbrauchereigenschaft des Arbeitnehmerähnlichen verneint werden: Zum einen hat das Verbraucherrecht eine Schutzrichtung, die nicht mit dem Schutzbedürfnis vergleichbar ist, das dem Arbeitnehmerähnlichen gewährt werden muss und möglicherweise eine Anwendung der §§ 355 BGB rechtfertigen könnte. Der Arbeitnehmerähnliche bedarf im Rahmen seiner dauernden, in wirtschaftlicher Abhängigkeit stattfindenden Leistungserbringung eines Schutzes, der dem des Arbeitnehmers ähnelt, damit die Arbeits- und Leistungsbedingungen für diesen verbessert werden. Dagegen verbessert der Verbraucherschutz nicht die Arbeits- und Leistungsbedingungen, sondern gewährt dem Verbraucher in bestimmten Situationen Widerrufsrechte, Inhaltskontrollen von Verträgen, Beweislastumkehr und besondere Unternehmerpflichten[624]. Der Verbraucherschutz ist also bereits nach seiner Ausrichtung nicht geeignet, den Arbeitnehmerähnlichen bei Erbringung seiner Leistungen zu schützen. Anders als der Arbeitnehmer ist der Arbeitnehmerähnliche auch für seine Beschaffungsgeschäfte nicht als Verbraucher anzusehen. Aus dem bisher Dargelegten ergibt sich bereits, dass der Arbeitnehmerähnliche eher wie ein Unternehmer am Markt auftritt und seine Leistungen anbietet. Auch die Gesetzesbegründung stützt nicht die Auffassung, den Arbeitnehmerähnlichen unter den Verbraucherschutz zu stellen: Nur Personen, die als abhängig Beschäftigte eine Sache für einen ihrer Beschäftigung dienenden Zweck kaufen, sollen nicht aus dem Verbraucherbegriff ausgenommen werden[625].

Damit ist der Arbeitnehmerähnliche im Rahmen seines Beschäftigungsverhältnisses nicht als Verbraucher anzusehen.

---

[624] *Rieble/Klumpp*, Widerrufsrecht des Arbeitnehmer-Verbrauchers, ZIP 2002, S. 2153, 2157.
[625] BT-Drs 14/6040, S. 243.

d) Ordentliche Kündigung oder Beendigung?

Fraglich ist, in welchem Rahmen das arbeitnehmerähnliche Rechtsverhältnis fristgerecht beendet werden kann.

(1) Grundlagen

Es wurde bereits festgestellt, dass die einzelnen und kurzfristigen Dienst- oder Werkverträge, aufgrund derer der Arbeitnehmerähnliche seine Dienste erbringt, kündigungsrechtlich ohne Bedeutung oder sogar ordentlich nicht kündbar sind, da diese für einen festen Zeitraum eingegangen sind und damit sowohl das Unternehmen als auch der Beschäftigte auf ein ordentliches Kündigungsrecht dieser kurzfristigen Rechtsbeziehung verzichtet haben (Seite 186).

Über die einzelnen Dienst- oder Werkverträge hinaus besteht aber das arbeitnehmerähnliche Rechtsverhältnis zwischen den Parteien, das durch die wirtschaftliche Abhängigkeit des Beschäftigten und durch seine, einem Arbeitnehmer vergleichbare, soziale Schutzbedürftigkeit charakterisiert wird[626]. Dieses ist im Gegensatz zu den Einzelverträgen auf längere Dauer eingegangen, und es liegt auf der Hand, dass hier unterschiedliche Formen von Bestandsschutz de lege lata diskutiert werden[627]. Das Interesse des Beschäftigten steht unter dem grundrechtlichen Schutz der Gleichheit nach Art. 3 GG, der Berufsfreiheit und der Arbeitsplatzwahl nach Art. 12 Abs. 1 GG und schließlich des Verfassungsprinzips des Sozialstaats[628]. Aber auch die Interessen des Unternehmens genießen hohen Rang. Für das Unternehmen streiten grundsätzlich die Berufsfreiheit des Unternehmers aus Art. 12 Abs. 1 GG[629] und die allgemeine Vertragsfreiheit, die in Art. 2 Abs. 1 GG geschützt ist[630]. Die Grundrechte verleihen den Betroffenen zwar keinen unmittelbaren Schutz gegen den Verlust des Arbeitsplatzes bzw. der Beschäftigung aufgrund privater Dispositionen, dem Staat obliegt insoweit aber eine aus Art. 12 Abs. 1 GG folgende Schutzpflicht, die er bei der Ausgestaltung des dem Arbeitgeber zugebilligten arbeitsrechtlichen Kündi-

---

[626] BAG v. 07.01.1971, 5 AZR 221/70, AP Nr. 8 zu § 611 BGB Abhängigkeit.

[627] Vgl. Beiträge in ZUM, Sonderheft 2000, im Rahmen des Symposiums „Freie Mitarbeit in den Medien".

[628] BVerfGE 84, S. 133 ff., S. 146; *Beuthien/Wehler*, Freie Mitarbeit im Arbeitsrecht, RdA 1978, S. 2 ff., S. 10.

[629] *Oetker*, Arbeitsrechtlicher Bestandsschutz und Grundrechtsordnung, RdA 1997, S. 9 ff., S. 10.

[630] *Oetker*, Arbeitsrechtlicher Bestandsschutz und Grundrechtsordnung, RdA 1997, S. 9 ff., S. 10.

gungsrechts beachten müsse[631]. Dieser Gedanke gilt nicht nur für das Arbeitsrecht, sondern für alle Formen der Beschäftigung. In Betracht kommen daher materielle und formelle Instrumente zur Einschränkung der Beendigungsmöglichkeiten. Die Rundfunkunternehmen genießen darüber hinaus den Schutz des Art. 5 Abs. 1 S. 2 GG.

Unter Beachtung dieser Grundsätze wird im Folgenden geprüft, wie eine Beendigung des arbeitnehmerähnlichen Rechtsverhältnisses stattfinden kann.

(2) Anwendung des Kündigungsschutzgesetzes

Es ist einhellig anerkannt, dass das Kündigungsschutzgesetz weder direkt noch analog auf die arbeitnehmerähnlich Beschäftigten anzuwenden ist[632]. Der persönliche Anwendungsbereich ist nach § 1 KSchG nur für Kündigungen von Arbeitsverhältnissen gegenüber einem Arbeitnehmer eröffnet, so dass die direkte Anwendung ausgeschlossen ist. Dies gilt auch für die analoge Anwendung: Es fehlt an der Planwidrigkeit der Regelungslücke, weil dem Gesetzgeber die Ausgrenzung des Arbeitnehmerähnlichen aus dem Normbereich bewusst ist, wenn er innerhalb einer Norm nur den Begriff des Arbeitnehmers verwendet[633]. Gegen die Analogie des KSchG zugunsten der Arbeitnehmerähnlichen spricht auch das Bestehen des § 29a HAG[634]: Dieser enthält für die in Heimarbeit Beschäftigten eine Regelung, die der des § 15 KSchG ähnlich ist. Die in Heimarbeit Beschäftigten sind aber eine Untergruppe der Arbeitnehmerähnlichen; die Regelung wäre also nicht erforderlich, wenn bereits die Anwendung des Kündigungsschutzgesetzes auf die (gesamte) Gruppe der Arbeitnehmerähnlichen gewollt gewesen wäre[635]. Schließlich kann man auch mit der Rechtsprechung des BAG davon

---

[631] *Oetker*, Arbeitnehmerähnliche Personen und Kündigungsschutz, in FS Arbeitsgerichtsbarkeit RP, S. 311 ff., S. 319.

[632] BAG vom 20.01.2004, 9 AZR 291/02, AP Nr. 54 zu § 15 KSchG 1969; BAG vom 19.05.1960, 2 AZR 197/58, AP Nr. 7 zu § 5 ArbGG 1953; LAG Hamm vom 15.06.1989, AZ: 10 Sa 675/88; HK-*Rost*, Arbeitnehmerähnliche Person, Rn. 33; Löwisch/*Spinner*, KSchG, § 1 Rn. 17; v. Hoyningen-Huene/*Linck*, KSchG, § 1 Rn. 46; *Dörner* in Ascheid/Preis/Schmidt, § 1 KSchG Rn. 21; *Preis* in Stahlhacke/Preis/Vossen, Kündigungsschutz, Rn. 878; *Hromadka*, Arbeitnehmerähnliche Personen, NZA 1997, S. 1249 ff., S. 1254; *Hromadka*, Arbeitsrecht der arbeitnehmerähnlichen Selbständigen, FS Söllner, S: 461 ff., S. 475; *Wank*, Arbeitnehmer und Selbständige, S. 235 ff.; *Appel/Frantzioch*, Sozialer Schutz in der Selbständigkeit, ArbuR 1998, S. 93 ff., S. 96.

[633] *Löwisch/Spinner*, KSchG, § 1 Rn. 17.

[634] BAG vom 20.01.2004, 9 AZR 291/02, AP Nr. 54 zu § 15 KSchG 1969.

[635] KR-*Rost*, Arbeitnehmerähnliche Person, Rn. 34.

ausgehen, dass keine vergleichbare Interessenlage gegeben ist; denn eine Kündigung ist mit einer Beendigung grundsätzlich nicht vergleichbar[636]. Soweit Stimmen in der Literatur eine Vergleichbarkeit annehmen, schließen sie jedenfalls aus den oben erwähnten Gründen die Anwendbarkeit des Kündigungsschutzgesetzes aus[637].

(3) Zivilrechtliche Generalklauseln

Stattdessen kann zugunsten der Arbeitnehmerähnlichen eine materielle Einschränkung der Beendigungsmöglichkeiten durch die zivilrechtlichen Generalklauseln vorgenommen werden. Während § 138 BGB erst bei einem groben Verstoß gegen die guten Sitten eingreift, setzt § 242 BGB bereits bei einem Verstoß gegen Treu und Glaube ein[638]; der Treuegrundsatz bildet

> eine allen Rechten, Rechtslagen und Rechtsnormen immanente Inhaltsbegrenzung[639].

Gegen die Anwendung der zivilrechtlichen Generalklauseln spricht nichts[640]; diese sind das materielle Instrument zur Einschränkung unzulässiger Kündigungen bzw. Beendigungen, wenn das Kündigungsschutzgesetz nicht greift. Es handelt sich um den „Kündigungsschutz außerhalb des Kündigungsschutzgesetzes"[641]. Allgemeiner Grundsatz ist, dass eine Kündigung nur wirksam ist, wenn der Grund der Kündigung einen Bezug zum Arbeitsplatz hat[642]. Die Beendigung des Rechtsverhältnisses mit einem arbeitnehmerähnlichen Homosexuellen muss deshalb ebenso nach § 242 BGB als treuwidrig eingestuft werden wie die Kündigung eines homosexuellen Arbeitnehmers, wenn der Grund nur in der Homosexualität liegt und keinen Bezug zum Arbeitsplatz aufweist.

---

[636] BAG vom 20.01.2004, 9 AZR 291/02, AP Nr. 1 zu § 112 LPersVG RP.

[637] *Neuvians*, Entscheidungsanmerkung zu BAG vom 20.01.2004, bei AP Nr. 1 zu § 112 LPVG RP.

[638] *Appel/Frantzioch*, Sozialer Schutz in der Selbständigkeit, ArbuR 1998, S: 93 ff., S. 96.

[639] BAG vom 23.06.1994, 2 AZR 617/93, AP Nr. 9 zu § 242 BGB Kündigung.

[640] *Oetker*, Arbeitnehmerähnliche Personen und Kündigungsschutz, FS Arbeitsgerichtsbarkeit RP, S: 311 ff., S. 325 f.; noch unentschieden allerdings der 9. Senat des BAG am 20.01.2004, 9 AZR 291/02, AP Nr. 54 zu § 15 KSchG 1969.

[641] Vgl. *Preis* in Ascheid/Preis/Schmidt, Kündigungsrecht, Grundlagen J, S. 173 ff.

[642] BAG vom 21.02.2001, 2 AZR 15/00, AP Nr. 12 zu § 242 BGB Kündigung; BAG vom 23.06.1994, 2 AZR 617/93, AP Nr. 9 zu § 242 BGB Kündigung.

Anders als bei einem Arbeitnehmer ist beim Arbeitnehmerähnlichen aber keine Kündigung erforderlich, sondern es bedarf lediglich einer Mitteilung der Beendigung einer Beschäftigung. Es wird also nicht die Kündigung, sondern die Beendigungsmitteilung anhand der zivilrechtlichen Generalklauseln geprüft. Die Prüfung scheitert nicht an dieser Umstellung, da die zivilrechtlichen Generalklauseln nicht nur Maß einer (gestaltenden) Kündigung, sondern jeder rechtserheblichen Handlung und damit auch der Verweigerung der weiteren Zusammenarbeit sein können[643]. Wird die Sitten- oder Treuwidrigkeit der Beendigungsmitteilung erkannt, ist die Mitteilung nichtig und das arbeitnehmerähnliche Rechtsverhältnis besteht weiter fort[644]. Innerhalb des fortgesetzten arbeitnehmerähnlichen Rahmenrechtsverhältnisses hat der Arbeitnehmerähnliche Anspruch auf die tariflichen Leistungen, insbesondere auf einen finanziellen Ausgleich, wenn er gar nicht oder nur stark eingeschränkt aufgrund von Dienst- und Werkverträgen beschäftigt wird. Ein Beschäftigungsanspruch besteht nicht.

Im Unterschied zu einer nach dem Kündigungsschutzgesetz zulässigen Kündigung bedarf es im Rahmen der Beendigung unter Maßgabe zivilrechtlicher Generalklauseln keiner Sozialauswahl, die ansonsten nach § 1 Abs. 3 KSchG erforderlich wäre. Statt der Kündigungsgründe genügt es gemäß § 315 BGB, um dem Gebot des Arbeitsplatzbezugs gerecht zu werden, einer vernünftigen Erwägung betriebs-, personen- oder verhaltensbedingter Gründe[645]; verhältnismäßig[646] muss eine Beendigung aber nicht sein.

Für die Wirksamkeit der Beendigung der Beschäftigung eines Arbeitnehmerähnlichen in den Medien ist es demnach lediglich erforderlich, dass der Grund der Beendigung einen Bezug zum Arbeitsplatz hat.

(4) Kündigungs- bzw. Ankündigungsfristen

Bei der Beendigung der Beschäftigung ist weiter zu prüfen, ob die Mitteilung der Beendigung an bestimmte Fristen gebunden sein kann. Kündigungsfristen sind für die dienstvertraglich tätigen Arbeitnehmerähnlichen in § 621 BGB ent-

---

[643] BGH vom 26.02.1970, KZR 17/ 68, AP Nr. 28 zu § 138 BGB; Vgl. Staudinger/*Sack*, § 138 Rn. 1, § 134 Rn. 1 f.; Staudinger/*Schmidt*, § 242 Rn. 295 ff.
[644] Vgl. BAG vom 14.12.2004, 9 AZR 23/04, AP Nr. 62 zu § 138 BGB; vorgehend auch LAG München vom 10.12.2003, 9 Sa 178/03.
[645] BAG vom 15.12.1994, 2 AZR 320/94, AP Nr. 66 zu § 1 KSchG 1969 Betriebsbedingte Kündigung.
[646] *Preis* in Stahlhacke/Preis/Vossen, Rn. 318.

halten. Danach ist für die Kündigung von Dienstverträgen je nach Art der Bemessung der Vergütung eine bestimmte Frist einzuhalten. In direkter Anwendung können die hier geregelten Kündigungsfristen dem Arbeitnehmerähnlichen in den Medien aber keinen relevanten Bestandsschutz gewährleisten. Denn zum einen wäre nur ein Teil der Arbeitnehmerähnlichen erfasst, nämlich die aufgrund Dienstvertrags Tätigen, da § 621 BGB weder nach Wortlaut noch nach Systematik Anwendung auf den Werkvertrag findet. Zum anderen wären selbst innerhalb dieser Gruppe nur die wenigen erfasst, die aufgrund eines einzigen, lang andauernden Dienstvertrags tätig werden. In den Medien sind die Arbeitnehmerähnlichen aber nicht aufgrund eines einzigen, lang andauernden Dienstvertrags tätig, sondern aufgrund einer Kette von Fall zu Fall geschlossener, kurzfristiger Einzelverträge. Diese einzelnen Verträge sind nicht ordentlich kündbar, da sie für eine feste, kurze Dauer eingegangen sind. Im Übrigen würden die Kündigungsfristen des § 621 BGB, bezogen auf die Einzelverträge, dem oft langjährigen Tätigwerden der Arbeitnehmerähnlichen für ein Unternehmen nicht gerecht werden: Wäre eine Vergütung – wie in den Medien häufig – nach Tagen bemessen, so wäre die Kündigung nach § 621 Nr. 1 BGB zum Ablauf des folgenden Tags möglich, spätestens zum Ablauf des vereinbarten Dienstes.

Für einen weiteren Teil der Arbeitnehmerähnlichen, für die in Heimarbeit Beschäftigten, gelten die besonderen Kündigungsfristen gemäß § 29 HAG. Eine direkte Anwendung des § 29 HAG für die übrigen Arbeitnehmerähnlichen scheitert gemäß § 2 Abs. 1 HAG am persönlichen Geltungsbereich des Gesetzes für die übrigen Arbeitnehmerähnlichen (vgl. Seite 72 ff.).

Eine analoge Anwendung der Norm ist in der Literatur umstritten. Teilweise wird die Analogie abgelehnt[647], weil es sich um ein Sonderrecht für die in Heimarbeit Beschäftigten handele. Bereits damit handle es sich um eine Spezialnorm, die einer Analogie nicht zugänglich sei. Darüber hinaus fehle es an der erforderlichen Planwidrigkeit der Regelungslücke. So habe die Legislative in Kenntnis der Problematik der übrigen Arbeitnehmerähnlichen § 29 HAG geändert, ohne alle Arbeitnehmerähnlichen in den Schutzbereich einzubeziehen. Eine Analogie wende sich gegen den Willen des Gesetzgebers. Andere Stimmen in

---

[647] *Röhsler* in BGB-RGRK, § 621, Rn. 11; Staudinger/*Preis* § 621, Rn. 10; ErfK/*Müller-Glöge*, § 621 BGB Rn. 3.

der Literatur befürworten dagegen eine analoge Anwendung der Norm[648]. Es bestehe eine vergleichbare Interessenlage der Heimarbeiter mit der Lage der arbeitnehmerähnlichen Personen. Durch die einem Arbeitnehmer vergleichbare soziale Schutzbedürftigkeit habe auch diese Beschäftigungsgruppe ein gesteigertes, berechtigtes Bedürfnis nach Bestandsschutz[649]. Schließlich habe die Legislative nicht in voller Kenntnis der Problematik gehandelt; vielmehr sei der Gesetzgeber – wohl aufgrund fehlenden Problembewusstseins – davon ausgegangen, dass die Heimarbeiter den überwiegenden Teil der Arbeitnehmerähnlichen ausmachen würden, dass die übrigen also die Minderheit seien[650]. Allein dem Umstand der Schutzbedürftigkeit und der vergleichbaren Interessenlage kann nicht die Analogie entnommen werden. Der Gesetzgeber zeigt mit seiner Gesetzgebung deutlich, welche Gesetze für welche Beschäftigten gelten sollen; daher gilt das HAG nicht für alle Arbeitnehmerähnlichen, sondern nur für den speziellen Teil der in Heimarbeit Beschäftigten. Schließlich würde aber auch eine Analogie die Arbeitnehmerähnlichen in den Medien nicht besser stellen, weil die Arbeitnehmerähnlichen nicht in einem andauernden Dienstvertrag, sondern in einem arbeitnehmerähnlichen, andauernden Rechtsverhältnis stehen. Heimarbeiter stehen in einem dauerhaften, ununterbrochenen Beschäftigungsverhältnis, welches nur durch Kündigung zu beenden ist; sie werden also aufgrund eines lang andauernden Vertrages tätig. Dagegen werden die Arbeitnehmerähnlichen beim Rundfunk aufgrund einer Vielzahl aufeinander folgender Verträge tätig, die nicht aneinander anschließen oder sich im gleichen Umfang wiederholen. Werden eine Vielzahl von Einzelverträgen lediglich aneinandergereiht, ist die Voraussetzung ununterbrochener Beschäftigung nicht erfüllt[651].

Die Rechtsprechung erkennt das Fehlen dieser Voraussetzung an. In den „Kameramann-Entscheidungen" hat das BAG zu diesem Problem Stellung genommen. Die Tätigkeiten der Kameramänner und damaligen Kläger beruhten immer auf Einzelaufträgen. Das Volumen der erteilten Aufträge schwankte, und die Aufträge wiederholten sich nur unregelmäßig. Die Kameramänner waren etwa

---

[648] *Oetker*, Arbeitnehmerähnliche Personen und Kündigungsschutz, FS Arbeitsgerichtsbarkeit RP, S. 311 ff., S. 323; *Schubert*, Arbeitnehmerähnliche Person, S. 440 f.; *Hromadka*, Arbeitnehmerähnliche Personen, NZA 1997, S: 1249 ff., S. 1256; *Zwanziger* in Kittner/Däubler/Zwanziger, KSchR, § 621 BGB Rn. 3; KR-*Rost*, Arbeitnehmerähnliche Personen, Rn. 57 ff.
[649] *Beuthien/Wehler*, Freie Mitarbeit im Arbeitsrecht, RdA 1978, S. 2 ff., S. 10.
[650] Vgl. *Hromadka*, Arbeitnehmerähnliche Personen, NZA 1997, S. 1249 ff., S. 1256 mit einem Verweis auf BT-Drs. 4/785, S. 2.
[651] KR-*Rost*, Arbeitnehmerähnliche Personen, Rn. 60.

fünf Jahre insgesamt beschäftigt. Das BAG stellte fest, dass sich die wirtschaftliche Zusammenarbeit der Parteien nicht in den Einzelverträgen erschöpfe; eine solche Auffassung würde vielmehr das Bestehen einer arbeitnehmerähnlichen Dauerrechtsbeziehung überhaupt leugnen und sich damit in Widerspruch zum geltenden Arbeitsrecht setzen[652]:

> Aus diesem schuldrechtlichen Band ergibt sich die Pflicht des Dienstherrn, auf die Belange eines von ihm wirtschaftlich völlig abhängigen freien Mitarbeiters gebührend Rücksicht zu nehmen, das heißt insbesondere diesen nicht plötzlich seiner Existenzgrundlage zu berauben[653].

Das BAG erkannte also eine besondere Fürsorgepflicht des Unternehmens für seine Mitarbeiter, wenn durch die Aneinanderreihung von Einzelverträgen eine Dauerrechtsbeziehung wird. Dagegen zitiert das BAG nur allgemein § 29 HAG als Beispiel für Auslauffristen, da die Voraussetzung des dauerhaften Dienstvertrags und damit die Voraussetzung direkter und analoger Anwendung fehlen.

Zugunsten der Arbeitnehmerähnlichen und unter Berücksichtigung der bestehenden arbeitnehmerähnlichen Dauerrechtsbeziehung erkennt das BAG aber dennoch eine zweiwöchige Auslauffrist zugunsten des arbeitnehmerähnlichen Rechtsverhältnisses ab einjähriger Beschäftigung an. Zur Begründung beruft sich das BAG auf die Normierung der §§ 620 ff., § 242 BGB:

> Diese Gedankenzüge haben Rechtslehre und Rechtsprechung für die Fälle entwickelt, in denen die Dauer eines Dienstverhältnisses sich aus seinem Zweck ergibt, dessen Ende für den Arbeitnehmer aber nicht erkennbar ist (…). Dann verlangt die Fürsorgepflicht (…), auf das bevorstehende Ende der Vertragsbeziehungen aufmerksam

zu machen[654].

Es besteht also eine zweiwöchige Auslauffrist für arbeitnehmerähnliche Rechtsverhältnisse. Da für die in den Medien beschäftigten Arbeitnehmerähnlichen eine Analogie des HAG aufgrund der oft unregelmäßigen und immer wieder neu beginnenden Beschäftigung nicht in Frage kommt, stellt die zweiwöchige Auslauffrist den Mindestschutz ab einer einjährigen Beschäftigung dar.

---

[652] BAG vom 07.01.1971, 5 AZR 221/70, AP Nr. 8 zu § 611 BGB Abhängigkeit.
[653] BAG vom 08.06.1967, 5 AZR 461/66, AP Nr. 6 zu § 611 BGB Abhängigkeit.
[654] BAG vom 08.06.1967, 5 AZR 461/66, AP Nr. 6 zu § 611 BGB Abhängigkeit.

Während dieser Auslauffrist besteht kein Anspruch auf Beschäftigung im Rahmen von Werk- oder Dienstverträgen, sondern ein Anspruch auf Fortzahlung des durchschnittlichen bisherigen Verdienstes.

(5) Kündigungsschutz in den Tarifverträgen

Der festgestellte Mindestschutz für die Arbeitnehmerähnlichen in den Medien bietet nur geringen sozialen Schutz. Für einen Schutz darüber hinaus, so hat es *Beuthien* im Jahr 1978 bezeichnet[655], müssen sich die Arbeitnehmerähnlichen mittels § 12 a TVG selbst helfen. Bindungen an gesetzliche, zwingende Vorgaben bestehen nicht[656].

Im Bereich des Rundfunks sind Tarifverträge zustande gekommen, die einen besseren Schutz als der von der Rechtsprechung anerkannte Mindestbestandsschutz bieten. Die Tarifverträge zugunsten der arbeitnehmerähnlich Beschäftigten sehen eine Ankündigungsfrist vor Beendigung des arbeitnehmerähnlichen Rechtsverhältnisses vor[657], deren Länge sich nach der Dauer der vergangenen Beschäftigungszeit richtet. Die meisten Tarifverträge sehen ab einer Beschäftigung von einem Jahr eine Frist von einem Monat vor[658]. Die Frist kann sich bis zu sechs Monaten[659], sieben Monaten[660], manchmal auch bis zu 12 Monaten[661] oder sogar 15 Monaten[662] verlängern, je nachdem, wie lange die Beschäftigung bestanden hat. Wird der Arbeitnehmerähnliche zwischen Ankündigung und Ablauf der Ankündigungsfrist nicht mehr im früheren Umfang beschäftigt, steht

---

[655] *Beuthien/Wehler*, Freie Mitarbeit im Arbeitsrecht, RdA 1978, S. 2 ff., S. 10.

[656] BAG v.16.03.1999, AZ: 9 AZR 314/98, AP Nr. 84 zu § 615 BGB.

[657] *Jüngst Gegenstand höchstrichterlicher Entscheidung:* BAG vom 14.12.2004, 9 AZR 673/03.

[658] § 12 Abs. 2 ANÄ-TV beim WDR; Ziff. 2.2. ANÄ-TV bei n-tv; Ziff. 5.2.1. ANÄ-TV beim SWR; Ziff. 5.2. ANÄ-TV beim SR; sogar 6 Wo. Ankündigungsfrist beim MDR, Ziff. 5.2.2. ANÄ-TV beim MDR; ab 2 Jahren 2 Monate, § 10 ANÄ-TV bei der DW; *das ZDF arbeitet mit einer flexiblen Formel zur Berechung der Frist, die die Faktoren Alter und Beschäftigungsjahre berücksichtigt*, vgl. § 5 Abs. 1 ANÄ-TV beim ZDF.

[659] Dagegen nur drei Monate ab 5 Jahren bei n-tv, Ziff. 2.2. ANÄ-TV bei n-tv.

[660] Ab 10 Jahren beim WDR, § 12 Abs. 2 ANÄ-TV beim WDR; Ziff. 5.2.2. ANÄ-TV beim MDR.

[661] Ab 10 Jahren bei der DW, § 10 ANÄ-TV bei der DW; Ziff. 5.2. beim SWR; § 11 Ziff. 2 ANÄ-TV beim HR; ab 20 Jahren beim SR, Ziff. 5.2. ANÄ-TV beim SR.

[662] Ab 10 Jahren beim BR, Ziff. 4.2.1. ANÄ-TV beim BR.

dem Arbeitnehmerähnlichen für diese Zeit ein Ausgleichsentgelt zu[663]. Ein Anspruch besteht auch, wenn keine Ankündigung der Reduktion der Tätigkeit erfolgt; erforderlich ist in allen Fällen eine Anzeige bzw. ein Hinweis an das Unternehmen, dass die zurückliegende Beschäftigung unterhalb des Bestandsschutzes gelegen hat[664].

Ein Anspruch auf Beschäftigung des Arbeitnehmerähnlichen während der Ankündigungsfristen besteht indes nicht. Die Tarifverträge regeln zwar die Ankündigungsfrist, die die Unternehmer vor einer Beendigung des Beschäftigungsverhältnisses einzuhalten haben. Falls die vorgeschriebenen Fristen nicht eingehalten werden, steht dem Arbeitnehmerähnlichen aber kein Beschäftigungsanspruch zur Seite. Ihm wird allein ein Zahlungsanspruch zugestanden. Eine Beschäftigung während der Ankündigungsfristen kann der Arbeitnehmerähnliche daher nicht beanspruchen. Die Höhe des Ausgleichsentgelts wird bis auf wenige Ausnahmen gleich berechnet: Der Arbeitnehmerähnliche hat einen monatlichen Anspruch auf ein Ausgleichsentgelt in Höhe eines Zwölftels des Durchschnitts des letzten Beschäftigungsjahres[665]. Wird der Arbeitnehmerähnliche in diesem Zeitraum zum Teil beschäftigt oder lehnt er zumutbare Aufträge des Rundfunkunternehmens ab, mindert sich der Anspruch um diese Beträge[666]. Manche Tarifverträge sehen einen längeren Zeitraum zur Berechnung des durchschnittlichen Einkommens vor, so der SWR 6 Jahre[667] und der HR und der BR 5 Jahre[668]. Teilweise wird ein Abschlag des Durchschnittseinkommens vorgenommen, so beim ZDF gestaffelt nach Beschäftigungsjahren[669] und beim BR gestaffelt nach Einkommenshöhe[670].

---

[663] § 12 Abs. 7 ANÄ-TV beim WDR; Ziff. 4.2. ANÄ-TV beim BR; § 9 Abs. 1 ANÄ-TV bei der DW; § 5 Abs. 1 ANÄ-TV beim ZDF; Ziff. 5.2.2. ANÄ-TV beim SWR; Ziff. 5.4. ANÄ-TV beim SR; Ziff. 5.2.2., 5.2.3. ANÄ-TV beim MDR.

[664] Ziff. 5.3. ANÄ-TV beim SR; Ziff. 5.2.3. ANÄ-TV beim MDR; Ziff. 5.5. ANÄ-TV beim SWR; Ziff. 6.2. ANÄ-TV beim NDR.

[665] Ziff. 6.3. ANÄ-TV beim NDR; § 4 Abs. 4 ANÄ-TV beim ZDF; Ziff. 5.4. des ANÄ-TV beim SR; Ziff. 5.2.4. des ANÄ-TV beim MDR; § 12 Abs. 7 ANÄ-TV beim WDR.

[666] Ziff. 6.3. ANÄ-TV beim NDR; § 4 Abs. 4 ANÄ-TV beim ZDF; Ziff. 5.4. des ANÄ-TV beim SR; Ziff. 5.2.4. des ANÄ-TV beim MDR; § 12 Abs. 7 ANÄ-TV beim WDR; Ziff. 5.3. ANÄ-TV beim SWR; § 10 Nr. 1 ANÄ-TV beim HR; Ziff. 4.3. ANÄ-TV beim BR.

[667] Ziff. 5.3. ANÄ-TV beim SWR.

[668] § 8 Nr. 3 ANÄ-TV beim HR; Ziff. 4.3. ANÄ-TV beim BR.

[669] § 4 Abs. 4 ANÄ-TV beim ZDF.

[670] Ziff. 4.3. ANÄ-TV beim BR.

In manchen Tarifverträgen ist das System der Ankündigungsfrist anders aufgebaut. So sieht der Tarifvertrag beim NDR keine Frist der Ankündigung einer Beendigung vor, sondern gewährt den Arbeitnehmerähnlichen eine über die Beendigung hinausgehende Fortzahlung für einen bestimmten Zeitraum; die Dauer des Zeitraums entspricht etwa den genannten Ankündigungsfristen[671]. Der Unterschied besteht darin, dass die Arbeitnehmerähnlichen bei den übrigen Medienunternehmen im Zweifel noch zur Dienstleistung herangezogen werden können[672], während sie beim NDR sofort mit der Ankündigung ihre Beschäftigung verlieren.

Unabhängig von den Ankündigungsfristen gewähren manche Unternehmen zusätzlich eine besondere finanzielle Abfindung zugunsten der Arbeitnehmerähnlichen („Beendigungsgeld"), das zwischen 15 % und 150 % eines Monatsgehalts betragen kann[673].

Schließlich wurde in manchen Tarifverträgen eine Form des materiellen Beendigungsschutzes vereinbart. Durch sogenannte „Ewigkeitsklauseln" ist eine Beendigung arbeitnehmerähnlicher Rechtsverhältnisse nur noch aus wichtigem Grund möglich, wenn der Arbeitnehmerähnliche ein bestimmtes Lebensalter erreicht hat oder wenn er, möglicherweise in Kombination mit seinem Alter, eine bestimmte Anzahl von Jahren im Unternehmen beschäftigt gewesen ist[674]. Hier besteht zumindest materieller Bestandsschutz, auch wenn den Arbeitnehmerähnlichen im Rahmen ihrer Beschäftigung kein Beschäftigungsanspruch zukommt. Vielmehr besteht das arbeitnehmerähnliche Rahmenrechtsverhältnis fort und der Beschäftigte hat Anspruch auf die tariflichen Leistungen. Insbesondere hat der Beschäftigte, dessen Rahmenrechtsverhältnis nicht beendet werden kann, einen finanziellen Ausgleichsanspruch, wenn er nicht im Rahmen von Dienst- und Werkverträgen in einem Umfang beschäftigt wird, der dem Durchschnitt der letzten 12 Monate entspricht.

Nach der Rechtsprechung des BAG sind allerdings nicht alle Jahre, in denen eine mehr oder weniger starke Beschäftigung bestand, ausreichende Beschäftigungsjahre für das Beendigungsverbot: So war die Kündigung eines Rundfunk-

---

[671] Ziff. 6.4. ANÄ-TV beim NDR.
[672] *Während der Auslauffrist sind zumutbare Tätigkeiten zu übernehmen*, § 12 Abs. 1 ANÄ-TV beim WDR; § 9 Abs. 1 ANÄ-TV bei der DW; Ziff. 5.3. ANÄ-TV beim HR.
[673] § 13 ANÄ-TV beim WDR; § 12 ANÄ-TV bei der DW.
[674] Ziff. 4.2. des ANÄ-TV beim BR; § 6 Abs. 1 ANÄ-TV beim ZDF; Ziff. 5.2.2. ANÄ-TV beim SWR.

mitarbeiters nach mehr als 15 Jahren Beschäftigung doch möglich, weil die engen Voraussetzungen für die Annahme als Beschäftigungsjahr nicht erfüllt waren[675]. Das BAG hatte nicht alle Jahre als Beschäftigungsjahre im Sinne des Kündigungsschutzes anerkannt, die der Kläger tatsächlich beim Unternehmen beschäftigt worden ist. Als Beschäftigungsjahr konnten nach dem zugrunde liegenden Tarifvertrag nur solche Jahre bezeichnet werden, in dem die arbeitnehmerähnliche Person ihren Urlaubsanspruch berechtigt geltend gemacht hat. Unbeachtlich waren nach der Auffassung des BAG daher die Jahre, in denen der Arbeitnehmerähnliche keinen Urlaubsanspruch geltend gemacht hat. In diesen Jahren sei er zwar Beschäftigter gewesen, könne aber nicht den arbeitnehmerähnlichen Bestandsschutz aufbauen. Da die übrigen Jahre nicht ausreichten, um die Voraussetzung für den Sonderkündigungsschutz zu erfüllen, wurde der Kündigungsschutz abgelehnt[676].

Die Tarifverträge gewähren den Arbeitnehmerähnlichen in den Medien demnach regelmäßig einen Bestandsfristschutz für ihre Beschäftigungsverhältnisse. Die Fristen des Bestandsschutzes kommen den gesetzlich vorgesehenen Fristen oft nahe. Nur sehr gering bestandsgeschützt ist dagegen die Situation der Arbeitnehmerähnlichen, wenn ihr Beschäftigungsverhältnis nicht durch einen Tarifvertrag geregelt wird; in diesen Fällen besteht lediglich eine Beendigungsfrist von zwei Wochen, unabhängig davon, wie lange die Beschäftigung zuvor bestanden hat.

e) Außerordentliche Kündigung

Eine außerordentliche Kündigung sowohl der einzelnen Dienst- oder Werkverträge als auch des arbeitnehmerähnlichen Beschäftigungsverhältnisses ist jederzeit gemäß § 626 Abs. 1 BGB[677] und gemäß § 314 Abs. 1 BGB auch hinsichtlich des werkvertraglich Verpflichteten möglich. Hier gelten die gleichen, engen Voraussetzungen wie auch für die Arbeitnehmer: Eine Weiterbeschäftigung bis zum Auslaufen der Ankündigungsfrist darf unter Abwägung der gegenseitigen Interessen dem Beschäftigungsgeber nicht zumutbar sein[678]. Eine außerordentliche Kündigung eines freien Mitarbeiters bei Stillegung eines Betriebs möglich,

---

[675] BAG vom 27.10.1998, 9 AZR 726/97, AP Nr. 29 zu § 611 BGB Rundfunk.
[676] BAG vom 27.10.1998, 9 AZR 726/97, AP Nr. 29 zu § 611 BGB Rundfunk.
[677] OLG Köln vom 08.05.1979, 15 U 17/79.
[678] Vgl. KR-*Rost*, Arbeitnehmerähnliche Personen, Rn. 70; *Neuvians*, Arbeitnehmerähnliche Person, S. 107 f.

da die ordentliche Kündigung vertraglich ausgeschlossen war[679]. Ebenso war die außerordentliche Kündigung eines arbeitnehmerähnlichen Mitarbeiters wirksam, die aufgrund einer schwerwiegenden Treuepflichtverletzung des Mitarbeiters durch dessen Konkurrenztätigkeit erklärt worden ist[680].

f) Sonderbeendigungsschutz

Fraglich ist weiter, ob den Arbeitnehmerähnlichen über den allgemeinen, festgestellten Beendigungsschutz aus Rechtsfortbildung der Rechtsprechung und geltenden Tarifverträgen hinaus ein weiterer, besonderer Bestandsschutz zugute kommt, wenn sie besonderen Beschäftigungsgruppen angehören.

Das Erfordernis eines besonderen Kündigungsschutzes nach § 15 KSchG für die Mitglieder der Personal- oder Betriebsräte besteht für die Arbeitnehmerähnlichen grundsätzlich nicht, da in der Regel nur die Arbeitnehmer die aktive Wählbarkeit für eine Mitgliedschaft in Betriebs- und Personalrat besitzen, §§ 8, 7 BetrVG, §§ 14 Abs. 1, 13 BPersVG. Diese Grundregel ist für drei Ausnahmefälle zu korrigieren, da gemäß den Personalvertretungsgesetzen der Länder Rheinland-Pfalz, Saarland und Hessen ausnahmsweise doch die passive Wählbarkeit der Arbeitnehmerähnlichen für die Mitgliedschaft im Personalrat besteht[681]. In Rheinland-Pfalz gilt die Regelung nicht für den SWR: Dieser hat seinen Sitz sowohl in Baden-Württemberg als auch in Rheinland-Pfalz. Welches Personalvertretungsrecht zur Anwendung kommt, bestimmt der Staatsvertrag. Danach ist der Hauptsitz des Unternehmens für das gesamte Unternehmen ausschlaggebend[682]. Hauptsitz des Unternehmens ist Stuttgart, so dass das PersVG BW[683] zur Anwendung kommt. Darüber hinaus gilt die Regelung nicht für die Arbeitnehmerähnlichen beim ZDF: Dort gelten die Arbeitnehmerähnlichen gemäß § 12 a TVG, die wesentlich an der Programmgestaltung mitwirken, nicht als Beschäftigte im Sinne des LPersVG RP[684].

---

[679] OLG Köln vom 17.02.1995, 19 W 38/94.
[680] ArbG Köln vom 18.03.1998, 9 Ca 1131/97, NZA-RR 1998, S. 342.
[681] Vgl. § 4 LPersVG RP, § 112 LPersVG RP; hierzu auch BAG vom 20.01.2004, 9 AZR 291/02, AP Nr. 54 zu § 15 KSchG 1969; §§ 12, 110 Abs. 3 LPersVG Saarland; § 3 Abs. 1 LPersVG Hessen.
[682] § 38 Staatsvertrag.
[683] § 1 Abs. 1 Staatsvertrag.
[684] § 112 Abs. 2 LPersVG RP.

Aber auch dann ist es fraglich, ob ein Schutz nach § 15 KSchG besteht. Wie oben bereits festgestellt wurde, ist das KSchG auf arbeitnehmerähnliche Personen nicht anwendbar, da für diese der personelle Anwendungsbereich nicht eröffnet ist. § 15 KSchG könnte aber in analoger Anwendung zugunsten der Arbeitnehmerähnlichen einen Kündigungsschutz bewirken. Für eine Analogie spricht die vergleichbare Interessenlage der Mitglieder der Betriebs- und Personalräte. Die Mitglieder der Personalvertretungen sollen bei der Ausübung ihrer Tätigkeit möglichst frei und unabhängig entscheiden können; zur Gewährleistung einer unabhängigen Arbeit bestehen Regelungen, zum Beispiel §§ 20, 37, 75, 78, 103 BetrVG, §§ 8, 46, 47, 67 BPersVG. Eine Abstufung der Mitgliedschaft des Arbeitnehmerähnlichen ist weder in BetrVG noch in BPersVG ersichtlich. Da auch § 15 KSchG ebendiesen Schutz der unabhängigen Mitarbeit in der Vertretung und zusätzlich die Stetigkeit der Zusammensetzung der Vertretung für die Wahlperiode gewährleisten will[685], besteht sowohl für die Arbeitnehmer als auch für die Arbeitnehmerähnlichen ein Interesse am Schutz durch § 15 KSchG[686].

Es fehlt aber die planwidrige Regelungslücke, weil eine Regelung zugunsten der Arbeitnehmerähnlichen nicht planwidrig ausgelassen worden ist: Die Rechtsprechung erkennt den unterschiedlichen Regelungsbereich der beiden Beschäftigungsformen bereits durch die unterschiedliche Beendigung der beiden Beschäftigungen, einmal durch Kündigung, einmal durch bloße Beendigung[687]. Nur diese Unterscheidung genügt der Literatur nicht für eine unterschiedliche Behandlung der beiden Beschäftigungsformen[688]. Die Rechtsprechung bewege sich eher im formalen Bereich, materiellrechtlich jedoch auf einem eher schmalen Grad[689]. Dennoch kann schon in diesem Element die wesentliche Unterscheidung der beiden Gruppen erkannt werden, da zwischen der Kündigung eines Arbeitsverhältnisses und der Beendigung eines arbeitnehmerähnlichen Verhältnisses strukturelle Unterschiede bestehen. Das BAG berücksichtigt gerade diese Unterschiede der beiden Beschäftigungsgruppen: Während ein Arbeitsverhältnis

---

[685] BAG vom 23.01.2002, 7 AZR 611/00, AP Nr. 230 zu § 620 BGB Befristeter Arbeitsvertrag; *Ascheid/Preis/Schmidt*, § 15 KSchG Rn. 1.

[686] *Bauschke*, Entscheidungsanmerkung, AR-Blattei ES, 120, Nr. 18.

[687] BAG v. 20.01.2004, 9 AZR 291/02, AP Nr. 54 zu § 15 KSchG 1969; a.A. *Neuvians*, Entscheidungsanmerkung, AP Nr. 1 zu § 112 LPersVG RP.

[688] *Bauschke*, Entscheidungsanmerkung, AR-Blattei ES, 120, Nr. 18; *Neuvians*, Entscheidungsanmerkung, AP Nr. 1 zu § 112 LPersVG RP.

[689] *Bauschke*, Entscheidungsanmerkung, AR-Blattei ES, 120, Nr. 18.

mit einer gestaltenden Willenserklärung für die Zukunft gekündigt werden muss, genügt gegenüber dem Arbeitnehmerähnlichen ein einfacher Hinweis, dass der Beschäftigungsgeber in Zukunft keine Verträge mehr mit dem Arbeitnehmerähnlichen abschließen wird[690]. Unter diesem Gesichtspunkt würde der Kündigungsschutz zu Lasten des Unternehmens in einem Kontrahierungszwang resultieren, wenn die unterschiedliche Bedeutung von Beendigung und Kündigung im Zusammenhang mit § 15 KSchG nicht berücksichtigt werden würde. Die unterschiedlichen Beendigungsmöglichkeiten gewinnen durch den Umstand weitere Bedeutung, dass der Legislativen die unterschiedliche Behandlung der beiden Beschäftigungsgruppen bekannt ist, denn dass das Rechtsverhältnis der Arbeitnehmerähnlichen keiner Kündigung bei Beendigung bedarf, sondern lediglich einer Mitteilung, steht bereits seit den Entscheidungen des BAG in den sechziger Jahren fest[691]. Eine Analogie kann also nicht mit dem Argument begründet werden, dass den Landesgesetzgebern die Unterscheidung zwischen Beendigung und Kündigung unbekannt gewesen wäre.

Darüber hinaus haben die Personalvertretungsgesetze einen nur beschränkten Anwendungsbereich. Das saarländische Personalvertretungsgesetz bestimmt die entsprechende Anwendung der §§ 15, 16 KSchG nur für die Mitglieder des Personalrats, die in einem Arbeitsverhältnis stehen[692]. Dies gilt auch für das rheinland-pfälzische[693] und für das hessische[694] Personalvertretungsgesetz. Durch diese bewusste Eingrenzung wird deutlich, dass die Landesgesetzgeber sich zwar dazu entschieden haben, den Personalräten auch ein Mandat für die Arbeitnehmerähnlichen zu geben, aber dennoch keinen besonderen Beendigungsschutz zugunsten der Arbeitnehmerähnlichen normieren zu wollen. Daher kann der Arbeitnehmerähnliche auch als Mitglied des Personalrats nicht unter den Schutz des § 15 KSchG fallen.

Es besteht auch kein gesetzlicher Kündigungsschutz für Mütter. Weiter oben (Seite 99) wurde festgestellt, dass die Regelungen des MuSchG für die arbeitnehmerähnlich Beschäftigten nicht zur Anwendung kommen, da das Gesetz gemäß § 1 Abs. 1 MuSchG nur in Arbeitsverhältnissen Verwendung findet. Dies

---

[690] So auch *Hromadka*, Arbeitsrecht der arbeitnehmerähnlichen Selbständigen, FS Söllner, S. 462, S. 469.
[691] BAG vom 19.05.1960, 2 AZR 197/58, AP Nr. 7 zu § 5 ArbGG 1953.
[692] § 46 Abs. 1 LPersVG Saarland.
[693] § 70 LPersVG RP.
[694] § 66 LPersVG Hessen.

gilt auch für den Kündigungsschutz nach § 9 MuSchG[695]. Zum Schutz der Mütter sehen aber zumindest zwei Tarifverträge einen Beendigungsschutz vor: Die Tarifverträge bei ZDF und beim NDR beinhalten Beendigungsverbote. Beim ZDF ist eine Beendigung des Beschäftigungsverhältnisses während der Mutterschutzfristen des § 9 Abs. 1 S. 1 MuSchG, also während der Schwangerschaft bis vier Monate nach der Entbindung, unzulässig[696]. Der Tarifvertrag des NDR schließt für diesen Zeitraum nicht nur die Beendigung des Beschäftigungsverhältnisses aus, sondern darüber hinaus auch die Reduzierung des Umfangs der Tätigkeit[697].

Auch den schwerbehinderten arbeitnehmerähnlichen Personen kommt kein besonderer Bestandsschutz zu. Ihr Beschäftigungsverhältnis fällt nicht in den Schutzbereich des § 85 SGB IX[698]. Die Tarifverträge sehen auch keinen Schutz vor Beendigung dieser Beschäftigungsverhältnisse vor.

g)   Anhörung des Betriebs- oder Personalrats?

Nach dem Betriebsverfassungsrecht und nach den Personalvertretungsgesetzen des Bundes und der Länder kann dem Personalrat bzw. dem Betriebsrat ein Mitwirkungsrecht bei Kündigungen zustehen. Gemäß § 102 Abs. 1 BetrVG ist der Betriebsrat vor jeder Kündigung zu hören. Hat der Betriebsrat gegen die Kündigung Bedenken, kann er diese gemäß § 102 Abs. 2 BetrVG dem Arbeitgeber mitteilen oder gemäß § 102 Abs. 3 BetrVG der Kündigung widersprechen. Spricht der Arbeitgeber die Kündigung ohne Beteiligung des Betriebsrats aus, so ist die Kündigung unwirksam, § 102 Abs. 1 S. 3 BetrVG. Gemäß § 79 Abs. 1 BPersVG hat der Personalrat bei den Kündigungen mitzuwirken. Verwirklicht die Kündigung nach Ansicht des Personalrats einen in § 79 Abs. 2 BPersVG genannten numerus clausus an Unwirksamkeitsgründen, kann der Betriebsrat gegen die Kündigung Einwendungen erheben, § 79 Abs. 1 S. 2 BPersVG. Eine Kündigung ohne Beteiligung des Personalrats ist unwirksam, § 79 Abs. 4 BPersVG.

---

[695] *Stahlhacke/Preis/Vossen*, KSchG, Rn. 1288 f.; *Kittner/Däubler/Zwanziger*, KSchR, § 9 MuSchG Rn. 4 f.
[696] § 3 Nr. 2 Ergänzungs-TV beim ZDF.
[697] § 5 TV über die Zahlung von Zuschüssen bei Schwangerschaft arbeitnehmerähnlicher Personen.
[698] *Stahlhacke/Preis/Vossen*, KSchG, Rn. 1459 f.

Aber auch hier gilt das bereits Festgestellte: Zum künftigen Verzicht auf die Dienste des Arbeitnehmerähnlichen ist eine Kündigung nicht erforderlich, es genügt ein Hinweis des Unternehmens. Daher kommt eine Mitbestimmung des Betriebs- oder Personalrats nicht in Betracht. Dies gilt auch dann, wenn dem Personalrat durch die Personalvertretungsgesetze der Länder ein Mandat auch für die Arbeitnehmerähnlichen eingeräumt worden ist[699]. Auch in diesen Fällen erfasst der Wortlaut der jeweiligen Mitbestimmungsnorm nur die Kündigung und nicht auch die weitergehenden Beschäftigungsformen[700].

h) Weiterbeschäftigungsanspruch

Ein betriebsverfassungsrechtlicher Weiterbeschäftigungsanspruch oder ein solcher nach den Personalvertretungsgesetzen steht dem Arbeitnehmerähnlichen nicht zu, da vor der Beendigung des Beschäftigungsverhältnisses weder Betriebsrat noch Personalrat angehört werden müssen. Ein solcher kann auch nicht den allgemeinen Rechten und Pflichten des Beschäftigungsverhältnisses der Parteien entnommen werden. Anders als im Arbeitsverhältnis besteht – wie bereits festgestellt wurde – keine Beschäftigungspflicht während des Beschäftigungsverhältnisses; a maiore ad minus kann eine solche auch nicht nach Mitteilung der Beendigung des Beschäftigungsverhältnisses und Auslaufen der Beendigungsfristen angenommen werden.

i) Wiedereinstellungsanspruch

Ob dem Arbeitnehmerähnlichen ein Wiedereinstellungsanspruch zukommt, ist fraglich. Grundlage des Wiedereinstellungsanspruchs ist eine Nebenpflicht des Arbeitgebers gemäß §§ 241 Abs. 2, 242 BGB i.V.m. Art. 12 Abs. 1 GG[701]; der Anspruch ist erforderlich, um den Umstand zu kompensieren, dass die Kündigung aufgrund einer Prognose ausgesprochen wird. Für die Arbeitnehmerähnlichen besteht aber schon keine entsprechende Nebenpflicht, weil ihre Voraussetzungen nicht erfüllt werden können: Grund des Entstehens eines arbeitsrechtlichen Wiedereinstellungsanspruchs ist der nachträgliche Wegfall von Kündi-

---

[699] Vgl. § 4 LPersVG RP, § 112 LPersVG RP; § 110 Abs. 3 LPersVG Saarland; § 3 Abs. 1 LPersVG Hessen.

[700] § 82 LPersVG RP; § 77 Abs. 1 Nr. 2 i LPersVG Hessen; § 80 Abs. 1 b Nr. 8 LPersVG Saarland.

[701] Schaub, Arbeitsrechtshandbuch/*Schaub*, § 129 Rn. 28; *Stebut*, Der Wegfall von Kündigungsgründen des Vermieters, NJW 1985, S. 289 ff., S. 294.

gungsgründen⁷⁰². Anders als im Arbeitsrecht braucht der Beschäftigungsgeber eines Arbeitnehmerähnlichen aber keinen Grund, um die Rechtsbeziehung zwischen den beiden Parteien zu beenden. Beim Arbeitnehmerähnlichen genügt es, diesem die Beendigung der Beschäftigung mitzuteilen. Daher kann sich die Beendigung auch nicht nachträglich als unbegründet darstellen. Insbesondere bedarf es für die Wirksamkeit einer Beendigungsmitteilung an einen Arbeitnehmerähnlichen keiner Prognose.

Ein Wiedereinstellungsanspruch des Arbeitnehmerähnlichen besteht demnach nicht.

j) Änderung des Inhalts der Beschäftigung

Fraglich ist, wie das Unternehmen die Inhalte der einzelnen Vertragsverhältnisse ändern kann.

Eine Änderung der Dienstverträge erfolgt nach den Regeln des allgemeinen Schuldrechts. Nach Abschluss eines Dienstvertrages kann sein Inhalt nur einvernehmlich geändert werden. Daneben ist nur eine Kündigung möglich. Haben die Parteien einen Werkvertrag geschlossen, können sie seine Inhalte auch durch einen Änderungsvertrag ändern. Eine Kündigung ist bei gleich bleibender Vergütung des Werkunternehmers möglich, § 649 BGB.

Die Änderung der Dienst- oder Werkverträge hinsichtlich der zu erbringenden Tätigkeit kann bereits ohne vertragliche Änderung durch einseitige Gestaltung des Beschäftigungsgebers möglich sein. Anders als im Arbeitsverhältnis besteht zwar kein Direktionsrecht des Beschäftigungsgebers. Den Arbeitnehmerähnlichen trifft stattdessen eine Interessenwahrungspflicht, aufgrund derer er gehalten ist, die Interessen seines Beschäftigungsgebers zu wahren⁷⁰³. Darüber hinaus räumen die Tarifverträge den Auftraggebern ein Wahlrecht bei der Leistungserbringung ein: Statt für die vorgesehene Produktion kann die vertraglich vereinbarte Tätigkeit auch für eine andere Produktion erbracht werden oder es muss eine andere, gleichartige Tätigkeit in derselben Produktion erbracht werden⁷⁰⁴.

---

⁷⁰² KR-*Etzel*, § 1 KSchG Rn. 729.

⁷⁰³ Staudinger/*Richardi*, Vorbem zu §§ 611 ff, Rn. 145.

⁷⁰⁴ Ziff. 5.4. des TV für auf Produktionsdauer Beschäftigte beim WDR; Ziff. 5.4. des TV für auf Produktionsdauer Beschäftigte beim ZDF; Ziff. 3.2. des TV für Mindestbedingungen der FM beim SWR.

Neben den einzelnen Werk- oder Dienstverträgen ist es aber von besonderem Interesse, ob auch eine Änderung des darüber hinaus bestehenden Rechtsverhältnisses möglich ist. Ohnehin sind die Einzelverträge nach relativ kurzen Zeiträumen beendet, so dass diese nur selten nachträglichen geändert werden müssen.

Dagegen kann ein Bedürfnis bestehen, das mehrere Jahre hinweg andauernde arbeitnehmerähnliche Rechtsverhältnis zu ändern:

(1) Änderungen hinsichtlich der Art der Tätigkeit

Der Unternehmer kann ein Interesse daran haben, dem Arbeitnehmerähnlichen eine andere oder eine ähnliche Tätigkeit in einer anderen Abteilung zuzuweisen. Für eine solche inhaltliche Änderung bestehen grundsätzlich keine Beschränkungen, da dem Arbeitnehmerähnlichen hinsichtlich der Art der Beschäftigung kein Bestandsschutz zukommt. Dem Arbeitnehmerähnlichen kann eine andere Abteilung zugewiesen werden, wenn sein Einsatz in einer Abteilung aus einem programmgestaltenden Grund nicht mehr erforderlich ist. Die Grenze für die neue Art der Tätigkeit ist es, dass sie sich nach wie vor im programmgestaltenden Bereich hält, da nur in diesem Bereich die Arbeitnehmerähnlichen in den Medien beschäftigt werden. Der Grund für diesen fehlenden, auf den Inhalt der Tätigkeit gerichteten Bestandsschutz liegt in der Natur des arbeitnehmerähnlichen Rechtsverhältnisses. Nach Beendigung der einzelnen Werk- oder Dienstverträge bietet der Arbeitnehmerähnliche dem Unternehmen erneut seine Dienste an. Für das Unternehmen stellvertretend sind die Abteilungen, in welchen der Arbeitnehmerähnliche in der Vergangenheit seine Dienste erbracht hat. Zur Änderung der Art der Tätigkeit innerhalb einer Abteilung kann die Abteilung das Angebot des Arbeitnehmerähnlichen unter geänderten Bedingungen annehmen. Die Annahme ist gemäß § 150 Abs. 2 BGB als neues Angebot zu verstehen, das der Arbeitnehmerähnliche annehmen kann. Sollen die Dienste des Arbeitnehmerähnlichen in der Zukunft für eine andere Abteilung erbracht werden, gilt das vorgenannte Schema entsprechend.

Die Tarifverträge sehen keinen Anspruch des Arbeitnehmerähnlichen vor, der einen inhaltlichen Bestandsschutz hinsichtlich der Art der Tätigkeit gewähren kann. Die einzige Grenze, die die Tarifverträge vorsehen, ist die Grenze der Zumutbarkeit[705].

(2) Änderungen hinsichtlich des Umfangs der Tätigkeit

Bestandsschutz zugunsten des Arbeitnehmerähnlichen kann aber hinsichtlich des Umfangs bestehen, in dem der Arbeitnehmerähnliche beim Unternehmen zu beschäftigen ist. Das Erfordernis eines solchen Bestandsschutzes ergibt sich bereits aus den oben aufgezeigten Beendigungsfristen (Seite 195 ff.). Diese würden leer laufen, wenn nicht der Unternehmer innerhalb der Fristen seinen arbeitnehmerähnlich Beschäftigten Aufträge in einem bestimmten Umfang erteilen oder entsprechende Entgelte leisten müsste. Zwar besteht aus dem gesetzlichen Grundgedanken heraus nur ein minimaler auf den Umfang der Tätigkeit bezogener Bestandsschutz: Den Arbeitnehmerähnlichen muss vor Beendigung ihres Beschäftigungsverhältnisses die Beendigung mit einer Frist von zwei Wochen mitgeteilt werden[706]. Notwendige Konsequenz dieser höchstrichterlichen Feststellung ist ein auf den Umfang der Beschäftigung bezogener Bestandsschutz während dieser zweiwöchigen Ankündigungsfrist; denn wenn keine Fortzahlung eines durchschnittlichen Entgelts oder ausnahmsweise auch keine Beschäftigung während der Frist gewährt werden müsste, wäre das Verstreichenlassen der Ankündigungsfrist ohne Folgen.

Eine Einschränkung des Beschäftigungsumfangs ist möglich, wenn die Arbeitnehmerähnlichen unter Einhaltung der Beendigungsfristen darauf hingewiesen werden. Erfolgt dieser Hinweis nicht oder nicht rechtzeitig, besteht das arbeitnehmerähnliche Rechtsverhältnis mit dem Mitarbeiter im bisherigen Umfang fort. Wird der Arbeitnehmerähnliche in diesem fortbestehenden Rahmenrechtsverhältnis in einem geringeren Umfang als bisher im Rahmen von Dienst- und Werkverträgen beschäftigt, hat der Mitarbeiter einen Anspruch auf Ausgleichsentgelt. Die Höhe des Ausgleichsentgelts berechnet sich aus der Differenz zwischen vergangenem Durchschnittsentgelt (teilweise davon nur der Prozentsatz, der noch nicht als Einschränkung gelten würde) und jetziger Beschäftigung. Nur

---

[705] Ziff. 6.3. ANÄ-TV beim NDR; Ziff. 5.3. ANÄ-TV beim SWR; § 10 Nr. 5 ANÄ-TV beim HR; Ziff. 5.4. ANÄ-TV beim SR; Ziff. 5.2.4. lit. a. ANÄ-TV MDR; § 12 Abs. 1 ANÄ-TV beim WDR; Ziff. 4.2.2. ANÄ-TV beim BR; § 12 Abs. 1 ANÄ-TV bei der DW; § 4 Nr. 2 ANÄ-TV beim ZDF.

[706] „Kameramann-Entscheidungen" des BAG, vgl. BAG vom 07.01.1971, 5 AZR 221/70, AP Nr. 8 zu § 611 BGB Abhängigkeit.

ausnahmsweise besteht auch ein Beschäftigungsanspruch[707]. Erfolgt der Hinweis, besteht der Anspruch auf finanziellen Ausgleich nur in der Auslauffrist. Nach Ablauf der Frist kann der Arbeitnehmerähnliche in einem geringeren Umfang beschäftigt werden, ohne dass der Beschäftigte einen finanziellen Ausgleichsanspruch gegen das Medienunternehmen erwirbt.

Der Arbeitnehmerähnliche hat neben dem finanziellen Ausgleichsanspruch die Möglichkeit, das Medienunternehmen hinsichtlich der weiteren Beschäftigung Stellung nehmen zu lassen. Durch eingeschriebenen Brief kann etwa der SWR zur Erklärung aufgefordert werden, ob ein Arbeitnehmerähnlicher in diesem Status weiterbeschäftigt wird[708].

Der Bestandsschutz wird aus einer entsprechenden Anwendung des § 615 BGB hergeleitet[709]. Das BAG hat diesen zwar nur für einen Arbeitnehmerähnlichen anerkannt, der aufgrund eines Dienstvertrags beschäftigt war. Im Hinblick auf das Erfordernis des Bestandsschutzes als Bestandteil der anerkannten Ankündigungsfristen sowohl für werk- als auch für dienstvertraglich Tätige muss dieser ebenso den werkvertraglich Tätigen gelten. Im Fall einer werkvertraglichen Verpflichtung kann der Anspruch außerdem auf den Rechtsgedanken des § 644 Abs. 1 BGB zu gestützt werden.

Innerhalb der geschlossenen Tarifverträge kann dieser Bestandsschutz des Umfangs der Tätigkeiten modifiziert werden. Nach Ansicht des BAG können die Tarifvertragsparteien Voraussetzungen und Umfang dieses Schutzes sowohl hinsichtlich der Höhe als auch hinsichtlich der Dauer beliebig und ohne Bindung an gesetzliche Vorgaben bestimmen[710]. Von dieser Regelungsbefugnis haben die Tarifvertragsparteien Gebrauch gemacht: Alle Tarifverträge stellen im Grundsatz fest, dass der Arbeitnehmerähnliche vor Einschränkungen des Auftragsvolumens rechtzeitig auf diese Maßnahme hingewiesen werden muss[711].

Nach den bestehenden Tarifverträgen besteht eine Einschränkung nicht schon dann, wenn die geringere Beschäftigung nach den erzielten Honoraren nur un-

---

[707] § 7 ANÄ-TV beim HR.
[708] Ziff. 5.5. ANÄ-TV beim SWR.
[709] Vgl. BAG v. 16.03.1999, 9 AZR 314/98, AP Nr. 84 zu § 615 BGB.
[710] Vgl. BAG v. 16.03.1999, 9 AZR 314/98, AP Nr. 84 zu § 615 BGB.
[711] § 12 Abs. 1 ANÄ-TV beim WDR; Ziff. 4.3. ANÄ-TV beim BR; §§ 7, 10 ANÄ-TV bei der DW; § 4 ANÄ-TV beim ZDF; Ziff. 2.2. ANÄ-TV bei n-tv; Ziff. 5.2.1. ANÄ-TV beim SWR; § 4 ANÄ-TV beim HR; Ziff. 5.4. ANÄ-TV beim SR; Ziff. 5.2.2. ANÄ-TV beim MDR.

wesentlich von der vorigen Auftragssumme abweicht. Eine wesentliche Einschränkung der Beschäftigung liegt beim SWR, bei der DW und bei n-tv vor, wenn die Vorjahresvergütung um mehr als 20 % unterschritten wird[712]. Beim SR, MDR und beim WDR bedarf es für die Annahme einer wesentlichen Einschränkung einer Reduktion der Vorjahresvergütung um mehr als 25 %[713]. ZDF und NDR definieren den Begriff der wesentlichen Einschränkung dynamisch. Bei weniger als 5 Beschäftigungsjahren liegt eine wesentliche Einschränkung bei einer Reduktion des Vorjahresgehalts um mehr als 40 % vor, ab 5 Jahren um mehr als 25 %, ab 8 bzw. 10 Jahren um mehr als 15 %[714]. Im Tarifvertrag des bayrischen Rundfunks bezieht sich die dynamische Definition auf die Höhe des Durchschnittseinkommens und liegt bei einer Einschränkung, die über den Satz von 5 % bzw. 10 % hinausgeht[715]. Die dynamischen Definitionen haben den Vorteil, dass die sich ändernden Interessen des Arbeitnehmerähnlichen am unveränderten Bestand des Beschäftigungsverhältnisses bei der Berechnung der Ausfallansprüche berücksichtigt werden können. Nur beim HR ist jede Einschränkung wesentlich und löst den Beschäftigungsanspruch bzw. den Anspruch auf eine Ausfallvergütung aus[716].

k) Zusammenfassung

Das Unternehmen muss das Beschäftigungsverhältnis mit dem Arbeitnehmerähnlichen nicht kündigen. Zur Beendigung genügt die zukünftige Nichtannahme der Leistungsangebote des Arbeitnehmerähnlichen. Für beide Parteien irrelevant ist die Frage, wie sich die Beteiligten von einem der vielen zustande kommenden Werk- oder Dienstverträge lösen können; diese dauern nur so kurz an, dass der gesetzliche Bestandsschutz wenige Tage beträgt. Bedeutung hat ein Bestandsschutz, der dem womöglich viele Jahre andauernden Rahmenverhältnis der arbeitnehmerähnlichen Tätigkeit gerecht wird. Der von der Rechtsprechung entwickelte Schutz dieses arbeitnehmerähnlichen Beschäftigungsverhältnisses ist minimal: Es besteht die Ankündigungsfrist vor einem Verzicht auf Beschäftigung von zwei Wochen. Erst durch die Tarifverträge wurde die Ankündigungs-

---

[712] § 7 Abs. 2 ANÄ-TV bei der DW; Ziff. 2.2. ANÄ-TV bei n-tv; Ziff. 5.2.1. ANÄ-TV beim SWR.
[713] *Einschränkung ab Reduktion um mehr als 25 %* beim WDR, § 12 Abs. 5 ANÄ-TV beim WDR; Ziff. 5.4. ANÄ-TV beim SR; Ziff. 5.2.2 ANÄ-TV beim MDR.
[714] § 4 ANÄ-TV beim ZDF; Ziff. 6.2. ANÄ-TV beim NDR.
[715] Ziff. 4.2.2., 4.3. des ANÄ-TV beim BR.
[716] §§ 4, 7, 10 Nr. 1 ANÄ-TV beim HR.

oder Beendigungsfrist der Dauer der Beschäftigungszeit oder dem Lebensalter angepasst. Teilweise besteht eine Form des Beendigungsverbots ab einem bestimmten Alter oder ab einer bestimmten Anzahl von Beschäftigungsjahren. Der künftige Verzicht auf die Dienste des Arbeitnehmerähnlichen kann nur anhand der zivilrechtlichen Generalklauseln überprüft werden. Durch den Umstand, dass die Beendigung des arbeitnehmerähnlichen Verhältnisses nicht mit der Kündigung eines Arbeitsverhältnisses gleichgesetzt werden kann, greift kein besonderer Kündigungsschutz zugunsten der Arbeitnehmerähnlichen ein. Ebenso bestehen keine Beteiligungsrechte von Betriebs- oder Personalrat.

Die Änderung der bisherigen Beschäftigung kann inhaltlich in den Grenzen von Programmgestaltung und Zumutbarkeit erfolgen, hinsichtlich ihres Umfangs in den tarifvertraglich festgelegten Grenzen. Unmittelbar ist daher eine durchschnittliche Reduzierung der Beschäftigung um ca. 25 % möglich, weitere Einschränkungen bedürfen einer der Beendigung ähnlichen Ankündigung, um nicht einen Anspruch auf Ausgleichsentgelt entstehen zu lassen. Bei Bestehen eines Änderungs- oder Beendigungsverbots oder während des Laufs einer Beendigungsfrist hat der Arbeitnehmerähnliche zwar keinen Anspruch auf Beschäftigung, stattdessen aber einen finanziellen Ausgleichsanspruch.

3. Ergebnis

Hinsichtlich der Beendigung von Arbeitsverhältnissen und arbeitnehmerähnlichen Beschäftigungsverhältnissen bestehen erhebliche Unterschiede.

Sowohl im Rahmen der Arbeitsverhältnisse als auch im Rahmen der arbeitnehmerähnlichen Beschäftigungsverhältnisse können die Beschäftigungen befristet werden. Aufgrund der programmgestaltenden Tätigkeit sind in beiden Bereichen umfangreiche und dauerhafte Befristungen möglich. Unter Umständen ist vor Auslaufen der Befristung eine Ankündigung erforderlich.

Aufhebungsverträge sind im Arbeits- und im arbeitnehmerähnlichen Rechtsverhältnis möglich. Während der Aufhebungsvertrag bei Beendigung eines Arbeitsverhältnisses häufig vorkommt, wird er zur Beendigung der arbeitnehmerähnlichen Rechtsverhältnisse nicht verwendet. Bei Beendigung der arbeitnehmerähnlichen Beziehungen besteht keine Rechtsunsicherheit, darüber hinaus wird durch die tariflichen Bedingungen bereits ein möglicher Entgeltanspruch ausgelöst.

Weder der Arbeitnehmer noch der Arbeitnehmerähnliche können beim Abschluss von Geschäften, die ihre Tätigkeit betreffen, als Verbraucher angesehen werden. Anders als der Arbeitnehmer ist der Arbeitnehmerähnliche auch nicht bei seinen Beschaffungsgeschäften als Verbraucher anzusehen, weil nur unselbständig Tätige erfasst werden sollen. Zumindest ergibt sich aber gegenüber dem Arbeit- oder Beschäftigungsgeber keine unterschiedliche Behandlung der beiden Gruppen.

Während sich die Kündigung eines Arbeitnehmers nach den hohen Maßstäben des Kündigungsschutzgesetzes richtet, das eine Kündigung nur durch enumerativ aufgezählte Kündigungsgründe zulässt, kann das arbeitnehmerähnliche Rahmenrechtsverhältnis mit dem Beschäftigten grundlos beendet werden. Für ihn gelten nur die zivilrechtlichen Generalklauseln, die aber keinen dem Schutz des Kündigungsschutzgesetzes vergleichbaren Bestandsschutz gewähren.

Beendigungsfristen sind bei beiden Beschäftigungsformen zu beachten. Die Kündigungs- und Beendigungsfristen werden durch die Tarifverträge zugunsten der Beschäftigten modifiziert. Während für die Arbeitnehmer gemäß § 622 BGB Kündigungsfristen von bis zu sieben Monaten bestehen können, bestehen solche Fristen für die Arbeitnehmerähnlichen nur für zwei Wochen. Es besteht also eine starke Diskrepanz zwischen tariflicher und von der Rechtsprechung anerkannter Lage.

Vergleichbar sind die Voraussetzungen der außerordentlichen Kündigung oder Beendigung des Arbeitsverhältnisses bzw. des arbeitnehmerähnlichen Dauerrechtsverhältnisses. Bei beiden Fallgruppen ist ein wichtiger Grund im Sinne des § 626 Abs. 1 BGB erforderlich.

Das Rechtsverhältnis des Arbeitnehmers kann nur unter den engen Voraussetzungen des KSchG sowohl in seiner Art der Tätigkeit als auch in seinem Umfang geändert werden. Dagegen kann die Beschäftigung des Arbeitnehmerähnlichen inhaltlich und sogar kurzfristig in einem bestimmten Umfang geändert werden.

Schließlich steht dem Arbeitnehmer ein Anspruch auf Beschäftigung zu, er kann also seine Tätigkeit im Unternehmen erzwingen. Dagegen hat der Arbeitnehmerähnliche einen solchen Beschäftigungsanspruch nur ausnahmsweise beim HR. Seine Ansprüche erschöpfen sich normalerweise in finanziellen Abgeltungsansprüchen.

B. Rechtsschutz

Gegenstand der folgenden Untersuchung ist die Frage, ob für die unterschiedlichen Beschäftigungsgruppen der Rechtsweg zu den Arbeitsgerichten gegeben ist.

I. *Zuständigkeit der Arbeitsgerichte für Arbeitnehmer*

Die Gerichtsbarkeit in Arbeitssachen wird ausgeübt durch die Arbeitsgerichte, die Landesarbeitsgerichte und das Bundesarbeitsgericht, § 1 ArbGG. Die Arbeitsgerichte sind gemäß §§ 2 ff. ArbGG im Urteilsverfahren und im Beschlussverfahren für die Streitigkeiten aus dem Arbeitsverhältnis der Arbeitnehmer zuständig.

II. *Zuständigkeit der Arbeitsgerichte für Arbeitnehmerähnliche*

Die Arbeitsgerichtsbarkeit ist auch für die Arbeitnehmerähnlichen in seinen Urteils- und Beschlussverfahren zuständig[717]. Nach § 5 Abs. 1 ArbGG gelten als Arbeitnehmer im Sinne dieses Gesetzes auch

sonstige Personen, die wegen ihrer wirtschaftlichen Unselbständigkeit als arbeitnehmerähnliche Personen anzusehen sind.

Damit können die Arbeitnehmerähnlichen vor den Arbeitsgerichten Rechtsschutz erlangen. Anders ist die Situation nur für die freien Mitarbeiter, die von den Unternehmen nicht wirtschaftlich abhängig sind. Für sie ist der Rechtsweg zu den ordentlichen Gerichten eröffnet[718].

---

[717] *Müller-Glöge* in Germelmann/Matthes/Prütting/Müller-Glöge, ArbGG, § 5 Rn. 20 ff.; *Helml* in Hauck/Helml, ArbGG, § 5 Rn. 17 ff.; *Kliemt* in Schwab/Weth, ArbGG, § 5 Rn. 199 ff.; vgl. auch Gesetzesbegründung zu § 5 ArbGG: Reichstags-Drucksache Nr. 2065 (I-II. Wahlperiode 1924, Band 407), S. 34 f.

[718] *Helml* in Hauck/Helml, ArbGG, § 5 Rn. 6; *Kliemt* in Schwab/Weth, ArbGG, § 5 Rn. 24.

Schon früh wurde die Zuständigkeit des Arbeitsgerichts für inkonsequent gehalten:

> Einerseits ist der bloß arbeitnehmerähnliche Mitarbeiter aus dem Schutzbereich des Arbeitsrechts (...) herausgenommen, zum anderen wird ihm dies im Streitfall vor den Arbeitsgerichten bescheinigt[719].

Dennoch ist die Zuständigkeit der Arbeitsgerichte sinnvoll: Die Arbeitsgerichte sind mehr als die ordentlichen Gerichte mit den Besonderheiten von Beschäftigungsverhältnissen und damit mit der Schutzbedürftigkeit aller Beschäftigten befasst; darüber hinaus bestehen für die Arbeitnehmerähnlichen in den Medienunternehmen häufig Regelungen, die denen der Arbeitnehmer vergleichbar sind, so dass die Arbeitsgerichte hier ohnehin mit der Materie besser vertraut sind als die ordentlichen Gerichte[720].

III. Zuständigkeit für Statusstreitigkeiten

Fraglich ist die Zuständigkeit, wenn bereits der Status des Beschäftigten streitig ist.

Die Arbeitsgerichte sind für den Rechtsstreit zuständig, wenn die Parteien über den Status streiten, der Beschäftigte sei entweder Arbeitnehmer oder Arbeitnehmerähnlicher. Die Unterscheidung ist für die Rechtswegzuständigkeit also nicht relevant[721]. Der Streit, ob es sich um eine arbeitnehmerähnliches oder Arbeitsverhältnis handelt, wird im Rahmen der Begründetheit der Klage entschieden.

Ausnahmsweise ist bereits eine Streitentscheidung im Rahmen der Zulässigkeit erforderlich, wenn eine der Parteien die Arbeitnehmerähnlichkeit in Frage stellt und die wirtschaftlich unabhängige freie Mitarbeit des Beschäftigten behauptet. Je nach Rechtsnatur des geltend gemachten, materiellrechtlichen Anspruchs genügt dann für die Bejahung der Rechtswegzuständigkeit entweder bereits die

---

[719] *Waltereck*, Wo der Sozialstaat versagt: Freie Mitarbeit, ArbuR 1973, S. 129 ff., S. 134; ebenso *Wank*, Arbeitnehmer und Selbständige, S. 244; *Neuvians*, Arbeitnehmerähnliche Person, S. 96.

[720] Vgl. auch *Reinecke*, Gerichtliche Feststellung der Arbeitnehmereigenschaft, RdA 2001, S. 357.

[721] BAG vom 14.01.1997, 5 AZB 22/96, AP Nr. 41 zu § 2 ArbGG 1979; ArbG Berlin vom 08.01.2004, 78 Ca 26918/03, NZA-RR 2004, S. 546.

bloße Behauptung des erforderlichen Status oder es ist der schlüssige Tatsachenvortrag, gegebenenfalls mit einer Beweiserhebung, erforderlich[722].

IV. Ergebnis

Im Rechtsschutz bzw. in der Rechtswegzuständigkeit bestehen keine Unterschiede. Zwar muss der Arbeitnehmerähnliche, dessen Status in Streit steht, unter Umständen seine Arbeitnehmerähnlichkeit darlegen und beweisen; dies gilt aber ebenso für den Arbeitnehmer, wenn dessen Status in Streit ist. Beide Parteien werden also gleich behandelt.

C. Zusammenfassung

Es bestehen erhebliche Unterschiede zwischen der Beschäftigung eines Arbeitnehmers und der eines Arbeitnehmerähnlichen in den Medienunternehmen.

Bei Begründung der unterschiedlichen Rechtsverhältnisse gibt es nur wenige Unterschiede. Während das Arbeitsverhältnis immer ein besonderes Dienstverhältnis ist, kann das arbeitnehmerähnliche Beschäftigungsverhältnis sowohl als Dienstvertrag als auch als Werkvertrag ausgestaltet werden. Ein Unternehmen kann in keinem Fall gezwungen werden, ein Arbeits- oder ein arbeitnehmerähnliches Verhältnis einzugehen; weder das Diskriminierungsverbot des § 611 a BGB noch das neue ADG sehen eine so weitgehende Rechtsfolge vor. Beide Vertragsverhältnisse können anhand der §§ 307 ff. BGB einer Inhaltskontrolle unterzogen werden. Nichtigkeit aufgrund eines Verstoßes gegen ein Schutzgesetz kommt indes nur zugunsten der Arbeitnehmer in Betracht, weil die meisten Schutzgesetze nur zugunsten der Arbeitnehmer anzuwenden sind. Eine Ausnahme bilden das JArbSchG und die KindArbSchV. Die Begründung beider Beschäftigungsverhältnisse kann angefochten werden. Erfolgt die Anfechtung, werden die Folgen des Rechtsverhältnisses ex nunc beendet. Nur das werkvertragliche Rechtsverhältnis wird ex tunc rückabgewickelt.

Erkennbare Unterschiede bestehen zwischen den beiden Beschäftigungsformen, wenn man die Pflichten des Beschäftigten gegenüber dem Unternehmen be-

---

[722] *Sic-non, Aut-aut bzw. Et-et;* vgl. BAG vom 24.04.1996, 5 AZB 25/95, AP Nr. 1 zu § 2 ArbGG 1979 Zuständigkeitsprüfung; BAG vom 10.12.1996, 5 AZB 20/96, AP Nr. 4 zu § 2 ArbGG 1979 Zuständigkeitsprüfung; vom 18.12.1996, 5 AZB 25/96, AP Nr. 3 zu § 2 ArbGG 1979 Zuständigkeitsprüfung; *Reinecke,* Kampf um die Arbeitnehmereigenschaft, NZA 1999, S. 729.

trachtet. In beiden Beschäftigungsformen besteht die Pflicht zur höchstpersönlichen Leistung gegenüber dem Unternehmen. Oft sind die Arbeitnehmer in einem stärkeren Umfang als die Arbeitnehmerähnlichen für das Unternehmen beschäftigt, obwohl sich der Umfang grundsätzlich durch Individualvereinbarung bestimmt. Während die Lage der Arbeitszeit des Arbeitnehmers durch das Direktionsrecht des Arbeitgebers konkretisiert werden kann, muss die Arbeitszeitlage mit dem Arbeitnehmerähnlichen immer vereinbart werden. Es gibt also kein einseitiges Leistungsbestimmungsrecht des Unternehmens. Da das Unternehmen die Leistungszeit des Arbeitnehmerähnlichen nicht einseitig bestimmen kann, ist es auch nicht gehalten, die Einhaltung bestimmter Zeiten zu überwachen. Öffentlich-rechtliche Grenzen, die das Unternehmen binden, gibt es daher nicht. Bei beiden Beschäftigungsformen kann die Verpflichtung zur Leistung wegfallen. Unterschiede bestehen hier vor allem zugunsten der Arbeitnehmer. Während für die Arbeitnehmer sämtliche arbeitsrechtlichen Schutzgesetze zur Anwendung kommen, gelten diese für die Arbeitnehmerähnlichen nur ausnahmsweise. Weitere Unterschiede bestehen hinsichtlich der werkvertraglich tätigen Arbeitnehmerähnlichen, weil diese durch ihre selbständige Arbeitsweise bestimmte Verhinderungsgründe auch selbst zu verantworten haben. Die werkvertraglich Tätigen sind häufig auch besonders frei in der Wahl des Orts ihrer Leistungserbringung: Grundsätzlich können sie ihre Werke an jedem beliebigen Ort erstellen. Erst wenn sie bei der Werkerstellung auf den personellen oder technischen Apparat des Unternehmens angewiesen sind, sind sie an den Ort des Unternehmens gebunden. Der werkvertraglich Tätige kann zur Nachbesserung seines Werks verpflichtet werden. Diese ist aber nur in den engen Grenzen praktischer Durchführbarkeit und journalistischer Freiheit möglich. Weder der Arbeitnehmer noch der dienstvertraglich tätige Arbeitnehmerähnliche sind solchen Ansprüchen ausgesetzt. Die Nebenpflichten sind bei Vollzug der unterschiedlichen Beschäftigungsverhältnisse nahezu gleich. Je mehr ein Beschäftigter in das Unternehmen eingebunden ist, desto höher sind die Pflichten gegenüber dem Unternehmen, unabhängig von der rechtlichen Einordnung der Beschäftigung. Da die Arbeitnehmerähnlichen in den meisten Fällen nicht ihre gesamte Arbeitskraft nur einem Unternehmen zur Verfügung stellen, können diese nicht wie Arbeitnehmer durch Wettbewerbs- und sonstige Nebentätigkeitsverbote an der Verwertung ihrer übrigen Arbeitskraft gehindert werden.

Größere Unterschiede bestehen auch hinsichtlich der Pflichten, die das Unternehmen gegenüber dem Arbeitnehmer bzw. dem Arbeitnehmerähnlichen hat. Beiden Beschäftigungsgruppen gegenüber besteht die Vergütungspflicht. Die Vergütung wird nach Erbringung der Leistungen fällig. Während der Arbeitnehmer eine gleichbleibende Vergütung erhält, schwankt der Umfang der geleisteten Arbeiten und damit auch der Umfang der zu erbringenden Vergütungen des Arbeitnehmerähnlichen. Beiden Beschäftigungsgruppen kann der Lohn auch ohne Erbringung der geschuldeten Leistungen zustehen. Zugunsten der Arbeitnehmer bestehen die Fallgruppen des Lohns ohne Arbeit durch die gesetzliche Regelung, zugunsten der Arbeitnehmerähnlichen nur selten aufgrund der gesetzlichen Regelung, häufig erst aufgrund tarifvertraglicher Vereinbarung. Verschuldet der Beschäftigungsgeber die Unmöglichkeit der Leistungserbringung oder gerät er mit der Annahme der Leistungen in Verzug, bleibt der Anspruch bestehen. Auf eine vorübergehende Verhinderung kann sich der werkvertraglich verpflichtete Arbeitnehmerähnliche nicht stützen, weil er für den Zeitpunkt der Leistungserbringung eigenverantwortlich ist. Bei krankheitsbedingter Leistungsunfähigkeit besteht ein Anspruch nur aufgrund der geschlossenen Tarifverträge. Die unterschiedlichen Beschäftigungspflichten weichen stark voneinander ab. Während der Arbeitnehmer im Rahmen des bestehenden Arbeitsverhältnisses einen Anspruch auf Beschäftigung im Unternehmen hat, kommt dem Arbeitnehmerähnlichen ein entsprechender Anspruch nicht zugute. Zwar kann auch der Arbeitnehmerähnliche eine entsprechende Vergütung verlangen. Er hat aber nicht das Recht, dass seine Leistung auch in Anspruch genommen wird. Im Bereich der Haftung ergeben sich keine besonderen Unterschiede zwischen den beiden Beschäftigungsgruppen. Beiden kommen besondere materielle und prozessuale Privilegierungen zugute, wenn deren Haftung gegenüber dem Unternehmen begründet werden soll. Beide Gruppen können eigene Schäden vom Unternehmen ersetzt verlangen, unabhängig von der Frage, ob der Beschäftigungsgeber oder niemand den Schaden zu vertreten hat.

Die größten Unterschiede ergeben sich beim Bestandsschutz. Sowohl das Arbeitsverhältnis als auch das Verhältnis der arbeitnehmerähnlich Beschäftigten kann befristet begründet werden. Wird das Beschäftigungsverhältnis unbefristet begründet, kann sich das Unternehmen wesentlich leichter und besser berechenbar vom Arbeitnehmerähnlichen trennen, als er das vom Arbeitnehmer tun könnte. Gegenüber einem Arbeitnehmer ist eine Kündigung erforderlich, deren Wirksamkeit sich nach den Voraussetzungen des KSchG richtet. Dagegen genügt es im Rahmen der arbeitnehmerähnlichen Beschäftigung, dass mit dem Arbeitnehmerähnlichen für die Zukunft keine neuen Beschäftigungsverhältnisse mehr begründet werden und dass die Beendigung nicht gegen zivilrechtliche Generalklauseln verstößt. Das Unternehmen bietet also keine Beschäftigung mehr an bzw. es nimmt die Angebote des Arbeitnehmerähnlichen, ihn zu beschäftigen, nicht mehr an. Es ist lediglich eine fristgerechte Beendigungsmitteilung erforderlich, die aber auch nicht den Umfang einer Kündigungsfrist erreicht, wie sie bei Kündigung eines Arbeitnehmers zu beachten ist. Wird die Beschäftigung vor Ablauf dieser Frist abgebrochen, steht dem Arbeitnehmerähnlichen ein Vergütungsanspruch zu. Es besteht regelmäßig nur die Pflicht, nicht aber das Recht zur Beschäftigung. Diese Fristen sind in einem geringen Umfang durch die Rechtsprechung anerkannt, ihren eigentlichen Umfang erhalten sie aber durch die geschlossenen Tarifverträge.

Die individualrechtlichen Unterschiede in der Behandlung der beiden Beschäftigungsgruppen können auf unterschiedliche Ursachen zurückgeführt werden. Einige Unterscheidungen resultieren aus den unterschiedlichen Vertragstypen. Ein werkvertraglich verpflichteter Arbeitnehmerähnlicher hat bei der Erstellung des Werks weitergehende Freiheiten als ein dienstvertraglich Verpflichteter, er ist zeitlich nur hinsichtlich des Fertigstellungszeitpunkts und örtlich nur aufgrund tatsächlicher Erfordernisse, etwa aufgrund des Bedarfs an personeller oder technischer Ausrüstung, gebunden. Diese Freiheit bringt die Verantwortung mit sich, den Zeitraum selbständig und eigenverantwortlich zu organisieren; es gibt also keinen Grund, dem Unternehmen das Risiko der zeitlichen Organisation aufzuerlegen. Darüber hinaus können gegen den werkvertraglich tätigen Arbeitnehmerähnlichen Gewährleistungsansprüche geltend gemacht werden, wenn das Werk einen Mangel aufweist. Ein weiterer Aspekt, der etwa die Gleichbehandlung im Rahmen der Haftung rechtfertigt, ist die Einbindung der Beschäftigten in das Unternehmen. Unabhängig vom zugrunde liegenden Vertrag muss ein Mitarbeiter bestimmte Benutzungsregeln oder Hausordnungen befolgen, wenn er seine Leistungen im Unternehmen oder mit Hilfe des Apparats des Unternehmens erbringt. Es bleiben aber solche Unterschiede, die sich durch die Unterscheidung der Beschäftigung eines Arbeitnehmers oder Arbeitnehmerähnlichen ergeben. Arbeitnehmerähnliche haben keinen Anspruch auf Beschäftigung, während ein solcher Anspruch dem Arbeitnehmer zukommt. Auch besteht selbst nach Nachbesserung der Tarifvertragsparteien nur ein eingeschränkter Bestandsschutz zugunsten der Arbeitnehmerähnlichen, während die Arbeitnehmer durch Legislative und Tarifvertragsparteien umfassenden Bestandsschutz erhalten. Insbesondere ist es Folge des eingeschränkten Bestandsschutzes, dass die Arbeitnehmerähnlichen im Vergleich zu den fest angestellten Arbeitnehmern ein höheres Maß an Leistungsbereitschaft und Initiative in ihre Tätigkeit einbringen[723]. Die Arbeitnehmerähnlichen konkurrieren immer mit anderen Arbeitnehmerähnlichen, mit freien Mitarbeitern, mit Festangestellten und mit Auftragsproduzenten, so dass sie ihre Unentbehrlichkeit täglich neu beweisen müssen. Durch den eingeschränkten Bestandsschutz besteht für die Rundfunkanstalt im Rahmen ihrer Personalpolitik außerdem die Möglichkeit, die Arbeitnehmerähnlichen in fachspezifischeren Bereichen einzusetzen, als dies gewöhnlich mit festangestellten Arbeitnehmern geschieht: Je spezieller ein bestimmter Tätigkeitsbereich eines Mitarbeiters ist, desto höher ist auch das Risiko, den Mitarbeiter durch Wegfall des Interesses des Publikums an einem speziellen Thema nicht mehr verwenden zu können. Die Einarbeitung des Mitarbeiters in ein Spezialthema erfordert zwangsläufig die Vernachlässigung anderer, allgemeiner Themen, so dass der Mitarbeiter sich zwar ein besonders hohes Spezialwissen aneignet, dafür aber in den übrigen Bereichen Defizite hat. Fällt das Interesse des Publikums an diesem Spezialthema weg, ist das Unternehmen nicht weiter veranlasst, Produktionen in diesem Spezialbereich anfertigen zu lassen. Damit besteht auch kein Bedürfnis des Unternehmens an der Beschäftigung der Spezialisten mehr; eine weitere Verwendung in anderen Bereichen ist dann auch nicht möglich, weil die Spezialisten in den anderen Bereichen durch ihre Spezialisierung und damit verbundene Vernachlässigung der übrigen Themen mittlerweile unterqualifiziert sind.

Obwohl die einzelnen Leistungszeiten der Arbeitnehmerähnlichen immer neu vereinbart werden müssen und nicht einseitig durch das Direktionsrecht des Unternehmens festgesetzt werden können, bleiben die Arbeitnehmerähnlichen in den Einsatzmöglichkeiten flexibler als die festangestellten Kollegen. Dies gilt zum einen, weil die Arbeitnehmerähnlichen durch eine weitere Beschäftigung ihre Einnahmen steigern können und damit gerne weitere Aufträge annehmen. Zum anderen gilt dies, weil anders als bei den Arbeitnehmern eine ganze Reihe von Arbeitnehmerähnlichen zur Verfügung stehen kann, die für die Erledigung der angebotenen Dienste oder Werke in Frage kommt. Das Unternehmen kann also zur Erledigung einer Aufgabe auf einen Pool von Arbeitnehmerähnlichen zurückgreifen, so dass sich innerhalb dieses Pools immer ein Mitarbeiter finden wird, der die angefragten Dienste erbringen wird.

Die vorgehende Untersuchung hat gezeigt, dass den Arbeitnehmerähnlichen in vielen Bereichen ein umfassender Schutz zukommen kann. Grundlage dessen ist aber nur zum Teil die gesetzliche Ausgestaltung; das Gesetz gewährt lediglich ein Anspruch auf Urlaub und auf Zugang zur Arbeitsgerichtsbarkeit. Weitere

---

[723] Vgl. *Uthoff/Deetz/Brandhofe/Nöh*, S. 101.

Schutzansprüche sind nur noch vereinzelt vorhanden, so die Ansprüche, die die Bildungsgesetze und Personalvertretungsgesetze der Länder gewähren.

Den stärksten Schutz gewähren die nach § 12 a TVG geschlossenen Tarifverträge, die einen längeren Bestandsschutz vorsehen, Vergütungen für den Fall der Arbeitsverhinderung, Mutterschutz, sogar manchmal Kündigungsschutz. Dieser Schutz besteht aber nur, wenn auch ein entsprechender Tarifvertrag geschlossen worden ist. Lediglich bei den öffentlich-rechtlichen Anstalten kann hier von einem lückenlosen Schutz der Arbeitnehmerähnlichen durch Tarifverträge gesprochen werden. Dagegen besteht dieser Schutz nicht bei den privatrechtlichen Unternehmen, so dass den Arbeitnehmerähnlichen in diesem Bereich nur die gesetzliche Lage bleibt.

Drittes Kapitel: Notwendigkeit des Instituts Arbeitnehmerähnlicher und alternative Beschäftigungsmodelle

Im dritten Kapitel wird die Frage untersucht, ob die aufgezeigten Unterschiede für die verfassungsrechtlich geschützten Bedürfnisse der Medienunternehmen erforderlich sind. Den Medienanstalten kommt durch das Grundrecht der Rundfunkfreiheit in Art. 5 Abs. 1 S. 2 GG ein besonderes Privileg bei der Beschäftigung der Arbeitnehmerähnlichen zugute.

Schöpfen also die Rundfunkunternehmen das verfassungsrechtliche Privileg im Sinne der Rundfunkfreiheit aus?

A. Verfassungsrang der Interessen der Medienunternehmen

Fraglich ist, welche Interessen der Medienunternehmen von der Verfassung geschützt sind. Dass die hier untersuchten Medienunternehmen in einem besonderen Umfang auf die Beschäftigung der Arbeitnehmerähnlichen zurückgreifen können, liegt im durch die Verfassung gewährleisteten Schutz der Rundfunkunternehmen.

Die Medienunternehmen im Bereich des Rundfunks werden durch das Grundrecht der Rundfunkfreiheit, niedergelegt in Art. 5 Abs. 1 S. 2 GG, privilegiert. Die Rundfunkfreiheit schützt nicht nur die Sammlung von Informationen und deren Verbreitung mit dem Mittel des Rundfunks, sondern auch die Organisation des Unternehmens und damit auch die Form der Beschäftigung. Das Bundesverfassungsgericht und ihm folgend die Arbeitsgerichte erkennen diese Freiheit auch bei der Form der Beschäftigung an: Die Freiheit sei erforderlich, um dem Bedürfnis nach Programmvielfalt Rechnung zu tragen. Im Einzelnen:

I. Juristische Personen als Berechtigte der Rundfunkfreiheit

Fraglich ist, ob die Unternehmen des Rundfunks Berechtigte der Rundfunkfreiheit sein können. Die Grundrechtsberechtigung oder Grundrechtssubjektivität bezeichnet allgemein die Fähigkeit, Zuordnungssubjekt der im Grundgesetz enthaltenen Grundrechtsnormen zu sein[724]. Bei den Rundfunkunternehmen handelt

---

[724] Dreier/*Dreier*, GG, Vorb. Rn. 109; *Jarass/Pieroth*, GG, Vorb. vor Art. 1, Rn. 22.

es sich um juristische Personen oder Personengesellschaften, die ihren Ursprung entweder im öffentlichen oder im privaten Recht haben[725]. Dass juristische Personen in den Schutzbereich der Grundrechte einbezogen werden, ist nicht selbstverständlich, da die Grundrechte in der Personalität und Würde des einzelnen Menschen wurzeln und in der Gefährdung von dessen Subjektivität und Integrität ihre Sinnmitte finden[726]. Nach Art. 19 Abs. 3 GG gelten aber

> die Grundrechte (...) auch für inländische juristische Personen, soweit sie ihrem Wesensgehalt nach auf diese anwendbar sind.

Daher ist es anerkannt, dass sich die Juristischen Personen zumindest auf die justiziellen Grundrechte berufen können[727]. Fest steht darüber hinaus durch den Wortlaut auch, dass die materiellen Grundrechte gelten, die ihrem Wesen nach auch auf die juristische Person anwendbar sind[728]. Welches Grundrecht aber seinem Wesen nach auch auf juristische Personen anwendbar ist, ist streitig.

1. Öffentlich-rechtliche Anstalten

Juristische Personen des öffentlichen Rechts können sich im Zweifel nicht auf die Grundrechte berufen. Sie befinden sich nicht – wie die natürlichen Personen oder private Gesellschaften – gegenüber dem Staat in einem Außenrechtsverhältnis beziehungsweise in einer Situation rechtlicher Unterworfenheit, die von Art. 19 Abs. 3 GG vorausgesetzt sei: Ihrem Wesen nach sind die Grundrechte primär Abwehrrechte gegen den Staat[729], und diese Abwehrrechte müssen einem Bürger zustehen, nicht den einzelnen Bereichen des Staats selbst, da er sich nicht gegen sich selbst wehren muss. Es fehle also an der grundrechtstypischen Gefährdungslage; sie seien nicht der Träger, sondern der Adressat der Grundrechte[730]. Von diesen Grundsätzen sind aber Ausnahmen anerkannt. Eine solche Ausnahme greift immer dann zugunsten der öffentlich-rechtlichen juristischen Person ein, wenn die juristische Person selbst und unmittelbar einem grundrechtlich geschützten Lebensbereich zugeordnet sind und deshalb in diesem Be-

---

[725] *Die privatrechtlichen Rundfunkanstalten sind als GmbH oder als Kommanditgesellschaft (GmbH & Co. KG), die öffentlich-rechtlichen Unternehmen als Anstalten organisiert.*

[726] Dreier/*Dreier*, GG Art. 19 III Rn. 26.

[727] BVerfG vom 26.02.1954, 1 BvR 537, 53,BVerfGE 3, S. 359 ff., S.363; *Krebs* in v. Münch, GG, Art. 19 Rn. 30; *Jarass/Pieroth*, GG, Art. 19 Rn. 20.

[728] Aufzählung in Dreier/*Dreier*, GG, Art. 19 III Rn. 36; *Jarass/Pieroth*, GG, Art. 19 Rn. 13.

[729] BVerfG (Lüth-Urteil) vom 15.01.1958, 1 BvR 400/51, BVerfGE 7, S. 198 ff., S. 204 f.; Münch/*v. Münch*, GG, Vorb. Art. 1-19, Rn. 16.

[730] Dreier/*Dreier*, Art. 19 III, Rn. 56.

reich ihre Staatsunabhängigkeit oder Staatsfreiheit besteht[731]. Einzelne Grundrechte sichern also die Autonomie bestimmter öffentlich-rechtlicher Einrichtungen[732], weshalb sich die öffentlich-rechtlichen Rundfunkanstalten auf die Rundfunkfreiheit des Art. 5 Abs. 1 S. 2 GG stützen können[733]. Auf weitere Grundrechte, abgesehen von den Justizgrundrechten, können sich die Rundfunkanstalten allerdings nicht berufen: Insbesondere können sich Rundfunkanstalt nicht auf die Eigentumsposition in Art. 14 GG oder auf die allgemeine Handlungsfreiheit in Art. 2 Abs. 1 GG stützen[734].

2. Private Unternehmen

Private Rundfunkanstalten werden, obwohl sämtliche privatrechtlichen Gesellschaftsformen möglich sind, in der Form einer GmbH oder einer Kommanditgesellschaft (GmbH u. Co. KG) geführt. Sowohl die GmbH als auch die KG können sich auf den Schutz der Grundrechte berufen[735]: Die Gesellschaften können unter ihrer Firma Rechte erwerben und vor Gericht als Partei auftreten; jeweils handeln die unter einer Firma zusammengeschlossenen Gesellschafter. Ein solches Handeln kommt auch bei einer Verteidigung von Grundrechten in Frage, wenn sich der staatliche Eingriff auf das von der Gesellschaft betriebene Handelsgewerbe bezieht[736]. Die privatrechtlichen Gesellschaften können sich neben der Rundfunkfreiheit aus Art. 5 Abs. 1 S. 2 GG auch auf den verfassungsrechtlich gewährleisteten Schutz des Eigentums aus Art. 14 Abs. 1 GG und die allgemeine Handlungsfreiheit aus Art. 2 Abs. 1 GG berufen, wobei die Grundrechtsfreiheiten im Hinblick auf arbeitsrechtliche Schutzvorschriften entweder

---

[731] BVerfG vom 07.06.1977, 1 BvR 108/73, BVerfGE 45, S. 63 ff., S. 79: Ausnahmetrias. BVerfG vom 13.01.1982, 1 BvR 848, 1047/77, BVerfGE 59, S. 231 ff., S. 254; so auch *Dörr*, Rundfunkfreiheit, ZUM-Sonderheft 2000,S. 666 ff., S. 668.

[732] *Jarass/Pieroth*, GG, Art. 19 Rn. 21.

[733] BVerfG vom 27.07.1971, 2 BvF 1/68, 2 BvR 702/68, BVerfGE 31, S. 314; BVerfG vom 13.01.1982, 1 BvR 848/77, BVerfGE 59, S. 231, AP Nr. 48 zu § 611 BGB Abhängigkeit; BVerfG vom 24.03.1987, 1 BvR 147/86, BVerfGE 74, S. 297.

[734] *Art 14 GG schützt nicht das Privateigentum, sondern das Eigentum Privater*, BVerfG vom 23.03.1988, 1 BvR 686/86, BVerfGE 78, S. 101; *Dreier/Wieland*, GG, Art. 14 Rn. 69.

[735] *GmbH:* BVerfG vom 26.02.1954, 1 BvR 537, 53, BVerfGE 3, S. 359 ff., S. 363; *KG:* BVerfG vom 20.07.1954, 1 BvR 459/52, BVerfGE 4, S. 7 ff., S. 12; *Dreier/Dreier*, GG Art. 19 III, Rn. 45.

[736] BVerfG vom 20.07.1954, 1 BvR 459/52.

durch die allgemeinen Gesetze[737] oder durch den Schrankentrias[738] eingeschränkt werden.

Zusätzlich können sich die privatrechtlichen Unternehmen auch auf die grundrechtlich geschützte Eigentumsposition, die Berufsfreiheit und auf die allgemeine Handlungsfreiheit berufen. Dieser Schutz bleibt den öffentlich-rechtlichen Anstalten als Teil des Staates versagt. Die auf dem Eigentum beruhenden Rechte der Privaten oder auch aus der allgemeinen Handlungsfreiheit bringen diesen bei Beschäftigung der Arbeitnehmerähnlichen durch die bestehenden, arbeitsrechtlichen Einschränkungen aber keine weiteren Privilegien: Denn obwohl sich alle privaten Unternehmen auf Eigentum und allgemeine Handlungsfreiheit berufen können, gelten dort die Voraussetzungen des Arbeitsrechts. Eine Privilegierung innerhalb des Arbeitsrechts zu Lasten der Beschäftigten erlaubt also nur die Rundfunkfreiheit, so dass die öffentlich-rechtlichen Anstalten und die privaten Gesellschaften gleichen Voraussetzungen unterliegen.

II. Schutzbereich der Rundfunkfreiheit

Die Rundfunkfreiheit gewährleistet die Informationsfreiheit der Bürger und garantiert die freie individuelle und öffentliche Meinungsbildung im Interesse der Demokratie; diese Freiheit stellt damit ein Prinzip der Gesamtrechtsordnung dar und ist für die Demokratie schlechthin konstituierend[739]. Wichtigstes Gewährleistungsziel der Rundfunkfreiheit ist es,

dass freie und umfassende Meinungsbildung durch den Rundfunk möglich wird[740].

Zur Sicherstellung dieses Ziels sei es erforderlich, dass

die Vielfalt der bestehenden Meinungen im Rundfunk in möglichster Breite und Vollständigkeit Ausdruck findet und dass auf diese Weise umfassende Information geboten wird[741].

dass also Meinungsvielfalt im Sinne eines gesellschaftspluralen Meinungsspektrums möglichst vollständig im Rundfunk zum Ausdruck kommt.

---

[737] Vgl. Art. 14 Abs. 1 S. 2 GG; Dreier/*Wieland*, GG, Art. 14 Rn. 86.
[738] Vgl. Art. 2 Abs. 1, 2. HS GG; Dreier/*Dreier*, GG, Art. 2 Abs. 1 Rn. 52.
[739] *Dörr*, Rundfunkfreiheit, ZUM-Sonderheft 2000, S. 666 ff., S. 667.
[740] BVerfG vom 16.06.1981, 1 BvL 89/78, BVerfGE 57, S. 295 ff.
[741] BVerfG vom 16.06.1981, BVerfGE 57, S. 295 ff.

1. Persönlicher Schutzbereich des Rundfunks

Auf die Rundfunkfreiheit kann sich jedes Rechtssubjekt berufen, das eigenverantwortlich Rundfunk veranstaltet und verbreitet[742]. Der Begriff des Rundfunks ist entwicklungsoffen[743]; als Oberbegriff umfasst er den traditionellen Rundfunk und das Fernsehen, wenn es sich um planvolle und zeitlich geordnete Sendungen an die Allgemeinheit handelt[744]. An die Verbreitung der Inhalte wird die Anforderung gestellt, dass sie auf Basis elektronischer Schwingungen stattfindet[745]. Diese technische Anforderung können auch Darbietungen im Internet erfüllen, weshalb auch moderne Dienstleistungen im „Cyberspace" vom Begriff des Rundfunks erfasst werden, soweit sie sich an die Allgemeinheit, also an einen unbestimmten und offenen Personenkreis wenden und solange sie die übrigen Erfordernisse – planvolle und zeitlich geordnete Sendungen – erfüllen[746].

2. Sachlicher Schutzbereich des Rundfunks

Um das Ziel umfassender Meinungsbildung mit dem Mittel der Meinungsvielfalt zu erreichen,

> sind materielle, organisatorische und Verfahrensregelungen erforderlich, die an der Aufgabe der Rundfunkfreiheit orientiert und deshalb geeignet sind zu bewirken, was Art. 5 Abs. 1 GG gewährleisten will[747].

Es fallen also nur bestimmte Bereiche des Unternehmens oder Formen des Verhaltens unter den Schutz der Rundfunkfreiheit.

a) Allgemeines

Die Rundfunkfreiheit erfasst alle mit der Veranstaltung von Rundfunkprogrammen zusammenhängenden Tätigkeiten: Angefangen bei der Beschaffung der Informationen über die Stoffauswahl, die Art der Darstellung, die Produktion der

---

[742] BVerfG vom 20.02.1998, 1 BvR 661/94, BVerfGE 97, S. 298, S. 310.
[743] BVerfG vom 05.02.1991, 1 BvF 1/85, 1 BvF 1/88, BVerfGE 83, S. 238 ff., S. 302.
[744] BVerfG vom 27.07.1971, 2 BvF 1/68, 2 BvR 702/68, BVerfGE 31, S. 314, S. 325 f.; Dreier/*Schulze-Fielitz*, Art. 5 I, II, Rn. 100.
[745] Dreier/*Schulze-Fielitz*, Art. 5 I, II, Rn. 100; *Jarass/Pieroth*, GG, Art. 5 Rn. 36.
[746] Dreier/*Schulze-Fielitz*, Art. 5 I, II, Rn. 100; *Bullinger/Mestmäcker*, Multimediadienste, S. 51 ff.; *Vahrenwald*, Ziff. 4.1.1.1.
[747] BVerfG vom 16.06.1981, BVerfGE 57, S. 295 ff.

Sendung und schließlich die Verbreitung[748]. Darüber hinaus fallen auch die Organisation und die Finanzierung in den Schutzbereich, soweit die damit zusammenhängenden Fragen Rückwirkungen auf die Programmtätigkeit haben können[749].

b) Insbesondere: Freiheit der Beschäftigungspolitik

Das BVerfG hat den besonderen Schutz der Beschäftigungspolitik durch die Rundfunkfreiheit in seiner Grundsatzentscheidung vom 13. Januar 1982 wie folgt herausgestellt:

Der durch GG Art 5 Abs. 1 S. 2 in den Schranken der allgemeinen Gesetze (GG Art. 5 Abs. 2) gewährleistete verfassungsrechtliche Schutz der Freiheit des Rundfunks erstreckt sich auf das Recht der Rundfunkanstalten, dem Gebot der Vielfalt der zu vermittelnden Programminhalte auch bei der Auswahl, Einstellung und Beschäftigung derjenigen Rundfunkmitarbeiter Rechnung zu tragen, die bei der Gestaltung der Programme mitwirken[750].

Da also die Organisation des Rundfunks vom Grundrecht der Rundfunkfreiheit geschützt ist, wird auch die Auswahl und Beschäftigung der Rundfunkmitarbeiter durch das Unternehmen geschützt, soweit die Mitarbeiter an den Sendungen inhaltlich gestaltend mitwirken[751]:

Wenn Auswahl, Inhalt und Ausgestaltung der Programme gegen fremde Einflüsse geschützt sind, dann muss das auch für die Auswahl, die Einstellung und Beschäftigung des Personals gelten, von dem jene Gestaltung abhängt. Die Verpflichtung der Rundfunkanstalten (...) verbindet sich (...) mit dem Recht, frei von fremdem Einfluss über die Auswahl, Einstellung und Beschäftigung (...) zu bestimmen[752].

---

[748] BVerfG vom 24.01.2001, 1 BvR 2623/95, 1 BvR 622/99, BVerfGE 103, S. 44 ff., S. 59; Dreier/*Schulze-Fielitz*, GG, Art. 5 I, II, Rn. 105; *Jarass/Pieroth*, GG, Art. 5, Rn. 39.

[749] BVerfG vom 13.01.1982, 1 BvR 848/77, BVerfGE 59, S. 231 ff., S. 259 f.; Dreier/*Schulze-Fielitz*, GG, Art. 5 I, II, Rn. 108; *Jarass/Pieroth*, GG, Art. 5, Rn. 39.

[750] BVerfG vom 13.01.1982, Az: 1 BvR 848/77, 1 BvR 1047/77, 1 BvR 916/78, 1 BvR 1307/78, 1 BvR 350/79, 1 BvR 475/80, 1 BvR 902/80, 1 BvR 965/80, 1 BvR 1177/80, 1 BvR 1238/80, 1 BvR 1461/80, BVerfGE 59, S. 231 ff., S. 231, AP Nr. 48 zu § 611 BGB Abhängigkeit.

[751] BVerfG vom 13.01.1982, 1 BvR 848/77, BVerfGE 59, S. 231; Dreier/*Schulze-Fielitz*, GG, Art. 5 I, II, Rn. 108; *Jarass/Pieroth*, GG, Art. 5 Rn. 39; *Dörr*, Freie Mitarbeit und Rundfunkfreiheit, FS Thieme S. 911.

[752] BVerfG vom 13.01.1982, 1 BvR 848/77, BVerfGE 59, S. 231 ff., S. 260.

Der Schutz besteht aber auch in diesem Bereich nicht absolut und ausschließlich zugunsten der Rundfunkunternehmen; denn

> das Verfassungsrecht verlangt nicht die Wahl zwischen dem Alles des vollen Schutzes der unbefristeten Daueranstellung und dem Nichts des Verzichts auf jeden Sozialschutz. Es steht nur arbeitsrechtlichen Regelungen und einer Rechtsprechung entgegen, welche den Rundfunkanstalten die zur Erfüllung ihres Programmauftrags notwendige Freiheit und Flexibilität nehmen würden[753].

Wie weit dieses Privileg geht und welche Möglichkeiten den Unternehmen dadurch eingeräumt werden, wird nicht einheitlich beantwortet. Zumindest steht fest, dass sich die Rundfunkunternehmen auch im Bereich ihrer Beschäftigungspolitik auf das Privileg der Rundfunkfreiheit stützen können.

c) Einschränkung der Freiheit durch das Erfordernis der Programmgestaltung

Dieses Privileg der Rundfunkfreiheit gilt nicht, wenn die Mitarbeit lediglich in der Betriebstechnik oder in der Verwaltung des Unternehmens stattfindet[754]. Die Unterscheidung treffen die Rundfunkunternehmen auch in der Praxis: Wenn diese für die Erledigung bestimmter Aufgaben einen freien Mitarbeiter beschäftigen und sich bei dieser Beschäftigung auf das Privileg der Rundfunkfreiheit berufen, muss die Tätigkeit einen programmgestaltenden Charakter aufweisen. Die Hürde der Unternehmen für die Wahl einer besonderen Beschäftigungsform eines Mitarbeiters ist daher das Kriterium der programmgestaltenden Tätigkeit[755].

Programmgestaltend sind Mitarbeiter, wenn sie

> typischerweise ihre eigene Auffassung zu politischen, wirtschaftlichen, künstlerischen oder anderen Sachfragen, ihre Fachkenntnisse und Informationen, ihre individuelle künstlerische Befähigung und Aussagekraft in die Sendung einbringen, wie dies (etwa) bei Regisseuren, Moderatoren, Kommentatoren, Wissenschaftlern und Künstlern der Fall ist[756].

---

[753] BVerfG vom 13.01.1982, 1 BvR 848/77, BVerfGE 59, S. 231 ff., S. 231, AP Nr. 48 zu § 611 BGB Abhängigkeit.
[754] BVerfG vom 13.01.1982, 1 BvR 848/77, BVerfGE 59, S. 231 ff., S. 255.
[755] *Dörr*, Freie Mitarbeit und Rundfunk, FS Thielen S. 911 ff., S. 917.
[756] BVerfGE vom 13.01.1982, 1 BvR 848/77, BVerfGE 59, S. 231 ff., S. 260; aufgegriffen vom BAG, 5 Sa 1233/96, NZA 1998, S. ,1275 ff., S. 1276.

Programmgestaltende Arbeit kann in einen vorbereitenden Teil, in einen journalistisch-schöpferischen oder allgemein künstlerischen und in den technischen Teil der Ausführung eingeteilt werden. Je höher der Anteil an gestalterischer Freiheit ist, desto mehr wird die Tätigkeit vom künstlerischen Schaffen geprägt.

Nicht relevant ist die Frage der Programmverantwortung: Es kommt deshalb nicht auf die schöpferische Mit*prägung* beim Programm an, sondern lediglich auf die Mit*wirkung*[757].

Durch ihr Augenmerk auf die Entscheidungen der Arbeitsgerichte[758] haben die Unternehmen Kataloge erstellt[759], in denen die einzelnen programmgestaltenden Tätigkeitsbereiche enumerativ genannt werden, um damit die Bereiche einer Mitarbeit für Arbeitnehmerähnliche festzulegen: Arrangeure, Choreographen, Korrespondenten, Reporter, Statisten und Komparsen arbeiten beispielsweise programmgestaltend. Andere Tätigkeiten müssen nicht unbedingt programmgestaltend sein; deshalb ist es bei diesen Tätigkeiten, etwa bei Bildregisseuren, Graphikern und Kostümbildner darüber hinaus erforderlich, dass die Mitarbeiter bei Ausübung der Tätigkeit selbständig künstlerisch gestaltend tätig sind[760].

Das Kriterium der programmgestaltenden Tätigkeit erfordert damit eine zweispurige Beschäftigungspolitik in den Rundfunkanstalten. Im Bereich nicht programmgestaltender Tätigkeit sind die arbeitsrechtlichen Grundsätze anzuwenden, die ohne das Privileg der Rundfunkfreiheit gelten. Die Qualifikation als Arbeitnehmer wird wie gewöhnlich getroffen, weshalb die normale Beschäftigungsform die des Arbeitsverhältnisses ist. Erst bei der Programmgestaltung findet die Rundfunkfreiheit zusätzliche Berücksichtigung; sei dies bei einer Befristung bei Annahme eines sachlichen Grundes oder bei Beurteilung des Status im Spielraum zwischen Arbeitnehmer und Arbeitnehmerähnlichem.

---

[757] *Dörr*, Rundfunkfreiheit, ZUM-Sonderheft 2000, S. 666 ff., S. 669.
[758] BAG vom 23.04.1980, 5 AZR 426/79, AP Nr. 34 zu § 611 BGB Abhängigkeit; BAG vom 09.06.1993, 5 AZR 123/92, AP Nr. 66 zu § 611 BGB Abhängigkeit; BAG vom 20.07.1994, 5 AZR 627/23, AP Nr. 73 zu § 611 BGB Abhängigkeit.
[759] Anlage 1 zum TV für befristete Programmmitarbeit beim NDR; Anlage 1 zur Dienstanweisung für die Beschäftigung freier Mitarbeiter beim NDR; Einzelfälle auch bei *Bezani/Müller*, Arbeitsrecht in den Medienunternehmen, S. 12 ff. u. *Wrede*, Bestand und Bestandsschutz von Arbeitsverhältnissen im Rundfunk, NZA 1999, S. 1019 ff., S. 1022.
[760] Vgl. Anlage 1 zum TV für befristete Programmmitarbeit beim NDR.

Ist die Tätigkeit programmgestaltend, werden die arbeitsrechtlichen Instrumentarien auf das Maß beschränkt, in dem die Rundfunkfreiheit verfassungsrechtlich gewährleistet ist[761].

d) Schranken der Rundfunkfreiheit

Die Rundfunkfreiheit wird durch die allgemeinen Gesetze im Sinne des Art. 5 Abs. 2 GG beschränkt. Dabei handelt es sich um Gesetze,

> die sich nicht gegen eine bestimmte Meinung richten, sondern dem Schutz eines schlechthin, ohne Rücksicht auf eine bestimmte Meinung schützenden Rechtsguts dienen[762].

An erster Stelle handelt es sich hier um das Bürgerliche Recht und das Arbeitsrecht, so zum Beispiel um die Vorschriften zum Dienstvertrag und um die Normen des KSchG.

Das Sozialstaatsprinzip kann als Staatszielbestimmung[763] lediglich Bedeutung für die Auslegung der Grundrechte sowie für die Auslegung und verfassungsrechtliche Beurteilung von grundrechtseinschränkenden Gesetzen zukommen[764]. Die sozialrechtlichen Schutzmechanismen können also dann nicht zur Anwendung kommen, wenn die Rundfunkfreiheit eingeschränkt werden würde.

III. Wirkung der Rundfunkfreiheit auf die Unternehmen

Im Folgenden wird untersucht, ob sich die Rundfunkfreiheit auf die tägliche Vertragspraxis in den Unternehmen auswirkt.

1. Grundrechtswirkung zwischen Privaten

Nach der Theorie der mittelbaren Drittwirkung der Grundrechte wirken die Grundrechte zwischen den Privaten bis auf einzelne Ausnahmen nicht unmittelbar. Eine unmittelbare Wirkung der Grundrechte wurde zwar insbesondere für

---

[761] *Wrede*, Bestand und Bestandsschutz von Arbeitsverhältnissen im Rundfunk, NZA 1999, S. 1019 ff., S. 1020.
[762] BVerfG vom 13.01.1982, BVerfGE 59, S. 231 ff., S. 264; *Dörr*, Freie Mitarbeit und Rundfunkfreiheit, FS Thieme, S. 911, S. 925.
[763] *Papier*, Arbeitsmarkt und Verfassung, RdA 2000, S. 1.
[764] BVerfG vom 13.01.1982, BVerfGE 59, S. 231 ff., S. 262; *Dörr*, Freie Mitarbeit und Rundfunkfreiheit, FS Thieme, S. 911; *Kewenig/Wilhelm*, Verfassungsrechtliche Problematik freier bzw. befristeter Beschäftigung, NJW 1981, S. 417.

den Bereich des Arbeitsrechts für das Verhältnis zwischen Arbeitgeber und Arbeitnehmer diskutiert[765] und in der früheren, arbeitsgerichtlichen Rechtsprechung auch nicht abgelehnt: Die Durchsetzung grundrechtlicher Normen sei erst gewährleistet, wenn nicht nur der Staat, sondern auch die Staatsbürger an die Grundrechte gebunden seien[766]. Dennoch lehnt die heute ganz herrschende Meinung mit der verfassungsrechtlichen Rechtsprechung eine solche unmittelbare Wirkung ab[767]. Auch die Arbeitsgerichte verneinen mittlerweile eine unmittelbare Anwendung der Grundrechte im Arbeitsrechtsverhältnis:

> Die in den Grundrechtsnormen enthaltene objektive Wertordnung gelte als verfassungsrechtliche Grundentscheidung für alle Bereiche des Rechts und wirke deshalb auch auf das Privatrecht ein (...); ein unmittelbarer Verstoß kommt nicht in Betracht[768].

Eine unmittelbare Wirkung ist mit der Systematik der Grundrechte nicht zu vereinbaren. Da Art. 1 Abs. 3 GG nur Legislative, Exekutive und Judikative an die Grundrechte bindet, würde die zusätzliche Einbeziehung der Privaten gegen den Wortlaut des Grundgesetzes verstoßen[769]. Schließlich ist eine unmittelbare Geltung weder mit der Privatautonomie[770] noch mit der Gewaltenteilung[771] zu vereinbaren. Daher besteht keine unmittelbare Berechtigung und Verpflichtung unter Privatrechtssubjekten untereinander.

Die Grundrechte wirken vielmehr mittelbar auf die zivilrechtlichen Normen und Verträge ein. Sie kommen als Auslegungsrichtlinien und Konkretisierungsmaßstäbe des Privatrechts zur Geltung. Generalklauseln und auslegungsbedürftige Rechtsbegriffe werden im Lichte der Grundrechte betrachtet[772].

---

[765] *Stern*, Staatsrecht III/1, S. 1591.

[766] BAG vom 03.12.1954, 1 AZR 150/54, AP Nr. 2 zu § 13 KSchG; *Nipperdey*, Gleicher Lohn der Frau für gleiche Leistung, RdA 1950, S. 121 ff., S. 124.

[767] Dreier/*Dreier*, GG, Vorb. Rn. 96 ff.; *Jarass/Pieroth*, GG, Art. 1 Rn. 35.

[768] BAG vom 27.05.1986, 1 ABR 48/84, AP Nr. 15 zu § 87 BetrVG 1972 Überwachung; BAG vom 27.02.1985, GS 1/84, AP Nr. 14 zu § 611 BGB Beschäftigungspflicht.

[769] *Stern*, Staatsrecht III/1, S. 1553.

[770] Dreier/*Dreier*, GG, Vorb. Rn. 98; *Stern*, Staatsrecht III/1, S. 1554.

[771] *Stern*, Staatsrecht III/1, S. 1553.

[772] BVerfG vom 15.01.1958, Az. 1 BvR 400/51 (*Lüth-Urteil*), BVerfGE 7, S. 198 ff., S. 205; BVerfG vom 30.07.2003, Az. 1 BvR 792/03 (*Kopftuch-Urteil*), NJW 2003, S. 2815; *Jarass/Pieroth*, GG, Vorb. vor Art. 1, Rn. 58 f.

2. Wirkung gegenüber öffentlich-rechtlichen Rundfunkanstalten

Die öffentlich-rechtlichen Rundfunkanstalten sind – anders als die privatrechtlichen Rundfunkunternehmen – unmittelbar an die Grundrechte gebunden. Zwar besteht die Staatsfreiheit der Rundfunkanstalten, um die Unabhängigkeit des Rundfunks zu gewährleisten[773]. Dennoch bleiben sie ein Teil des Staats und erfüllen ihre Aufgabe

> im öffentlich-rechtlichen Bereich. Die Rundfunkanstalten stehen in öffentlicher Verantwortung, nehmen Aufgaben der öffentlichen Verwaltung wahr und erfüllen eine integrierende Funktion für das Staatsganze.[774]

Dies gilt auch unter dem Aspekt, dass die Rundfunkanstalten durch ihre Arbeit im Schutzbereich des Art. 5 GG selbst Grundrechtsträger sind[775]. Allerdings darf die grundrechtlich geschützte Aufgabenstellung der Einrichtung durch die eigene Grundrechtsbindung nicht vereitelt oder übermäßig erschwert werden, es findet also eine Abwägung statt[776].

Die Bindung des öffentlich-rechtlichen Rundfunkunternehmens an die Grundrechte bewirkt aber noch keine Bindung auch der Beschäftigten der Rundfunkanstalten. Diese werden als Private durch die Rundfunkfreiheit nicht verpflichtet. Daher kann sich das Unternehmen auch nicht gegenüber den Beschäftigten auf die Rundfunkfreiheit berufen.

3. Judikative als Adressat

Die Grundrechte wirken zwischen Privaten und im Verhältnis zwischen den Beschäftigten und den öffentlich-rechtlichen Rundfunkanstalten nur mittelbar durch Auslegung und Beurteilung von Normen und Verträgen. Nach der Entscheidung des Bundesverfassungsgerichts vom 13.01.1982 haben es daher

> die Gerichte bei der Entscheidung darüber zu beachten, ob die Rechtsbeziehungen zwischen den Rundfunkanstalten und ihren in der Programmgestal-

---

[773] Vgl. auch § 21 Abs. 9 des Landesgesetz zum Staatsvertrag über Rundfunk im vereinten Deutschland vom 10.12.1991, Art. 3 (ZDF-Staatsvertrag): *Unabhängigkeit der Mitglieder des Fernsehrats.*
[774] BVerfG vom 27.07.1971, 2 BvF 1/68 u. 2 BvR 702/68; BVerfGE 31, 314.
[775] Dreier/*Dreier*, GG, Art. 1 III Rn. 61; *Jarass/Pieroth*, GG, Art. 1 Rn. 26.
[776] *Stern*, Staatsrecht III/1, S. 1342.

tung tätigen Mitarbeitern als unbefristete Arbeitsverhältnisse einzuordnen sind[777].

Die Beobachtung und Würdigung der Rundfunkfreiheit liegt also bei der Judikative. Im Rahmen arbeitsrechtlicher Klagen der beim Rundfunk Beschäftigten, gezielt auf Status, Beschäftigung oder Entfristung[778], beurteilen die Gerichte die Form des Beschäftigungsverhältnisses und dessen Inhalte und berücksichtigen bei dieser Beurteilung die grundrechtlichen Rahmenbedingungen.

Die Unternehmen können also bei Anstellung, Beschäftigung und Kündigung ihrer programmgestaltenden Mitarbeiter Beschäftigungsformen wählen, die durch den Einfluss der Rundfunkfreiheit die arbeitsrechtlichen Bestimmungen nicht in vollem Umfang berücksichtigen müssen. Werden diese Verträge von den Gerichten überprüft, haben diese bei der Überprüfung die Rundfunkfreiheit zu beachten.

IV. Ergebnis

Die Rundfunkfreiheit entfaltet zugunsten der Unternehmen sowohl des öffentlichen als auch des privaten Rechts ihre privilegierende Wirkung. Neben den klassischen Rundfunkmedien können sich nach Entwicklung des Internet unter weiteren Voraussetzungen auch moderne Dienste auf die Rundfunkfreiheit berufen.

Rundfunk ist zur Wahrung der demokratischen Grundordnung erforderlich. Die Freiheit umfasst neben der Beschreibung der Tätigkeiten zur Verbreitung des Rundfunks auch die Formenwahl und die weitere rechtliche Ausgestaltung des einzelnen Beschäftigungsverhältnisses, weil zur Wahrung der Programmvielfalt auch eine besondere Flexibilität in der Beschäftigung bestehen muss. Diese besondere Flexibilität gilt aber nur in einem Bereich, in dem auch die Rundfunkfreiheit betroffen sein kann: Übt ein Mitarbeiter keine programmgestaltende Tätigkeit aus, kann das Beschäftigungsverhältnis auch nicht aufgrund der Rundfunkfreiheit besonders flexibel ausgestaltet werden. Auf diese Freiheit berufen sich die Unternehmen gegenüber der Judikative. Wenn den Gerichten ein Be-

---

[777] BVerfG vom 13.01.1982, 1 BvR 848/77, 1 BvR 1047/77, 1 BvR 916/78, 1 BvR 1307/78, 1 BvR 350/79, 1 BvR 475/80, 1 BvR 902/80, 1 BvR 965/80, 1 BvR 1177/80, 1 BvR 1238/80, 1 BvR 1461/80, BVerfGE 59, S. 231 ff., S. 231, AP Nr. 48 zu § 611 BGB Abhängigkeit.

[778] *Dörr*, Freie Mitarbeit und Rundfunk, FS Thieme, S. 911 ff., S. 913.

schäftigungsverhältnis zur inhaltlichen Prüfung vorgelegt wird, muss der Einfluss der Rundfunkfreiheit auf das Beschäftigungsverhältnis beachtet werden.

B. Alternativen zur Figur des Arbeitnehmerähnlichen

Es steht fest, dass in bestimmten Bereichen Unterschiede in der rechtlichen Behandlung zwischen Arbeitnehmer und Arbeitnehmerähnlichem bestehen und dass sich die Rundfunkunternehmen auf die Rundfunkfreiheit stützen können. Damit kann ein partielles Sonderarbeitsrecht als Verfassungsgebot[779] angenommen werden. Anhand dieser Feststellungen soll in einem letzten Schritt geprüft werden, ob in der Schnittmenge zwischen den Bedürfnissen der Arbeitnehmerähnlichen und den verfassungsrechtlich geschützten Interessen der Rundfunkanstalten eine weitere Beschäftigungsform besteht oder sogar ein besserer Schutzmechanismus bestehen kann, der die praktizierte Beschäftigungsform der Arbeitnehmerähnlichen optimiert.

Die Untersuchung muss nicht einseitig das Ziel haben, den Schutz der Beschäftigten auszubauen: Dabei kann auch ein besserer Weg für die Unternehmen gefunden werden, denn auch für diese stellen die derzeit gewählten Beschäftigungssysteme nicht die Idealform dar. Die verwendeten Honorarzeitverträge und die stunden- oder einkommensabhängige Limitierung setzen die Unternehmen nach wie vor der Gefahr aus, dass Statusklagen und Entfristungsklagen zugunsten der Beschäftigten erfolgreich ausgefochten werden; hier besteht also Rechtsunsicherheit, im schlimmsten Fall auch mit der Gefahr strafrechtlicher Verfolgung[780].

Darüber hinaus beschäftigen die Unternehmen die Arbeitnehmerähnlichen aufgrund der internen Prognosesysteme häufig nur in einem bestimmten Umfang oder befristet für eine bestimmte Dauer (Seite 23), obwohl der Bedarf bestehen kann, einen Mitarbeiter in einem stärkeren Umfang oder länger zu beschäftigen, als es das interne Prognosesystem zulässt. In diesen Fällen wird die Form der Mitarbeit dem Bedarf des Unternehmens nach Leistungserbringung nicht gerecht[781].

---

[779] *Rüthers*, Rundfunkfreiheit und Arbeitsrechtsschutz, RdA 1985, S. 129.
[780] *Reiserer*, Freie Mitarbeit, BB 2003, S. 1557.
[781] Vgl. *Nies*, Arbeitnehmerähnlichkeit und Gewerkschaften, ZUM-Sonderheft 2000, S. 653 ff., S. 658.

I. Ausweitung des Arbeitnehmerbegriffs?

Die Rechtsprechung kann aufgrund ihrer Einzelfallrechtsprechung unter Beobachtung der Unternehmen dauerhaft neue Leitlinien entwickeln, aufgrund derer erkannt werden kann, ob ein Beschäftigter Arbeitnehmer oder Arbeitnehmerähnlicher ist. Ein Grund mag darin liegen,

> dass man es in trügerischer begrifflicher Sicherheit versäumt hatte, sich darüber zu vergewissern und zu verständigen, welches denn die eigentlichen, den Arbeitnehmerbegriff erst konstituierenden Kriterien seien, die es rechtfertigen können, den betreffenden Personen das ganze Arsenal arbeitsrechtlichen Schutzes, wie es sich bis heute herausgebildet hat, zur Verfügung zu stellen[782].

Auf der Suche nach Schutzgesetzen liegt die Versuchung daher nahe, Beschäftigte, denen ein nur geringer Schutz zukommt, als Arbeitnehmer zu qualifizieren und ihnen so das Arsenal arbeitsrechtlichen Schutzes zu Eigen zu machen[783]. Die Arbeitnehmerähnlichen in den Status eines Arbeitnehmers zu übernehmen hätte den Vorteil, dass allen Beschäftigten ein einheitliches Schutzsystem geboten wird, das sowohl für die Unternehmen als auch für die Beschäftigten eine verlässliche Rechtsgrundlage der Beschäftigung bieten würde.

1. Verzicht auf das rechtliche Institut der Arbeitnehmerähnlichen

So kann es unter Umständen zu empfehlen sein, die „dritte Figur" des Arbeitsrechts, die Figur des Arbeitnehmerähnlichen, einzuschränken oder auf diese gänzlich zu verzichten, und stattdessen eine Zweiteilung der Beschäftigungsformen anzustreben, in der nur noch zwischen der rechtlichen Figur des Arbeitnehmers – mit dem umfassenden arbeitsrechtlichen Schutz – und der des Selbständigen – ohne einen solchen Schutz – getrennt wird. Eine solche Zweiteilung könnte erreicht werden, indem man die rechtliche Konstruktion des Arbeitnehmerähnlichen entweder ganz ablehnt oder zumindest den Arbeitnehmerähnlichen als Untergruppe der Arbeitnehmer qualifiziert.

Vollständig kann auf die Rechtsfigur des Arbeitnehmerähnlichen de lege lata nicht verzichtet werden. Zwar vertritt *Wank* ein duales Modell der Erwerbstätigkeit, in dem die Abgrenzung zwischen Arbeitnehmer und Selbständigem durch das Kriterium der freiwilligen Übernahme des Arbeitnehmerrisikos bezie-

---

[782] *Lieb*, Beschäftigung auf Produktionsdauer, RdA 1977, S. 210 ff.; S. 211.
[783] *Buchner*, Arbeitnehmerähnliche Person, ZUM-Sonderheft 2000, S. 624 ff., S. 628.

hungsweise durch die Überlassung unternehmerischer Chancen am Markt[784] vorgenommen werden könne. Jeder Beschäftigte müsse einen angemessenen sozialen Schutz erhalten; entweder nach dem Recht der Selbständigen oder, auch bei den Scheinselbständigen, nach Arbeitsrecht[785]. So meint *Wank*,

> einen Tatbestand des Arbeitnehmerähnlichen ohne dem Arbeitsrecht ähnliche Rechtsfolgen zu schaffen, bedeutet einen Etikettenschwindel[786].

Diese Forderung kann aber nur de lege ferenda verstanden werden; denn auf die bestehende rechtliche Lage angewandt könnte *Wank* nicht erklären, dass es die Figur des Arbeitnehmerähnlichen mit den vorgenannten Wertungen in der bestehenden Rechtsordnung gibt.

In § 12 a TVG befindet sich die Legaldefinition des Arbeitnehmerähnlichen, weshalb nicht nur für Arbeitsverhältnisse, sondern auch für die Werk- und Dienstverträge des Arbeitnehmerähnlichen Tarifverträge zustande kommen können. § 5 Abs. 1 S. 2 ArbGG erklärt die Arbeitsgerichtsbarkeit nicht nur für Arbeitnehmer, sondern auch für Arbeitnehmerähnliche für eröffnet. § 2 S. 2 BUrlG gewährt auch den Arbeitnehmerähnlichen einen Urlaubsanspruch. Das Beschäftigtenschutzgesetz nennt den Arbeitnehmerähnlichen, um ihn in seinen Schutzbereich mit einzubeziehen, § 1 Abs. 2 Nr. 1 BeschäftigtenschutzG. Eine solche Einbeziehung nimmt auch § 2 Abs. 2 Ziff. 3 ArbSchG vor. Der Gesetzgeber zeigt mit der Aufnahme des Arbeitnehmerähnlichen in den Schutzbereich einzelner Gesetze, dass diese Beschäftigten nicht Teil der Arbeitnehmer sind, sondern einen vom Arbeitnehmer unterschiedlichen Status innehaben[787]. Um sich nicht in Widerspruch mit dem legislativen Willen zu setzen, müsste *Wank* also den Arbeitnehmerähnlichen in die Gruppe der Selbständigen einordnen. Diese Einordnung ist nach dem unterscheidenden Kriterium *Wanks* aber nicht dessen Ziel. Denn dann müsste der Arbeitnehmerähnliche unternehmerische Chancen am Markt wahrnehmen können, was ihm aber zumindest im Rahmen der bestehenden Dienst- und Werkverträge nicht möglich ist: Die Verwertung hergestellter Werke gebührt dem Rundfunkunternehmen ebenso wie die Verwertung der geleisteten Dienste. Schließlich verlangt *Wank*, dass dem Arbeitnehmerähnlichen ein dem Arbeitnehmer vergleichbarer Schutz zugute kom-

---

[784] *Wank*, Neue Selbständigkeit, DB 1992, S. 90 ff., 93.
[785] *Wank*, Neue Selbständigkeit, DB 1992, S. 90.
[786] *Wank*, Arbeitnehmer und Selbständige, S. 245.
[787] *Buchner*, Arbeitnehmerähnliche Person, ZUM-Sonderheft 2000, S. 624 ff., S. 629.

men müsse. Nach einer Einordnung in die Selbständigen ist dies aber noch weniger möglich als unter dem Konstrukt des Arbeitnehmerähnlichen. Selbst die Gewerkschaften verlangen nicht mehr, in den Medien entweder Selbständige oder Arbeitnehmer zu beschäftigen und die Arbeitnehmerähnlichen damit als verhinderten Arbeitnehmer vollumfänglich in das System des Arbeitsrechts einzugliedern[788].

Daher gibt es nicht nur zwei, sondern drei rechtlich unterschiedliche Formen de lege lata, in denen eine Beschäftigung erbracht werden kann.

2. Statuserweiternde Annahme von Arbeitsverhältnissen

Statt eines gänzlichen Verzichts auf die Figur des Arbeitnehmerähnlichen konnte aber zumindest eine einschränkende Verwendung der Arbeitnehmerähnlichkeit in der Rechtsprechung erkannt werden. Zwar hat die Judikative die Figur des Arbeitnehmerähnlichen stets anerkannt[789], sie wurde aber nur in wenigen Fällen durch die Gerichte angenommen: Der fünfte Senat des BAG hat vor der Grundsatzentscheidung des BVerfG im Jahr 1982 die Tendenz gezeigt, im Zweifel eine Beschäftigung – auch in Rundfunkunternehmen – als Arbeitsverhältnis zu qualifizieren[790].

So hat es dem BAG in einer Entscheidung bereits ausgereicht, dass die Tätigkeit eines Mitarbeiters in diesem Unternehmen häufiger in einem Arbeitsverhältnis ausgeübt wurde statt in einem arbeitnehmerähnlichen Verhältnis, um anhand dieses Kriteriums die Arbeitnehmereigenschaft zu bejahen[791]. In einer Entscheidung zuvor gab es für das BAG den Ausschlag, dass ein Mitarbeiter auf den Apparat der Anstalt angewiesen war, um seine geschuldeten Aufgaben erfüllen zu können[792]. Auch das Kriterium einer besonders umfangreichen Beschäftigung

---

[788] *Nies*, Arbeitnehmerähnlichkeit und Gewerkschaften, ZUM-Sonderheft 2000, S. 653 ff., S. 655.

[789] BAG vom 08.06.1967, 5 AZR 461/66, AP Nr. 6 zu § 611 BGB Abhängigkeit.

[790] BAG vom 12.12.1979, 5 AZR 1102/77 (aufgehoben durch BVerfG 1982); BAG vom 23.04.1980, 5 AZR 426/79, AP Nr. 34 zu § 611 BGB Abhängigkeit; BAG 5. Senat vom 07.05.1980, 5 AZR 293/78, AP Nr. 35 zu § 611 BGB Abhängigkeit; BAG vom 07.05.1980, 5 AZR 593/78, AP Nr. 36 zu § 611 BGB Abhängigkeit; BAG vom 07.05.1980, 5 AZR 994/77 (nicht veröffentlicht); BAG vom 16.07.1980, 5 AZR 339/78 (aufgehoben durch BVerfG 1982); BAG vom 20. 01.1982, 5 AZR 709/79 (nicht veröffentlicht); *Rüthers*, Rundfunkfreiheit und Arbeitsrechtsschutz, RdA 1985, S. 129.

[791] BAG vom 23.04.1980, 5 AZR 426/79, AP Nr. 34 zu § 611 BGB Abhängigkeit.

[792] BAG vom 15.03.1978, 5 AZR 819/76, AP Nr. 26 zu § 611 BGB Abhängigkeit.

konnte ein Arbeitsverhältnis begründen[793]. Eine solche Rechtsprechung tendiert zumindest dazu, unter Verzicht auch die Rechtsfigur des Arbeitnehmerähnlichen nur zwischen Arbeitnehmern und selbständigen, freien Mitarbeitern zu unterscheiden; denn würde dieser Weg konsequent von der Rechtsprechung verfolgt werden, könnten die Unternehmen nicht mehr verlässlich auf das Institut der Arbeitnehmerähnlichkeit als personalpolitisches Instrument bauen und müssten sich auf den Einsatz von Arbeitnehmern beschränken[794]. Insbesondere dann, wenn das Kriterium der Angewiesenheit auf Apparat und Team des Senders weiteres Gewicht für eine Qualifikation als Arbeitnehmer gewonnen hätte, hätten die meisten Tätigkeiten, die bislang in arbeitnehmerähnlichen Rechtsverhältnissen ausgeübt werden, nicht mehr in dieser Beschäftigungsform erfolgen können. Die rechtliche Figur des Arbeitnehmerähnlichen würde dadurch im Bereich der Medien zu einer Leerformel reduziert, der keine praktische Bedeutung mehr zukommen würde.

Nach der Entscheidung des BVerfG vom 13.01.1982 hat sich die arbeitsgerichtliche Rechtsprechung auf die neuen Umstände und Vorgaben eingestellt und berücksichtigt, weiter als früher, die Besonderheiten des Einflusses der Rundfunkfreiheit bei der Beurteilung des rechtlichen Status einer Beschäftigung[795]. Das BVerfG hat die statuserweiternde Rechtsprechung der Arbeitsgerichte bereits im Leitsatz seiner Entscheidung gerügt: Den Einfluss der Rundfunkfreiheit auf Auswahl, Einstellung und Beschäftigung haben

> die Gerichte bei der Entscheidung darüber zu beachten, ob die Rechtsbeziehungen zwischen den Rundfunkanstalten und ihren (...) Mitarbeitern als unbefristete Arbeitsverhältnisse einzuordnen sind[796].

Nach Auffassung des BVerfG muss es die Sache der Rundfunkanstalten sein, ihrem Programmauftrag, der nach flexiblen und unterschiedlich qualifizierten Mitarbeitern in einem wechselnden Mitarbeitsbedarf verlangt, durch den Einsatz von jeweils qualifizierten Mitarbeitern gerecht zu werden. Die Rundfunkanstalten können ihren Programmauftrag nicht erfüllen, wenn sie auf ausschließlich ständig feste Mitarbeiter angewiesen wären, welche unvermeidlich nicht die ganze Vielfalt der in den Sendungen zu vermittelnden Inhalte gestalten könnten. Die Anstalten sind daher darauf angewiesen, auf einen breit gestreuten Kreis

---

[793] BAG vom 22.06.1977, 5 AZR 753/75, AP Nr. 22 zu § 611 BGB Abhängigkeit.
[794] *Buchner*, Arbeitnehmerähnliche Person, ZUM-Sonderheft 2000, S. 624 ff.
[795] A.A. *Dörr*, Rundfunkfreiheit, ZUM-Sonderheft 2000, S. 666 ff, S. 671.
[796] BVerfG vom 13.01.1982, 1 BvR 848/77, BVerfGE 59, S. 231.

geeigneter Mitarbeiter zurückzugreifen. Diese Rückgriffsmöglichkeit setzt voraus, dass die Mitarbeiter nicht auf Dauer, sondern nur für die Zeit beschäftigt werden, in der sie auch benötigt werden[797].

Das Urteil des BVerfG wird den Interessen der Anstalten gerecht, die durch Art. 5 GG geschützt sind, und die Beispiele aus der Praxis belegen dies: Während vor dem 11. September 2001 noch ein geringes Augenmerk auf der Situation des Nahen Ostens gelegen hat, hat sich das seitdem und durch die nachfolgenden militärischen Interventionen im Irak und Afghanistan drastisch verändert. Diese Zunahme der Berichterstattung hin zum Nahen Osten hat in anderen Bereichen Abstriche verlangt; möglicherweise ist zugunsten dieses neuen Fokus die Berichterstattung über Osteuropa und Russland eingeschränkt worden. Eine solche Verlagerung der Berichterstattung durch Einschränkung der einen und Ausweitung der anderen verlangt auch Konsequenzen in der Personalpolitik. Auch wenn der Moderator gleich bleiben kann, werden – ohne dass dies vorhersehbar gewesen ist – Nahostexperten zusätzlich vor und hinter der Kamera verlangt. Stattdessen sind weniger Kenner russischer Politik und Gesellschaft erforderlich. Damit steht ein Wechsel für einen Teil des Personals an. Neuen Informationsbedürfnissen und den sich ändernden Interessen des Publikums muss dadurch Rechnung getragen werden, dass für die jeweilige Aufgabe qualifizierte Mitarbeiter eingesetzt werden[798].

Zwar hat das BAG in den Entscheidungen am 13.01.1983, nach Zurückverweisung der Sachen vom BVerfG an das BAG, die Anerkennung dieser Grundsätze noch nicht so deutlich anklingen lassen:

> Der Beschluss des BVerfG (…) zwingt nicht dazu, für diesen Bereich besondere Kriterien für die Abgrenzung des Arbeitsvertrags von einem Dienstvertrag zu entwickeln, die mit dem allgemeinen Arbeitsrecht nicht übereinstimmen[799].

Dennoch konnte man feststellen, dass im Folgenden die Qualifikation zugunsten eines Arbeitsverhältnisses statt zu einem arbeitnehmerähnlichen Rechtsverhältnis nicht mehr so häufig vorkam[800].

---

[797] BVerfG vom 13.01.1982, 1 BvR 848/77, BVerfGE 59, S. 231 ff., S. 259.
[798] *Buchner*, Arbeitnehmerähnliche Person, ZUM-Sonderheft 2000, S. 624 ff., S. 632.
[799] BAG vom 13.01.1983, 5 AZR 149/82, AP Nr. 42 zu § 611 BGB Abhängigkeit.
[800] BAG vom 04.05.1983, 5 AZR 361/80 (nicht veröffentlicht); BAG vom 12.09.1984, 5 AZR 567/81 (nicht veröffentlicht); BAG vom 16.12.1987, 5 AZR 486/86 (nicht veröffentlicht).

Auch die Stimmen in der Literatur haben die Erforderlichkeit des Instituts der Arbeitnehmerähnlichen im Hinblick auf das Rundfunkprivileg verneint: Unabhängig von einem zwei- oder dreigleisigen System der Beschäftigung müssten die Rundfunkunternehmen nicht auf dieses Institut zurückgreifen, um die ihnen gesetzten Ziele der Flexibilität und Programmvielfalt zu erreichen. So geht *Hilger* davon aus, dass die Arbeitnehmerähnlichen ohne Beeinträchtigung der Rundfunkfreiheit in den Schutzbereich der Arbeitnehmer aufgenommen werden könnten: Die rechtliche Qualifikation der als Arbeitnehmerähnliche Beschäftigten würde ohnehin in den meisten Fällen dazu führen, dass ein Arbeitsverhältnis vorliege[801]. Die Rundfunkfreiheit werde nicht durch die Personalführung im Rahmen von Arbeitsverhältnissen beeinträchtigt. Ähnlich wie eine unternehmerische Entscheidung bei Beurteilung des Kündigungsgrundes einer betriebsbedingten Kündigung dürften die Gründe der Programmgestaltung nicht von den Arbeitsgerichten kontrolliert werden[802]. Der Rundfunkfreiheit könne also bereits mit einer Interessenabwägung im Rahmen der Kündigung ausreichend Genüge getan werden. Aber auch diese Stimmen konnten nach der Entscheidung des BVerfG im Jahr 1982 nicht mehr gehört werden. Denn die Entscheidung des BVerfG hat auch herausgestellt, dass im Rundfunk neben der Beschäftigungsform der Arbeitnehmer auch die des freien Mitarbeiters und die des Arbeitnehmerähnlichen in Betracht kommt. Die Rundfunkunternehmen sind zur Erfüllung ihres Programmauftrags nicht in der Lage,

> wenn sie ausschließlich auf ständige feste Mitarbeiter angewiesen wären, welche unvermeidlich nicht die ganze Vielfalt der in den Sendungen zu vermittelnden Inhalte wiedergeben und gestalten könnten. Sie müssen daher auf einen breit gestreuten Kreis geeigneter Mitarbeiter zurückgreifen können.[803].

Deshalb betrachtet es auch das Bundesverfassungsgericht als

> verfassungsrechtlich unzulässig, die Einwirkungen der Rundfunkfreiheit auf den Fall der Kündigung zu beschränken[804].

Das Problem der Rundfunkanstalten, ihren ständig schwankenden Bedarf unterschiedlich qualifizierter Mitarbeiter zu decken, wäre darüber hinaus auch nicht dadurch behoben, indem man die Kündigung – privilegiert – auf das Vorliegen

---

[801] *Hilger*, Rundfunkfreiheit und freie Mitarbeiter, RdA 1981, S. 265 ff., S. 266.
[802] *Hilger*, Rundfunkfreiheit und freie Mitarbeiter, RdA 1981, S. 265 ff., S. 267.
[803] BVerfG vom 13.01.1982, 1 BvR 848, 1047/77, BVerfGE 59, S. 231 ff., S. 258.
[804] BVerfG vom 13.01.1982, 1 BvR 848, 1047/77, BVerfGE 59, S. 231 ff., S. 270.

einer programmgestaltenden Entscheidung stützen könnte, da sich dieser schwankende Bedarf unterschiedlich qualifizierter Mitarbeiter auch in viel kürzeren Zeitintervallen zeigen kann und gar keine Kündigung erforderlich macht. Bei solchen kürzeren Intervallen, die sich im Tages-, Wochen- oder Monatsrhythmus bewegen, wäre eine Kündigung ein unangemessenes und verwaltungsintensives Instrument, den wechselnden Mitarbeiterbedarf zu steuern.

Es bietet sich stattdessen an, arbeitnehmerähnliche Rechtsverhältnisse zu verwenden, die durch die immer wieder neu und unterschiedlich zustande kommenden Werk- oder Dienstverträge geeignet sind, flexibel auf die erforderlichen Umstände zu reagieren. Die Beispiele verdeutlichen, dass ein festes Arbeitsverhältnis, das nur im Rahmen der Kündigung auf die Besonderheiten des Rundfunks eingehen kann, dem besonderen Bedarf der Rundfunkanstalten schon während einer Beschäftigung nicht gerecht wird[805]. Diese Konstruktion würde schließlich der verfassungsrechtlich geschützten Rundfunkfreiheit nicht gerecht werden, da es gerade Inhalt der Rundfunkfreiheit für die Anstalten ist, flexibel auf die Bedürfnisse des Publikums einzugehen.

Darüber hinaus würden auch Gefahren bestehen, wenn ein Arbeitsverhältnis aus Gründen der Programmgestaltung durch Kündigung geändert oder beendet werden könnte[806]: Die Gerichte hätten darüber zu entscheiden, ob solche Gründe der Programmgestaltung vorliegen oder nicht. Sollte beispielsweise das Arbeitsverhältnis eines Reporters gekündigt werden, weil dieser zu unkritisch ist und dem neu gewählten Stil des Senders nicht entspricht[807], wäre die Darlegung und Beweis im Prozess unverhältnismäßig aufwendig. Zwar wäre die Darlegung, welchen Stil ein Sender verfolgt, ähnlich wie eine unternehmerische Entscheidung von den Gerichten zu akzeptieren. Dagegen würde die die Beurteilung der Verhältnismäßigkeit und die Beantwortung der Frage, ob denn der Stil des gekündigten Reporters mit dem des Senders übereinstimmt, beim Richter liegen, so dass letzten Endes der Richter – und nicht die Programmverantwortlichen des Unternehmens – darüber entscheiden könnten, ob der Reporter nun zu unkritisch ist und ob er noch in das Konzept des Unternehmens passt. Zu Recht erkennt *Schmitt-Rolfes* hier einen Eingriff in die Rundfunkfreiheit des Unternehmens,

---

[805] Vgl. auch *Buchner*, Arbeitnehmerähnliche Person, ZUM-Sonderheft 2000, S. 624 ff.
[806] *Schmitt-Rolfes*, Arbeitsrecht in der Medienwelt, ZUM-Sonderheft 2000, S. 634 ff., S. 643.
[807] Beispiel nach *Schmitt-Rolfes*, Arbeitsrecht in der Medienwelt, ZUM-Sonderheft 2000, S. 634 ff., S. 643.

weil diese Fragen hinsichtlich der Art und der Gestaltung des Programms Bestandteil des Kernbereichs des Rundfunks bilden.

Die Rundfunkfreiheit erfordert nur dann einen Verzicht der Beschäftigten auf den arbeitsrechtlichen Schutz, wenn die Rundfunkfreiheit ansonsten nicht gewährleistet wäre; die Einschränkung des Arbeitsrechts muss also stets auch angemessen sein: Die Verfassung

> steht nur arbeitsrechtlichen Regelungen und einer Rechtsprechung entgegen, welche den Rundfunkanstalten die zur Erfüllung ihres Programmauftrags notwendige Freiheit und Flexibilität nehmen würden[808].

Ein Arbeitsverhältnis wird demnach selbst dann nicht den Besonderheiten des Rundfunks gerecht, wenn es jederzeit kündbar wäre. Daher kann durch die Beschäftigung aller Mitarbeiter allein in Arbeitsverhältnissen nicht der volle Umfang der Rundfunkfreiheit gewährleistet werden.

Manche Stimmen in der Literatur gehen davon aus, dass der Anwendungsbereich der arbeitnehmerähnlichen Beschäftigungsform sogar erweitert werden müsse; die Grenzziehung zwischen Arbeitsverhältnis und arbeitnehmerähnlichem Verhältnis durch das Kriterium zeitlicher Weisungsgebundenheit würde nicht den sachlichen Voraussetzungen entsprechen, die in den Rundfunkunternehmen vorgefunden werden[809]. Dieser Meinung kann aber nicht ohne weiteres gefolgt werden; vielmehr müssen die Grundzüge der „Dienstplanrechtsprechung" des BAG berücksichtigt bleiben. Zwar besteht ein Interesse des Unternehmens daran, verlässlich die anfallenden Tätigkeiten auf die Mitarbeiter zu verteilen. Würde man aber andererseits dem Arbeitnehmerähnlichen sein zeitliches Wahlrecht seiner Beschäftigung nehmen, könnte er nicht mehr ohne Einschränkung weiteren Tätigkeiten neben der Arbeitnehmerähnlichkeit nachgehen. Deshalb muss es gewährleistet bleiben, dass der Arbeitnehmerähnliche die Einsätze allein nach seinem eigenen Vertragsinteresse bzw. Zeitplan wahrnimmt und sich lediglich den sachlichen Zwängen des Rundfunkunternehmens zu unterwerfen hat (Raumbelegung, Team, Sendezeiten, etc.). Ebensowenig ist es möglich, den Arbeitnehmerähnlichen zu einem Dienst zu verpflichten, verbunden mit der an den Mitarbeiter gerichteten Option, aus einem Pool von freien Mitarbeitern für Ersatz zu sorgen. Durch eine solche Regelung könnte sich das Unternehmen der Verantwortung entziehen, eigenständig für eine ausreichende

---

[808] BVerfG vom 13.01.1982, 1 BvR 848/77, BVerfGE 59, S. 231 ff., S. 231, AP Nr. 48 zu § 611 BGB Abhängigkeit.

[809] *Buchner*, Arbeitnehmerähnliche Person, ZUM-Sonderheft 2000, S.625 ff., S. 633.

Personalbesetzung zu sorgen, indem es diese Aufgabe durch das einseitige Bestimmungsrecht den Arbeitnehmerähnlichen überträgt. Diese Verantwortung kann aber nicht den Arbeitnehmerähnlichen übertragen werden, weil diese über die geschuldeten Werk- oder Dienstleistungen hinaus auch Verantwortung für die Erbringung von Werken oder Diensten übernehmen würden, deren Erfüllung sie gar nicht selbst übernehmen wollen. Diese zusätzliche Aufgabe würde wieder die Selbständigkeit der Arbeitnehmerähnlichen einschränken, weshalb diese Aufgabe bei den Unternehmen verbleiben muss.

II. Schutz der Arbeitnehmerähnlichen durch Analogie

Zur Erweiterung des arbeitsrechtlichen Schutzes der Arbeitnehmerähnlichen kann man auch – im Fall einer besonders auffälligen Vernachlässigung der Rechte des Arbeitnehmerähnlichen – die zugunsten der Arbeitnehmer bestehenden Schutzgesetze analog anwenden.

Der Vorteil einer Analogie wäre die Flexibilität innerhalb der bestehenden arbeitsrechtlichen Schutzgesetze, da nicht sämtliche Gesetze, sondern nur ein Teil von diesen, abhängig von der Vereinbarkeit mit der bestehenden Rundfunkfreiheit, angewendet werden könnte. Das Kriterium, das über die analoge Anwendung entscheidet, wäre die Frage nach einer vergleichbaren Interessenlage; soweit die Rundfunkfreiheit einem sozialen Schutz des Beschäftigten nicht entgegensteht, könnte diese angenommen werden.

Bei Beurteilung der Analogiefähigkeit der Arbeitnehmerschutzgesetze wurde aber festgestellt, dass das Erfordernis einer planwidrigen Gesetzeslücke nicht erfüllt wird, eine solche aber als Voraussetzung der Gesetzesanalogie erforderlich wäre. Seit Begründung des Arbeitsgerichtsgesetzes im Jahre 1924 steht es fest, dass auch die Legislative unter den Beschäftigten zwischen den Arbeitnehmern und den arbeitnehmerähnlichen Personen differenziert:

> Den Arbeitnehmern stehen auch Personen gleich, die sich in keinem eigentlichen Arbeitsverhältnisse befinden, gleichwohl aber in einem dem Arbeitsverhältnisse nahe verwandten wirtschaftlichen Verhältnis im Auftrag und für Rechnung anderer Personen Arbeit leisten (...)[810].

Nach der Gesetzesbegründung sollen hierunter insbesondere die Heimgewerbetreibenden zu verstehen sein, darüber hinaus die nach bürgerlichem Recht und

---

[810] Gesetzesbegründung zu § 5 ArbGG: Reichstags-Drucksache Nr. 2065 (III. Wahlperiode 1924, Band 407), S. 34 f.

Handelsrecht Selbständigen, die wirtschaftlich abhängig sind. Die Legislative war sich also der Unterscheidung zwischen Arbeitnehmern und Arbeitnehmerähnlichen und der Unterteilung der Arbeitnehmerähnlichen in Heimgewerbetreibende und sonstige Arbeitnehmerähnliche bewusst. 1963 hat die Legislative ihren Willen zur Unterscheidung erneut manifestiert. Das Bundesurlaubsgesetz vom 08.01.1963 erfasst nicht nur den Arbeitnehmer, sondern in § 2 S. 2 BUrlG darüber hinaus den Arbeitnehmerähnlichen. Im Jahr 1974 wurde § 12 a TVG verabschiedet, der den Arbeitnehmerähnlichen ausdrücklich erwähnt und regelt. Schließlich wurde die arbeitnehmerähnliche Person zuletzt im Jahr 1996 ins Arbeitsschutzgesetz aufgenommen. Beschäftigte im Sinne dieses Gesetzes sind danach nicht nur Arbeitnehmer, sondern auch arbeitnehmerähnliche Personen im Sinne des Arbeitsgerichtsgesetzes, vgl. § 2 Abs. 2 Ziff. 1, 3 ArbSchG.

Schon durch diese immer wieder vorkommende Behandlung der Figur des Arbeitnehmerähnlichen in den Gesetzen kann keine planwidrige Lücke, wie sie erforderlich wäre, vorliegen. Denn für eine Lücke wäre es als wertendes Kriterium erforderlich, dass ein Gesetz eine Regelung nicht enthält, obwohl die Rechtsordnung in ihrer Gesamtheit eine solche fordert[811]. Die Rechtsordnung in ihrer Gesamtheit wird aber wieder durch den legislativen Willen maßgeblich beeinflusst. Und wenn der Gesetzgeber in Kenntnis der arbeitnehmerähnlichen Person ein Gesetz beschließt, das die arbeitnehmerähnliche Person nicht enthält, dann wollte er den Anwendungsbereich dieses Gesetzes auch nicht für die arbeitnehmerähnliche Person regeln. Es handelt sich also in diesen Fällen um eine bewusste Aussparung einer Regelung und damit nicht um eine Lücke, wie sie als Voraussetzung für eine Analogie erforderlich ist.

Würde man dennoch eine Analogie bejahen, würde man sich gegen den Willen des Gesetzgebers stellen. Die analoge Anwendung der Arbeitnehmerschutzgesetze ist demnach nicht möglich.

Dies gilt auch für die Schutzgesetze zugunsten der Heimgewerbetreibenden. Dem Gesetzgeber war es bei Beschlussfassung über die Gesetze bewusst, dass die Heimgewerbetreibenden nur einen Teil der Gruppe der Arbeitnehmerähnlichen ausmachen. Wenn er in diesem Bewusstsein nur die eine Gruppe regeln will, kann die Norm nicht analog auch für die andere Gruppe angewendet werden, weil die für eine Analogie erforderliche planwidrige Regelungslücke fehlt.

---

[811] *Canaris*, Feststellung von Lücken im Gesetz, S. 39.

III. Befristete Arbeitsverhältnisse statt Arbeitnehmerähnlichkeit?

In der Entscheidung des BVerfG vom 13. Januar 1982 wurde festgestellt, dass ein mögliches Mittel zur Beschränkung bestandsgeschützter Beschäftigung im Rundfunk auch das der Befristung sein könne. Eine eindeutige Beeinträchtigung wurde für die gerichtliche Feststellung unbefristeter Arbeitsverhältnisse erkannt,

> während die Möglichkeit befristeter Arbeitsverhältnisse nicht ausgeschlossen wird[812].

Tatsächlich kann es sich anbieten, die Beschäftigungsverhältnisse der programmgestaltenden Mitarbeiter im Rahmen sich immer wieder neu verlängernder Befristungen stattfinden zu lassen. Dadurch könnten die Vertragspartner einerseits dem Umstand gerecht werden, dass den Beschäftigten der Schutz der Arbeitnehmer zugute kommt. Andererseits könnte man der Forderung der Rundfunkunternehmen nach mehr Flexibilität durch Befristungen entgegen kommen, die aufgrund des Privilegs der Rundfunkfreiheit in einem besonders weiten Rahmen möglich sind.

Die arbeitsrechtliche Rechtsprechung griff die Feststellung des BVerfG anfangs auf, erkannte in den zurückverwiesenen Rechtsbeziehungen immer noch Arbeitsverhältnisse und ergänzte die Urteile zur Berücksichtigung der Rundfunkfreiheit nunmehr mit dem Mittel der Befristung[813]. Im Rahmen der Prüfung, ob also ein sachlicher Grund für die Befristung gegeben sei, könne das Privileg der Rundfunkfreiheit in einem ausreichenden Umfang einfließen. Der Befristungsgrund sei im Lichte der Rundfunkfreiheit auszulegen. Es sei ausreichend, wenn die Rundfunkanstalten befinden könnten, ob und wie lange sie einen Mitarbeiter benötigen; gäbe man den Anstalten das Mittel der Befristung an die Hand, sei die zu gewährende Entscheidungsbefugnis nicht berührt[814].

Die Vorteile der Befristung im Vergleich zur Festanstellung und erleichterten, betriebsbedingten Kündigungsmöglichkeit werden deutlich, wenn man die unterschiedliche Justitiabilität der beiden Instrumente näher betrachtet. Für eine Kündigung müssen dringende betriebliche Erfordernisse gegeben sein, die durch das Privileg der Rundfunkfreiheit häufig angenommen werden können. Darüber hinaus ist es aber erforderlich, dass nach § 1 Abs. 2 S. 2 Ziff. 1 lit. b. KSchG in diesem Betrieb keine Weiterbeschäftigungsmöglichkeit des Arbeitnehmers be-

---

[812] BVerfG vom 13.01.1982, 1 BvR 848/77, BVerfGE 59, S. 231 ff., S. 268.
[813] BAG vom 13.01.1983, 5 AZR 149/82, AP Nr. 42 zu § 611 BGB Abhängigkeit.
[814] BAG vom 13.01.1983, 5 AZR 149/82, AP Nr. 42 zu § 611 BGB Abhängigkeit.

steht. Und über die Weiterbeschäftigungsmöglichkeit hinaus könnte die Kündigung immer noch nach § 1 Abs. 3 S. 1 KSchG unwirksam sein, wenn der Arbeitgeber nicht eine Sozialauswahl vorgenommen hat. Dagegen genügt es für die Zulässigkeit einer Befristung nach § 14 Abs. 1 S. 2 Ziff. 4 TzBfG, dass zum Zeitpunkt der Befristung ein sachlicher Grund vorliegt, der durch die Eigenart der Arbeitsleistung die Befristung rechtfertigt. Während also im Rahmen der Überprüfung einer Befristung lediglich sachliche und im Unternehmen begründete Umstände die Wirksamkeit der Befristung entscheiden, sind bei der Kündigung über die unternehmens- und tätigkeitsbedingten Umstände hinaus noch weitere, individuelle Umstände bei der Frage der Wirksamkeit zu berücksichtigen[815]. Da das Privileg der Rundfunkfreiheit aber nur die Programmvielfalt und damit verbunden die Fluktuation der Beschäftigten fördern soll, sind diese weiteren, individuellen Umstände bei der Frage, ob die Rundfunkfreiheit berücksichtigt worden ist, sachfremd. Daher ist die Befristung des Arbeitsverhältnisses im Vergleich zur Festanstellung, verbunden mit einer erleichterten Kündigungsmöglichkeit, das der Rundfunkfreiheit gerechter werdende Instrument.

Es steht aber in Streit, wie weitreichend der Hinweis des Bundesverfassungsgerichts auf die Möglichkeit der Befristung war. Teilweise wird vertreten, dass das Privileg der Rundfunkfreiheit allein eine besonders weite Befristungsmöglichkeit zur Berücksichtigung der Rundfunkfreiheit ermögliche. Weiter wird aber auch vertreten, dass dieses Privileg zwar auch die Befristung möglich mache, neben dieser aber außerdem die weitergehende Beschäftigung in arbeitnehmerähnlichen Rechtsverhältnissen durch Berücksichtigung der Rundfunkfreiheit bei Beurteilung des Status in Frage kommt[816]. Zum einen enthalte das Urteil des BVerfG vom 13.01.1982 keine eindeutige Antwort auf die Frage, ob zugunsten der Rundfunkfreiheit lediglich das Instrument der Befristung in Frage kommt. Zum anderen sei die Befristung aber auch für die meisten Fälle zu unflexibel und nicht brauchbar, weil die Befristung – um sich nicht der Angreifbarkeit aufgrund von Willkür auszusetzen – die Vorhersehbarkeit des Befris-

---

[815] *Konzen/Rupp*, Entscheidungsanmerkung, EzA Nr. 9 zu Art. 5 GG.
[816] *Buchner*, Arbeitnehmerähnliche Person, ZUM-Sonderheft 2000, S. 624 ff., S. 632; *Schmitt-Rolfes*, Arbeitsrecht in der Medienwelt, ZUM-Sonderheft 2000, S. 634 ff., S. 643; *Dörr*, Rundfunkfreiheit, ZUM-Sonderheft 2000, S. 666 ff u. *Dörr*, Freie Mitarbeit und Rundfunkfreiheit, FS Thieme, S. 911; *Rüthers*, Rundfunkfreiheit und Arbeitsrechtsschutz, RdA 1985, S. 129.

tungsgrundes verlange[817]. Tatsächlich lässt der Wortlaut der Entscheidung unterschiedliche Interpretationen zu. Fest steht lediglich, dass der Rückgriff auf

> ständig feste Mitarbeiter[818]

nicht ausreicht und dass es erforderlich ist, dass die Rundfunkunternehmen auf einen

> breit gestreuten Kreis geeigneter Mitarbeiter zurückgreifen können, was seinerseits voraussetzen kann, dass diese nicht auf Dauer, sondern nur für die Zeit beschäftigt werden, in der sie benötigt werden[819].

Sieht man diese Aussagen aber im Zusammenhang mit den angegriffenen Entscheidungen und berücksichtigt darüber hinaus, in welchem Umfang die Flexibilität zur Gewährung der Programmvielfalt erforderlich ist, so kann nur der Schluss gezogen werden, dass neben einer Befristung die arbeitnehmerähnliche Beschäftigung erforderlich bleibt. So wurde festgestellt, dass die dauerhafte Beendigung einer Beschäftigung eines programmgestaltenden Mitarbeiters nicht immer im Interesse des Rundfunkunternehmens liegt. Das Rundfunkunternehmen kann im Rahmen der zu gewährleistenden Programmvielfalt ebenso das Interesse haben, eine Mitarbeit nicht dauerhaft zu beenden, sondern nur für eine bestimmte Zeit, eine oder zwei Wochen, vielleicht einen Monat, zurückzustellen, weil zum aktuellen Zeitpunkt andere Themen vorrangig zu behandeln sind, für deren Bearbeitung der Mitarbeiter nicht so gut wie ein anderer geeignet ist. Dieses Interesse könnte im Rahmen der befristeten Mitarbeit nicht verwirklicht werden, weil zum Zeitpunkt der Befristung der Zeitpunkt und die Dauer anderer vorrangiger Interessen, die eine Beschäftigung dieses Mitarbeiters für eine bestimmte Zeit entbehrlich machen, nicht feststehen[820]. Selbst bei Eintritt dieser neuen Interessen steht noch nicht fest, wie lange diese neuen Interessen denn nun als vorrangig behandelt werden und eine Mitarbeit dieses Mitarbeiters nicht erforderlich sein wird. Die Befristung kann also während des Vollzugs der befristeten Beschäftigung keine flexible und den Erfordernissen angemessene Beschäftigung gewährleisten, wie dies die ständige freie Mitarbeit kann. Sieht man die Entscheidung des Bundesverfassungsgerichts im Zusammenhang mit diesen Erwägungen, kann auch das Bundesverfassungsgericht nur davon ausgehen, dass neben der Befristung die arbeitnehmerähnliche Beschäftigung möglich ist.

---

[817] *Schmitt-Rolfes*, Arbeitsrecht in der Medienwelt, ZUM-Sonderheft 2000, S. 634 ff., S. 643.
[818] BVerfG vom 13.01.1982, 1 BvR 848/77, BVerfGE 59, S. 231 ff., S. 259.
[819] BVerfG vom 13.01.1982, 1 BvR 848/77, BVerfGE 59, S. 231 ff., S. 259.
[820] *Dörr*, Freie Mitarbeit und Rundfunkfreiheit, FS Thieme, S. 911, S. 922.

Darüber hinaus ergibt aus dem Kontext der Entscheidung die Direktive, dass bereits bei der Statusfrage eine Berücksichtigung des Rundfunkprivilegs stattfinden müsse[821]: Das BVerfG hat mit seiner Entscheidung auch Urteile aufgehoben, die die Befristung als geeignetes Mittel zur Berücksichtigung gesehen haben. Aber auch diese Urteile wurden vom BVerfG wegen der grundsätzlichen Verkennung der Bedeutung der Rundfunkfreiheit aufgehoben. Dieser Aspekt spricht zusätzlich dafür, dass das BVerfG alleine die Befristung als nicht ausreichend zur Verwirklichung der Rundfunkfreiheit betrachtet.

Auch *Däubler* kritisiert die Befristung der programmgestaltenden Arbeitsverhältnisse, da der sachliche Grund für die Befristung eine

> quasi-souveräne Entscheidungsmacht der obersten Programmverantwortlichen[822]

darstellen könne, also ein Deckmantel, um den wahren Beendigungsgrund des Leistungsmangels nicht offen legen zu müssen. Stattdessen könne nach seiner Ansicht auf die betriebsbedingte Kündigung zurückgegriffen werden, die Befristung sei also entbehrlich. Dem ist allerdings entgegen zu halten, dass sich die genannten Gefahren eines Missbrauchs ebenso auch bei der betriebsbedingten Kündigung zeigen können, dass also statt des sachlichen Grundes der betriebsbedingte Kündigungsgrund dazu dienen muss, als Deckmantel für Leistungsmängel des Arbeitnehmers für die Beendigung seines Arbeitsverhältnisses zu sorgen. Es würde also nur eine Verlagerung des gleichbleibenden Problems stattfinden. Ganz im Gegenteil wird der Grund für die Befristung zu Beginn der Beschäftigung festgelegt, während der Grund für eine betriebsbedingte Kündigung erst später entsteht. Diese Gründe können also eher noch mehr als der Befristungsgrund für einen Missbrauch der Arbeitgeberstellung Verwendung finden.

Die Befristung ist darüber hinaus unflexibel, weil der Arbeitbedarf der Arbeitnehmerähnlichen in den Medien nicht immer zeitlich abschätzbar ist. Eine zeitliche Befristung ist nicht möglich, weil zum Zeitpunkt der Befristung die Vertragsparteien im Unklaren darüber sind, ob ein bestimmtes Programm z.B. noch

---

[821] *Dörr*, Rundfunkfreiheit, ZUM-Sonderheft 2000, S. 666 ff. S. 669.
[822] *Däubler*, Entscheidungsanmerkung, EWiR 1998, S. 1122 (Entscheidung 6/98 zu § 611 BGB).

ein Jahr oder zehn Jahre produziert und gesendet werden soll[823]. Bei einer zeitlichen Fixierung solcher Beschäftigungen besteht daher die Gefahr, dass sich ständig neue Befristungen an die abgelaufene Befristung anschließen müssen, weil doch über den ursprünglich vorgesehenen Bedarf zusätzlicher, neuer Bedarf besteht. Dagegen besteht umgekehrt die Gefahr, falls eine zeitliche Befristung zu lang gewählt worden ist, dass das Unternehmen doch zu lange an den Mitarbeiter gebunden ist, weil die Produktion mittlerweile eingestellt wurde und damit eine weitere Mitarbeit nicht mehr erforderlich ist.

Aber auch die Zweckbefristung kann nicht allen Bedürfnissen einer flexiblen Personalpolitik gerecht werden, da nicht alle möglichen Zweckänderungen vorhersehbar sind. So könnte man den Arbeitsvertrag mit einem Moderator statt mit zeitlichen Befristungen mit bestimmten Zwecken terminieren. Es würde sich anbieten, als Zweck das Absetzen der Produktion der Sendung zu verwenden. Wie soll dann aber das Unternehmen darauf reagieren, dass die Zuschauer zwar Gefallen an der Sendung haben, aber lieber einen anderen Moderator, der jünger oder kritischer ist, sehen würden? Wie sollen solche Zwecke festgelegt werden, wenn es lediglich um einen Arbeitnehmerähnlichen in „zweiter Reihe" geht, der die Sendung in ihrem Inhalt vorbereitet? Eine Befristung anhand eines Zwecks ist also entweder nicht möglich, weil nicht alle relevanten Umstände bereits zum Zeitpunkt des Eingehens des Arbeitsverhältnisses berücksichtigt werden können, oder weil die genannten Zwecke einen Freibrief darstellen würden, dem zu jedem beliebigen Zeitpunkt ein befristender Umstand entnommen werden könnte. Da also zum Zeitpunkt der Vereinbarung die Art des programmgestaltenden Änderungsbedarfs und auch der Zeitpunkt nicht feststehen[824], ist die Zweckbefristung kein geeignetes Instrument zur Flexibilisierung der programmgestaltenden Mitarbeiter.

Unter Umständen muss die Befristung, sei sie zeit- oder zweckbefristet, nicht einmal dem Mitarbeiter selbst einen Vorteil bieten. Das Unternehmen wäre bei Vereinbarung der Befristung gezwungen, den zeitlichen Umfang möglichst kurz zu halten oder zumindest möglichst viele Zwecke festzulegen, die ein Ende der Beschäftigung bezeichnen. Wird in diesen Fällen der befristende Zeitpunkt oder Zweck erreicht, wäre das Arbeitsverhältnis beendet; besteht trotz der Beendi-

---

[823] *Buchner*, Arbeitnehmerähnliche Person, ZUM-Sonderheft 2000, S.625 ff., S. 633; *Schmitt-Rolfes*, Arbeitsrecht in der Medienwelt, ZUM-Sonderheft 2000, S. 634 ff., S. 643; *Dörr*, Rundfunkfreiheit, ZUM-Sonderheft 2000, S. 666 ff. S. 669.

[824] Vgl. *Schmitt-Rolfes*, Versteht das Arbeitsrecht die Medienwelt, ZUM-Sonderheft 2000, S. 634 ff., S. 643; ebenso *Dörr*, Rundfunkfreiheit, ZUM-Sonderheft 2000, S. 666 ff., S. 670.

gung eine weitere Beschäftigungsmöglichkeit, müsste ein neuer Vertrag geschlossen werden, der wieder neue und umfassende befristende Momente vorsieht. Es wäre also erheblicher Aufwand erforderlich, um die Mitarbeit fortzusetzen, während beim arbeitnehmerähnlichen Vertragsverhältnis unabhängig von Befristungen das neue Tätigwerden durch mündliche Vereinbarung festgelegt werden kann. Ein „Damokles-Schwert" für den Mitarbeiter kann auch die tarifvertraglich oft festgelegte Höchstgrenze einer Befristung sein. Die Tarifverträge sehen es häufig vor, dass eine mehrmalige Befristung insgesamt maximal sechs bis acht Jahre andauern soll (Seite 188). Durch diese freiwillige Beschränkung sehen sich die Rundfunkanstalten zum Ablauf dieses Zeitraums vor der Wahl zwischen Kündigung und Festanstellung, was nicht immer zugunsten des Bestands des Arbeitsverhältnisses entschieden werden muss.

Daher dient die Befristung weder dem Unternehmen, das sich eines Teiles seiner Flexibilität begeben würde, noch dem Mitarbeiter, der ohne eine entsprechende Befristung möglicherweise auch länger beschäftigt werden würde.

Neben der unflexiblen Handhabung der Beendigung der befristeten Arbeitsverhältnisse beweist sich das befristete Arbeitsverhältnis auch in der täglichen und wöchentlichen Durchführung während des Vollzugs als so unflexibel, dass es den Besonderheiten und Privilegien des Rundfunks nicht gerecht wird.

Schließlich erkennen auch die Arbeitsgerichte in einem weiteren Umfang als früher die arbeitnehmerähnlichen Rechtsverhältnisse der Rundfunkmitarbeiter an. So werden mittlerweile zeitliche und örtliche Vorgaben nicht mehr als wegweisendes Kriterium gedeutet, wenn diese Vorgaben allein auf sachlichen Zwängen beruhen. Zur Begründung führt das BAG an, dass solche Vorgaben nicht aufgrund eines persönlichen Weisungsrechts des Arbeitgebers, sondern aufgrund von sachlichen Erfordernissen erfolgen würden[825]. Anders als zuvor konnte auch durch die lange Dauer der rechtlichen Beziehung nicht weiter auf ein Arbeitsverhältnis geschlossen werden[826].

Erfolgen also zeitliche oder örtliche Vorgabe nur, weil der Mitarbeiter auf ein Team oder die technischen Vorrichtungen des Unternehmens angewiesen ist, so werden diese nicht mehr zur Begründung eines Arbeitsverhältnisses herangezogen.

---

[825] BAG vom 27.02.1991, 5 AZR 107/90, EzA § 611 BGB Arbeitnehmerbegriff Nr. 43.
[826] BAG vom 13. Mai 1992, 5 AZR 434/91, AfP 1992, 398-401.

IV. Ausbau der Tarifverträge hin zu mehr sozialem Schutz?

Soweit Tarifverträge zugunsten der Arbeitnehmerähnlichen vereinbart worden sind, bieten diese den Arbeitnehmerähnlichen einen hinreichenden sozialen Schutz. Lediglich das gesetzliche Schutzsystem zugunsten der Arbeitnehmerähnlichen ist bislang noch lückenhaft und entbehrt einer konzeptionellen Geschlossenheit[827]. Vor allem in den öffentlich-rechtlichen Rundfunkanstalten gibt es für die arbeitnehmerähnlichen Mitarbeiter Tarifverträge, die diesen Beschäftigten einen sozialen Schutz gewähren. Innerhalb dieser Tarifverträge bestehen häufig große Unterschiede hinsichtlich des gewährten Sozialschutzes.

Der Grund für diese Lückenhaftigkeit und fehlende konzeptionelle Geschlossenheit ist die schwache Verhandlungsbasis der Gruppe der arbeitnehmerähnlich Beschäftigten. Diese ist im Vergleich zu den Arbeitnehmern ungleich schwächer, weil dem Arbeitnehmerähnlichen die Mittel einer Verhandlung zur Durchsetzung eigener Interessen im Vergleich zum Arbeitnehmer nur wirkungslos zur Verfügung stehen. Der Arbeitnehmer kann davon ausgehen, dass er nach dem Ende des Streiks wieder im Unternehmen weiterbeschäftigt wird, die Hauptleistungspflichten sind also nur während des Streiks suspendiert[828]. Mit dieser Gewissheit kann ein Arbeitnehmerähnlicher aber nicht streiken. Denn diesem gegenüber ist das Unternehmen nicht mit einem so umfassenden Bestandsschutz verpflichtet wie zugunsten der Arbeitnehmer. Daher muss der Arbeitnehmerähnliche im Streik befürchten, dass eine Folge des Streiks auch die Einschränkung oder sogar Beendigung seiner Tätigkeiten im Unternehmen bedeuten kann. Die Streiks von Freien haben daher überwiegend symbolischen Charakter und können kaum den entsprechenden Druck erreichen[829].

Die Tarifverträge könnten also den Arbeitnehmerähnlichen Schutz bei einer Beschäftigung in den Medien gewähren, wenn die Tarifverträge flächendeckend und mit einem vergleichbaren sozialen Schutz zustande kommen würden. Dass eine solche Abdeckung erreicht wird, erscheint im Hinblick auf die schwache Verhandlungsposition der Arbeitnehmerähnlichen als unwahrscheinlich.

---

[827] *Buchner*, Arbeitnehmerähnliche Person, ZUM-Sonderheft 2000, S. 624 ff., S. 628.

[828] Wenn man von der lösenden Aussperrung absieht, vgl. *Löwisch*, Arbeitsrecht, Rn. 363.

[829] *Nies*, Arbeitnehmerähnliche und Gewerkschaften, ZUM-Sonderheft 2000, S. 653 ff., S. 656.

V. Ausbau der Gesetze hin zu mehr sozialem Schutz?

Es bleibt der Appell an den Gesetzgeber, die Gesetze, die einen sozialen Schutz gewähren und keinen Eingriff in die Rundfunkfreiheit der Anstalten befürchten lassen, auch zugunsten der Arbeitnehmerähnlichen für anwendbar zu erklären. Insbesondere kann hier das System der Tarifverträge übernommen werden, nach dem einem Arbeitnehmerähnlichen kein Beschäftigungsanspruch zukommt, sondern im Zweifel, sollte der gewährte Schutz verletzt werden, ein finanzieller Anspruch. Das ArbGG, das BUrlG, das TVG und das ArbSchG berücksichtigen bereits die arbeitnehmerähnlichen Personen. Bei der Anwendung dieser Gesetze ist es nicht zu befürchten, dass die Rundfunkfreiheit zu Lasten der Unternehmen eingeschränkt wird. Darüber hinaus kann der Anwendungsbereich solcher Gesetze und Normen zugunsten der Arbeitnehmerähnlichen erweitert werden, die die Flexibilität der Rundfunkunternehmen nicht einschränken, den Arbeitnehmerähnlichen aber während der Beschäftigung eine den Arbeitnehmern vergleichbare, soziale Sicherung gewähren. Die umfängliche Anwendung des KSchG muss deshalb ausgeschlossen bleiben; es kommen aber solche Regelungen in Betracht, die den Arbeitnehmerähnlichen bei Beendigung des Beschäftigungsverhältnisses für einen nach der Dauer der Beschäftigung gestaffelten Zeitraum die Existenzgrundlage sichern, wie dies bislang nur in den Tarifverträgen geschieht. Statt eines Rückgriffs auf die bestehenden Tarifverträge können auch die Normen des KSchG in ihrem Anwendungsbereich erweitert werden, die nicht die Wirksamkeit der Kündigung, sondern die Frage der Abfindung behandeln. Eine Anwendung der §§ 1a, 9, 10 KSchG auch für die Arbeitnehmerähnlichen kann demnach in Erwägung gezogen werden.

C. Ergebnis

Die im Bereich des Rundfunks tätigen Unternehmen sind durch die in Art. 5 Abs. 1 GG verfassungsrechtlich gewährleistete Rundfunkfreiheit geschützt. Der Schutz des Rundfunks kann auch die Gestaltung und rechtliche Beurteilung der Beschäftigungsverhältnisse erfassen, wenn dies zur Gewährleistung der Rundfunkfreiheit erforderlich ist. Damit steht die Rundfunkfreiheit zur Gewährleistung der Programmvielfalt solchen arbeitsrechtlichen Regelungen entgegen, die den Anstalten die zur Erfüllung ihres Programmauftrags notwendige Freiheit und Flexibilität nimmt. Ein Verzicht auf das Institut arbeitnehmerähnlicher Beschäftigung verbietet sich bereits durch die bestehende, dreigeteilte Beschäftigungsordnung. Die Rechtsordnung sieht drei unterschiedliche Formen zur Erbringung von Leistungen vor. Wird eine Beschäftigung als arbeitnehmerähnlich qualifiziert, verbietet der verfassungsrechtliche Schutz die Annahme einer unbefristeten Beschäftigung als Arbeitnehmer, auch wenn dies in den übrigen Wirtschaftsbereichen angenommen werden müsste, wenn die Umstände nur auf die Notwendigkeiten und Besonderheiten des Rundfunks zurückzuführen sind. Würde der Arbeitnehmerstatus angenommen werden, auch mit Erleichterungen hinsichtlich einer Kündigung, wäre die erforderliche Freiheit in den Rundfunkunternehmen eingeschränkt. Eine Alternative, die den Rundfunkunternehmen die erforderlichen Freiheiten lässt, bildet auch nicht die befristete Beschäftigung in einem Arbeitsverhältnis. Die Vereinbarung hinsichtlich einer Befristung könnte nicht alle möglichen Befristungsgründe erfassen, weil im Lauf der Beschäftigung neue Gründe hinzukommen könnten. Darüber hinaus könnte das Beschäftigungsvolumen während der Beschäftigung nicht so flexibel angepasst werden wie bei der arbeitnehmerähnlichen Beschäftigung.

Die Rundfunkfreiheit gebietet es also, dass die Beschäftigung der arbeitnehmerähnlichen Personen in den Rundfunkunternehmen möglich sein muss. Nur auf diesem Weg kann die erforderliche Flexibilität zur Erfüllung der Programmvielfalt auch auf der Ebene der Personalpolitik durchgesetzt werden. Unabhängig von dieser Beschäftigungsform steht aber der übrige soziale Schutz der arbeitnehmerähnlich Beschäftigten einer Verwirklichung der Programmvielfalt nicht im Wege, so dass dieser den Mitarbeitern zukommen muss. Dieser kann, soweit das noch nicht geschehen ist, durch die Tarifverträge gewährt werden. Sollte eine tarifliche Einigung nicht zustande kommen, und diese Möglichkeit besteht, wenn man die schlechte Verhandlungsposition der Arbeitnehmerähnlichen berücksichtigt, so ist es geboten, durch die Legislative einen Mindestschutz zu vereinbaren, der die dauerhafte und wirtschaftlich abhängige Beschäftigung berücksichtigt.

VIERTES KAPITEL: ZUSAMMENFASSUNG

Im Rundfunk sind die Arbeitnehmerähnlichen ein fester Personalbestandteil, wenn es um die Verrichtung programmgestaltender Tätigkeiten geht. Die Arbeiten können grundsätzlich sowohl von Arbeitnehmern als auch von Arbeitnehmerähnlichen ausgeführt werden. Für die rechtlichen Konsequenzen ist die Entscheidung zwischen den beiden Rechtsverhältnissen erheblich, da nach der gesetzlichen Lage gravierende Unterschiede bei der Behandlung von Arbeitnehmern und Arbeitnehmerähnlichen bestehen.

Nur Arbeitnehmer stehen in persönlicher Abhängigkeit zum Arbeitgeber, die Arbeitnehmerähnlichen sind persönlich unabhängig und unterliegen keinem Weisungsrecht. Die Ähnlichkeit der beiden Beschäftigungsgruppen besteht in wirtschaftlicher Hinsicht: Der Arbeitnehmerähnliche ist wie ein Arbeitnehmer vom Beschäftigungsgeber wirtschaftlich abhängig und daher sozial schutzbedürftig.

Während die Rechte und Pflichten von Arbeitgeber und Arbeitnehmer einheitlich im Arbeitsrechtsverhältnis geregelt werden, bestehen zwischen dem Arbeitnehmerähnlichen und dem Beschäftigungsgeber mehrere Rechtsverhältnisse. Zum einen kommen zwischen dem Arbeitnehmerähnlichen und dem Medienunternehmen – wie mit einem freien Mitarbeiter – immer wieder neue Dienst- oder Werkverträge zustande, die die causa für die synallagmatischen Leistungspflichten sind. Über die einzelnen Dienst- und Werkverträge hinaus besteht aber außerdem das Rechtsverhältnis, das die Arbeitnehmerähnlichkeit der Beschäftigten charakterisiert. Dieses arbeitnehmerähnliche Rahmenrechtsverhältnis regelt nicht den Austausch synallagmatischer Pflichten, sondern darüber hinausgehende, den Arbeitnehmerähnlichen begünstigende Rechte. Grund für das Entstehen des arbeitnehmerähnlichen Rechtsverhältnisses ist die dauernde Aneinanderreihung der einzelnen Austauschverhältnisse, aufgrund derer der Beschäftigte und das Unternehmen über lange Zeit miteinander verbunden sind. Durch diese lang andauernde vertragliche Verflechtung der Parteien entsteht die wirtschaftliche Abhängigkeit des Arbeitnehmerähnlichen, weil er für die Behauptung seiner wirtschaftlichen Existenz auf dieses Einkommen angewiesen ist. Darüber hinaus entwickelt sich ein besonderes Vertrauensverhältnis, das bei einzelnen Austauschverträgen noch nicht besteht. Die Rechte der Arbeitnehmerähnlichen aus dem Rahmenrechtsverhältnis werden durch Gesetz, Rechtsprechung und in den öffentlich-rechtlichen Rundfunkanstalten durch Tarifverträge bestimmt.

Die rechtliche Behandlung der Arbeitnehmerähnlichen unterscheidet sich stark von der Behandlung der Arbeitnehmer. Die Unterschiede können auf verschiedene Ursachen zurückgeführt werden:

Die Verschiedenheit kann ihre Ursache in den unterschiedlichen, zugrunde liegenden Vertragstypen haben. Beim Werkvertrag ist es etwa typisch, dass der Werkunternehmer seine Tätigkeit selbstständig organisiert und die Zeit, die er für die Erstellung des Werks benötigt, in eigener Verantwortung einteilt. Als Folge dieser Eigenverantwortlichkeit kann der Werkunternehmer das Risiko der Zeiteinteilung und der Organisation nicht dem Besteller auferlegen. Während die Dienst- und die Arbeitsleistung Fixschuldcharakter haben und versäumte Dienst- oder Arbeitszeit nicht nachgeholt werden können, führt ein solches Versäumnis beim Werkvertrag noch nicht zur Unmöglichkeit der Leistungserbringung. Die Leistung bleibt nachholbar und der Arbeitnehmerähnliche kann in Verzug geraten. Durch die eigenverantwortliche Organisation der Leistungszeit kann sich der werkvertraglich tätige Arbeitnehmerähnliche außerdem auf weniger Fallgruppen des „Lohns ohne Arbeit" berufen: Eine vorübergehende Verhinderung des Werkunternehmers liegt in dessen eigener Verantwortung und führt nicht zu einer Fortzahlung der Vergütung.

Andere Unterscheidungen lassen sich generell auf die strukturellen Unterschiede zwischen Arbeitsverhältnis und arbeitnehmerähnlichem Rechtsverhältnis zurückführen. So hat ein Arbeitnehmer anders als ein Arbeitnehmerähnlicher im bestehenden Arbeitsverhältnis einen Anspruch auf Beschäftigung. Die Arbeitnehmerähnlichen haben einen solchen Beschäftigungsanspruch dagegen nicht. Der einzelne Werkvertrag beinhaltet zwar die Abnahmepflicht des Werkbestellers, nicht aber auch die Pflicht zur Verwendung des Werks. Die Entscheidung, ob ein erstellter Beitrag zur Ausstrahlung gelangt oder sonst verwertet wird, liegt also allein beim Medienunternehmen. Dies gilt grundsätzlich auch für die Dienste, die im Rahmen des einzelnen Dienstvertrags erbracht werden. Das Medienunternehmen hat grundsätzlich keine Pflicht, die Dienste entgegen zu nehmen und damit den Arbeitnehmerähnlichen zu beschäftigen. Insbesondere folgt auch kein Beschäftigungsanspruch aus dem arbeitnehmerähnlichen Rahmenrechtsverhältnis. Diese gewähren einen Bestandsschutz zugunsten der Arbeitnehmerähnlichen immer nur durch finanzielle Zuwendungen, nicht aber auch durch eine Beschäftigung im Medienunternehmen. Dies gilt auch, wenn eine Änderung der Tätigkeit des Arbeitnehmerähnlichen erfolgen soll. Nach Beendigung einzelner Werk- oder Dienstverträge hat der Arbeitnehmerähnliche keinen Anspruch, erneut einen gleichartigen Vertrag mit einer Tätigkeit für eine bestimmte Abteilung oder einem bestimmten Inhalt abzuschließen. Innerhalb des

Unternehmens können den Arbeitnehmerähnlichen nach Beendigung eines Dienst- oder Werkvertrags neue Dienst- oder Werkverträge in anderen Abteilungen, mit einem anderen Inhalt und mit anderem Umfang angeboten werden, solange die Tätigkeiten programmgestaltenden Charakter behalten.

Unabhängig von der Dauer der Beschäftigung haben die Arbeitnehmerähnlichen einen nur geringen Bestandsschutz durch eine zweiwöchige Auslauffrist. Diese Auslauffrist ist Folge des arbeitnehmerähnlichen Vertrauensverhältnisses, das durch die Aneinanderreihung einzelner Austauschverträge zwischen Medienunternehmen und Beschäftigtem entstanden ist. Aber auch innerhalb der Auslauffrist wird dem Beschäftigten kein Anspruch auf Beschäftigung, sondern lediglich ein finanzieller Ausgleich zuteil.

Schließlich werden die Arbeitnehmerähnlichen in wenigen Bundesländern in Landesgesetzen berücksichtigt; danach kann sich ein Anspruch auf Bildungsurlaub oder die passive und aktive Wahlberechtigung zum Personalrat ergeben.

Die Tarifverträge, die zugunsten der Arbeitnehmerähnlichen zustande gekommen sind, verringern die bestehenden Unterschiede der beiden Beschäftigungsmodelle. Sie sind durch die beiderseitige Tarifgebundenheit oder durch individualvertragliche Bezugnahme Bestandteil des Beschäftigungsverhältnisses und gewähren den Arbeitnehmerähnlichen bei Bestehen der Beschäftigungsverhältnisse Ansprüche, die den Ansprüchen der Arbeitnehmer für den Mutterschutz und der Entgeltfortzahlung im Krankheitsfall nahe kommen. Die in den Medienunternehmen bestehenden Tarifverträge gewähren arbeitnehmerähnlichen Müttern eine Leistungsbefreiung unter Entgeltfortzahlung, die dem Schutz der Arbeitnehmer nach dem MuSchG vergleichbar ist. Ebendies gilt für die Entgeltfortzahlung im Krankheitsfall: Die krankheitsbedingt arbeitsunfähigen Arbeitnehmerähnlichen haben einen Anspruch auf Entgeltfortzahlung. Insbesondere regeln die Tarifverträge einen besonderen Beendigungsschutz zugunsten der Arbeitnehmerähnlichen. Einem Arbeitnehmerähnlichen muss die beabsichtigte Beendigung oder wesentliche Einschränkung seiner Tätigkeit vom Medienunternehmen mitgeteilt werden, um nach Ablauf einer Mittelungsfrist die Tätigkeit einschränken oder beenden zu können. Die Dauer der Frist richtet sich nach der Dauer der zurückliegenden Beschäftigung. Wird die Tätigkeit des Mitarbeiters dennoch eingeschränkt, obwohl ihm dies nicht oder nicht rechtzeitig mitgeteilt worden ist, steht dem Arbeitnehmerähnlichen ein finanzieller Ausgleichsanspruch gegen das Unternehmen zu. Die Höhe des Anspruchs richtet sich nach dem Umfang der bisherigen Tätigkeit. Der von der Rechtsprechung anerkannte Bestandsschutz sieht lediglich eine zweiwöchige Ankündigungsfrist unabhängig von der Dauer der zurückliegenden vertraglichen Beziehung vor. Durch die Tarifverträge wird die Beendigungsfrist der Dauer der arbeitsrechtlichen Kündigungsfristen angepasst.

Der Grund für die Möglichkeit, Arbeitnehmerähnliche zu beschäftigen, liegt in der in Art. 5 Abs. 1 S. 2 GG niedergelegten Rundfunkfreiheit. Sie erfasst auch die Qualifizierung und Ausgestaltung der einzelnen Beschäftigungsverhältnisse, da die Unternehmen bei Erfüllung ihres Programmauftrags das Bedürfnis zu einer besonderen Flexibilität haben. Die Rundfunkunternehmen können daher Verträge mit den Beschäftigten schließen, die einerseits ihren Programmauftrag durch eine flexible Beschäftigung sichern, andererseits aber den arbeitsrechtlichen Schutz einschränken. Bei Überprüfung solcher Verträge haben die Gerichte diese im Lichte der Rundfunkfreiheit auszulegen.

Dennoch bestehen besonders dann Lücken im Beschäftigtenschutz der Arbeitnehmerähnlichen, wenn für diese keine Tarifverträge zustande gekommen sind. Es wurde deshalb nach alternativen Beschäftigungsformen gesucht, die einerseits nicht in die Rundfunkfreiheit eingreifen, andererseits die Beschäftigten im Programmbereich nicht weiter als erforderlich in ihrem arbeitsrechtlichen Schutz einschränken. Dabei hat sich herausgestellt, dass die Beschäftigung in einem arbeitnehmerähnlichen Rechtsverhältnis der für die Rundfunkfreiheit erforderlichen Flexibilität am ehesten gerecht wird. Schon im Rahmen der bestehenden Beschäftigung kann die Tätigkeit in Umfang und Art geändert werden. Ob und wann eine solche Änderung erforderlich ist, zeigt sich typischerweise kurzfristig vor dem Änderungsbedarf und kann daher nicht bereits zu Beginn der Beschäftigung festgelegt werden. Befristete Arbeitsverhältnisse oder solche mit erleichterten Kündigungsvoraussetzungen werden diesem Bedürfnis nicht gerecht.

Daher gilt es, die arbeitnehmerähnliche Beschäftigung so auszugestalten, dass den Arbeitnehmerähnlichen ein möglichst weitgehender arbeitsrechtlicher Schutz zukommt, ohne in die Rundfunkfreiheit einzugreifen. Eine Analogie arbeitsrechtlicher Schutzgesetze scheitert an der erforderlichen planwidrigen Regelungslücke. Die Tarifverträge haben einen Teil zum Schutz der Arbeitnehmerähnlichen beigetragen. Sie bestehen aber nicht flächendeckend, so dass nicht alle Arbeitnehmerähnlichen geschützt werden. Insbesondere bestehen die Tarifverträge in den öffentlich-rechtlichen Rundfunkanstalten, während sich die Arbeitnehmerähnlichen in den privaten Medienunternehmen lediglich auf den gesetzlichen Mindestschutz stützen können. Für den Abschluss von interessensgerechten Tarifverträgen fehlt es bei den Arbeitnehmerähnlichen auch an einer den Arbeitnehmern vergleichbaren, starken Verhandlungsbasis. Zugunsten des Arbeitnehmerähnlichen besteht kein Kündigungsschutz, mittelbares Ergebnis eines Streiks der Arbeitnehmerähnlichen zur Durchsetzung der eigenen Interessen kann es daher sein, dass diese nicht mehr weiter beschäftigt werden.

Es bleibt daher die Aufgabe des Gesetzgebers, für einen flächendeckenden Schutz der Arbeitnehmerähnlichen Sorge zu tragen.

LITERATURVERZEICHNIS

Annuß, Georg; Thüsing, Gregor
Kommentar zum Teilzeit- und Befristungsgesetz,1. Auflage, Heidelberg 2002

Appel, Clemens; Frantzioch, Petra
Sozialer Schutz in der Selbständigkeit, ArbuR 1998, S. 93 ff.

Ascheid, Reiner; Preis, Ulrich; Schmidt, Ingrid;
Kündigungsrecht; Großkommentar zum gesamten Recht der Beendigung von Arbeitsverhältnissen, 2. Auflage, München 2004

Bader, Peter; Etzel, Gerhard; Fischermeier, Ernst; Friedrich, Hans-Wolf; Lipke, Gert-Albert; Pfeiffer, Thomas; Rost, Friedhelm; Spilger, Andreas Michael; Vogt, Norbert; Weigand, Horst; Wolff, Ingeborg;
Gemeinschaftskommentar zum KSchG und zu sonstigen kündigungsrechtlichen Vorschriften, 7. Auflage, München 2004

Baeck, Ulrich; Deutsch, Markus
Kommentar zum Arbeitszeitgesetz, 2. Auflage, München 2004

Bauer, Jobst-Hubertus
Neue Spielregeln für Aufhebungs- und Abwicklungsverträge durch das geänderte BGB?, NZA 2002, S. 169 ff.

Bauer, Jobst-Hubertus; Kock, Martin
Arbeitsrechtliche Auswirkungen des neuen Verbraucherschutzrechts, DB 2002, S. 42 ff.

Baumbach, Adolf; Lauterbach, Wolfgang; Albers, Jan; Hartmann, Peter;
Kommentar zu Zivilprozessordnung mit Gerichtsverfassungsgesetz und anderen Nebengesetzen, 63. Auflage, München 2005

Beck, Michael
Einführung von Kurzarbeit im öffentlichen Dienst, ZTR 1998, S. 159 ff.

Berger-Delhey, Ulf; Alfmeier, Klaus
Freier Mitarbeiter oder Arbeitnehmer? NZA 1991, S. 257 ff.

Beuthien, Volker
Das Nachleisten versäumter Arbeitszeit – Zum Fixschuldcharakter versäumter Arbeitspflicht, RdA 1972, S. 20 ff.

Beuthien, Volker; Wehler, Thomas
Stellung und Schutz der freien Mitarbeiter im Arbeitsrecht, RdA 1978, S. 2 ff.

Bezani, Thomas; Müller, Christoph
Arbeitsrecht in Medienunternehmen,1. Auflage, Köln 1999

Bitter, Walter
Der kündigungsrechtlichte Dauerbrenner: Unternehmerfreiheit ohne Ende?, DB 1999, S. 1214 ff.

Blaes, Ruth
Medienberufe in der Jahrtausendwende, Beschreibung einer Situation, ZUM-Sonderheft 2000, S. 616 ff.

Brox, Hans
Arbeitsrecht, 15. Auflage, Stuttgart 2002

Brox, Hans; Walker, Wolf-Dietrich
Allgemeines Schuldrecht, 30. Auflage, München 2004

Buchner, Herbert
Die arbeitnehmerähnliche Person, das unbekannte Wesen, ZUM-Sonderheft 2000, S. 624 ff.

Buchner, Herbert; Becker; Ullrich
Kommentar zum Mutterschutzgesetz und Bundeserziehungsgeldgesetz, 6. Auflage, München 1998

Bullinger, Martin; Mestmäcker, Ernst-Joachim
Multimediadienste – Struktur und staatliche Aufgabe nach deutschem und europäischem Recht, 1. Auflage, Baden-Baden 1997

Canaris, Claus-Wilhelm
Die Feststellung von Lücken im Gesetz, eine methodologische Studie über Voraussetzungen und Grenzen der richterlichen Rechtsfortbildung praeter legem, 2. Auflage, Berlin 1983
Lehrbuch des Schuldrechts, Zweiter Band, Besonderer Teil, Zweiter Halbband, 13. Auflage, München 1994
Die Reform des Rechts der Leistungsstörungen, JZ 2001, S. 499 ff.

Däubler, Wolfgang
Die Auswirkungen der Schuldrechtsmodernisierung auf das Arbeitsrecht, NZA 2001, S. 1329 ff.

Däubler, Wolfgang; Kittner, Michael; Klebe, Thomas
Betriebsverfassungsgesetz mit Wahlordnung und EBR-Gesetz, Kommentar für die Praxis, 9. Auflage, Frankfurt am Main 2004

Dauner-Lieb, Barbara; Konzen, Horst; Schmidt, Karsten
Das neue Schuldrecht in der Praxis; Akzente - Brennpunkte – Ausblick, Köln 2003

Dörr, Dieter
Die freien Mitarbeiter und die Rundfunkfreiheit – Fortbestehende Divergenzen zwischen dem Bundesverfassungsgericht und der Arbeitsgerichtsbarkeit, Festschrift für Werner Thieme zum 70. Geburtstag, München 1993, S. 911 ff.

Wo bleibt die Rundfunkfreiheit? Verfassungsrecht contra Arbeitsrecht, ZUM-Sonderheft 2000, S. 666 ff.

Dreher, Meinrad
Der Verbraucher - Das Phantom in den opera des europäischen und deutschen Rechts, JZ 1997, S. 167 ff.

Dreier, Horst
Kommentar zum Grundgesetz, Band I – Präambel, Artikel 1-19, 2. Auflage, Tübingen 2004

Eckert, Michael
Arbeitnehmer oder Freier Mitarbeiter - Abgrenzung, Chancen, Risiken, DStR 1997, S. 705 ff.

Ehmann, Horst; Sutschet, Holger
Die betriebsbedingte Kündigung, JURA, 2001, S. 145 ff.

Engels, Gerd; Schmidt, Ingrid; Trebinger, Yvonne; Linsenmaier, Wolfgang;
Betriebsverfassungsgesetz, Handkommentar, (begründet von Karl Fitting), 22. Auflage, München 2004

Erfurter Kommentar
Erfurter Kommentar zum Arbeitsrecht, 6. Auflage, München 2006

Fabricius, Fritz
>Kollision von Beschäftigungspflichten aus Doppelarbeitsverhältnissen, ZfA 1972, S. 35 ff.
>
>Leistungsstörungen im Arbeitsverhältnis – Eine Grundlagenstudie, Tübingen 1970

Fiebig, Andreas
>Der Arbeitnehmer als Verbraucher, DB 2002, S. 1608 ff.

Gamillscheg, Franz
>Zivilrechtliche Denkformen und die Entwicklung des Individualarbeitsrechts, Archiv für die civilistische Praxis, Band 176, S. 197 ff.

Germelmann, Claas-Hinrich; Matthes, Hans-Christoph; Müller-Glöge, Rudi; Prütting, Hanns
>Arbeitsgerichtsgesetz, Kommentar 5. Auflage, München 2004

Goretzki, Susanne
>Scheinselbständigkeit: Rechtsfolgen im Sozialversicherungs-, Steuer- und Arbeitsrecht, BB 1999, S. 635 ff.

Gotthard, Michael
>Arbeitsrecht nach der Schuldrechtsreform, 2. Auflage, München 2003

Gottschall, Karin
>Freie Mitarbeit im Journalismus, KZfSS 1999, S. 635 ff.

Griebeling, Gert
>Abgrenzung Arbeitnehmer – Freier, NZA 1998, S. 1137 ff.
>
>Mitarbeit in den Medien, ZUM-Sonderheft 2000, S. 646 ff.

Harte-Bavendamm, Henning; Henning-Bodewig, Frauke
>Gesetz gegen den unlauteren Wettbewerb (UWG) mit Preisangabenverordnung, 1. Auflage, München 2004

Hauck, Friedrich; Helml, Ewald
>Arbeitsgerichtsgesetz, Kommentar, 2. Auflage, München 2003

Haupt, Günter
>Über faktische Vertragsverhältnisse, (Leipziger rechtswissenschaftliche Studien), 1. Auflage, Leipzig 1943

Henssler, Martin
>Arbeitsrecht und Schuldrechtsreform, RdA 2002, S. 129 ff.

Henssler, Martin; Muthers, Christof
Arbeitsrecht und Schuldrechtsmodernisierung; Das neue Leistungsstörungsrecht, ZGS 2002, S. 219 ff.

Henssler, Martin; Westphalen, Friedrich Graf von
Praxis der Schuldrechtsreform, 1. Auflage, Recklinghausen 2001

Herbert, Manfred; Oberrath, Jörg-Diether
Arbeitsrecht nach der Schuldrechtsreform – Eine Zwischenbilanz, NJW 2005, S. 3745 ff.

Hilger, Marie Luise
Rundfunkfreiheit und „freie Mitarbeiter", RdA 1981, S. 265 ff.

Hochrathner, Uwe
Die Statusrechtsprechung des 5. Senats des BAG seit 1994, NZA-RR 2001, S. 561 ff.

Hohmeister, Frank
Zeugnisanspruch für Freie Mitarbeiter?, NZA 1998, S. 571 ff.

Hönn, Günther
Zur Problematik fehlerhafter Arbeitsverhältnisse - Kritik an einer arbeitsrechtlichen Sonderentwicklung und Kritik an der neueren Rechtsprechung des BAG, ZfA 1987, S. 61 ff.

Hopt, Klaus
Handelsgesetzbuch, 30. Auflage, München 2000

Hoyningen-Huene, Gerrick von
Kommentar zum Kündigungsschutzgesetz, 13. Auflage, München 2002

Hromadka, Wolfgang
Schuldrechtsmodernisierung und Vertragskontrolle im Arbeitsrecht, NJW 2002, S. 2523 ff.

Zum Arbeitsrecht der arbeitnehmerähnlichen Selbständigen, Beitrag zu Europas universale – rechtsordnungspolitische Aufgabe im Recht des dritten Jahrtausends; Festschrift für Alfred Söllner zum 70. Geburtstag, S. 461 ff., München 2000

Ders.
Arbeitnehmerbegriff und Arbeitsrecht – Zur Diskussion um die „neue Selbständigkeit", NZA 1997, S. 569 ff.

Arbeitnehmerähnliche Personen – Rechtsgeschichtliche, dogmatische und rechtspolitische Überlegungen, NZA 1997, S. 1249 ff.

Arbeitnehmer oder Freier Mitarbeiter?, NJW 2003, S. 1847 ff.

Huber, Peter; Faust, Florian
Schuldrechtsmodernisierung, Einführung in das neue Recht, 1. Auflage, München 2002

Hümmerich, Klaus; Holthausen, Joachim
Der Arbeitnehmer als Verbraucher, NZA 2002, S. 173 ff.

Jacobs, Matthias
Der arbeitnehmerähnliche Selbständige, ZIP 1999, S. 1549 ff.

Jarass, Hans; Pieroth, Bodo
Grundgesetz für die Bundesrepublik Deutschland, Kommentar, 7. Auflage, München 2004

Kewenig, Wilhelm; Thomashausen, Andre
Rundfunkfreiheit, Wissenschaftsfreiheit und Sozialstaatsprinzip – Zur verfassungsrechtlichen Problematik von freien bzw. befristeten Beschäftigungsverhältnissen, NJW 1981, S. 417

Kittner, Michael; Däubler, Wolfgang; Zwanziger, Bertram
Kündigungsschutzrecht, ein Kommentar für die Praxis, 6. Auflage, Frankfurt am Main 2004

Kittner, Michael; Zwanziger, Bertram
Arbeitsrecht, Handbuch für die Praxis, 2. Auflage, Frankfurt 2003

Kling, Michael; Thomas, Stefan
Grundkurs Wettbewerbs- und Kartellrecht, 1. Auflage, München 2004

Konzen, Horst
Die AGB-Kontrolle im Arbeitsrecht, Festschrift für Walter Hadding zum 70. Geburtstag, S. 145 ff.

Konzen, Horst; Rupp, Hans Heinrich
Entscheidungsanmerkung zu BVerfG vom 13.01.1982, EzA, Art. 5 GG, Nr. 9

Kunig, Philip; Münch, Ingo von
Grundgesetz-Kommentar, begründet von Ingo von Münch, Band I, Präambel bis Art. 19, 5. Auflage, München 2000

Lehmann, Heinrich
Die positiven Vertragsverletzungen, Archiv für die civilistische Praxis, Band 96 (1905), S. 60 ff.

Lieb, Manfred
Arbeitsrecht, 8. Auflage, Heidelberg 2003
Beschäftigung auf Produktionsdauer – selbständige oder unselbständige Tätigkeit?, RdA 1977, S. 210 ff.

Löwisch, Manfred
Arbeitsrecht - Ein Studienbuch, 7. Auflage, Düsseldorf 2004
Kündigungsschutz allein gebliebener Initiatoren zur Betriebsratswahl, DB 2002, S. 1503
Auswirkungen der Schuldrechtsreform auf das Recht der Arbeitsverhältnisse, Festschrift für Herbert Wiedemann zum 70. Geburtstag, S. 311 ff.

Löwisch, Manfred; Kaiser, Dagmar
Kommentar zum Betriebsverfassungsgesetz, 5. Auflage, Heidelberg 2002

Löwisch, Manfred; Rieble, Volker
Kommentar zum Tarifvertragsgesetz, 2. Auflage, München 2004

Löwisch, Manfred; Spinner, Günter
Kommentar zum Kündigungsschutzgesetz, 9. Auflage, Heidelberg 2004

Luke, Joachim
§ 615 S. 3 BGB - Neuregelung des Betriebsrisikos?, NZA 2004, S. 244 ff.

Medicus, Dieter
Studienbuch Schuldrecht I, Allgemeiner Teil, 14. Auflage, München 2003

Meinel, Gernod; Heyn, Judith; Herms, Sascha

Kommentar zum Teilzeit- und Befristungsgesetz, 2. Auflage, München 2004

Münchner Handbuch zum Arbeitsrecht

Band I, Individualarbeitsrecht 1, 2. Auflage, München 2000
Band II, Individualarbeitsrecht 2, 2. Auflage, München 2000
Band III, Kollektives Arbeitsrecht, 2. Auflage, München 2000

Münchner Kommentar zum BGB

Band 1 (Allgemeiner Teil, §§ 1-240), 4. Auflage, München 2001
Band 2 a (Schuldrecht, Allgemeiner, §§ 241 - 432), 4. Auflage, München 2003
Band 4 (Schuldrecht, Besonderer Teil II, §§ 611 - 704, EFZG, TzBfG, KSchG), 4. Auflage, München 2005
Band 10 (Einführungsgesetz zum BGB, Art. 1 bis 38, IPR), 3. Auflage 1998

Nastelski, Kurt

Die Zeit als Bestandteil des Leistungsinhalts, JuS 1962, S. 289 ff.

Neumann, Dirk; Biebl, Josef

Kommentar zum Arbeitszeitgesetz, 14. Auflage, München 2004

Neumann, Dirk; Fenski, Martin

Kommentar zum Bundesurlaubsgesetz nebst allen anderen Urlaubsbestimmungen des Bundes und der Länder, 9. Auflage, München 2003

Neuvians, Nicole

Die arbeitnehmerähnliche Person, Berlin 2002

Niepalla, Peter

Statusklagen freier Mitarbeiter gegen Rundfunkanstalten, ZUM 1999, S. 353 ff.

Nierwetberg, Rüdiger

§ 615 BGB und der Fixschuldcharakter der Arbeitspflicht, BB 1982, S. 995 ff.

Nies, Gerd

„Immer noch ein ungeliebtes Kind?" - Arbeitnehmerähnliche und Gewerkschaften, ZUM-Sonderheft 2000, S. 653 ff.

Nipperdey, Hans Carl
Gleicher Lohn der Frau für gleiche Leistung – Ein Beitrag zur Auslegung der Grundrechte, RdA 1950, S. 121 ff.

Oechsler, Jürgen
Schuldrecht, Besonderer Teil; Vertragsrecht, 1. Auflage, München 2003

Oetker, Hartmut
Arbeitsrechtlicher Bestandsschutz und Grundrechtsordnung, RdA 1997, S. 9 ff.
Arbeitnehmerähnliche Personen und Kündigungsschutz in Arbeitsrecht und Arbeitsgerichtsbarkeit, Bilanz und Perspektiven an der Schwelle zum Jahr 2000, Beitrag zur Festschrift zum 50-jährigen Bestehen der Arbeitsgerichtsbarkeit in Rheinland-Pfalz, Neuwied 1999, S. 311 ff.
Neues zur Arbeitnehmerhaftung durch § 619 a BGB?, BB 2002, S. 43 ff.

Olbing, Klaus
Neue Gefahren in der Besteuerung Freier Mitarbeiter, ZIP 1999, S. 226 ff.

Olenhusen, Albrecht Götz von
Medienarbeitsrecht für Hörfunk und Fernsehen, Konstanz 2004
Freie Mitarbeit in den Medien, Baden-Baden 2002

Palandt
Palandt, Kommentar zum Bürgerlichen Gesetzbuch, 65. Auflage, München 2006

Papier, Hans-Jürgen
Arbeitsmarkt und Verfassung, RdA 2000, S. 1 ff.

Picker, Eduard
Die Anfechtung von Arbeitsverträgen – Theorie und Praxis der höchstrichterlichen Judikatur; zugleich eine Auseinandersetzung mit der sog. Kündigungstheorie, ZfA 1981, S. 1 ff.

Preis, Ulrich
Arbeitsrecht, Verbraucherschutz und Inhaltskontrolle (Abdruck eines Kongressvortrags), NZA 2003, Sonderbeilage zu Heft 16, S. 19 ff.

Reidel, Katharina
>Die einstweilige Verfügung auf (Weiter-) Beschäftigung - eine vom Verschwinden bedrohte Rechtsform?, NZA 2000, S. 454 ff.

Reinecke, Gerhard
>Die gerichtliche Feststellung der Arbeitnehmer-Eigenschaft und ihre Rechtsfolgen für Vergangenheit und Zukunft, RdA 2001, S. 357 ff.
>Der Kampf um die Arbeitnehmereigenschaft – prozessuale, materielle und taktische Probleme, NZA 1999, S. 729 ff.
>Neudefinition des Arbeitnehmer-Begriffs durch Gesetz und Rechtsprechung?, ZIP 1998, S. 581 ff.

Reiserer, Kerstin
>Die Freie Mitarbeit ist wieder hoffähig, BB 2003, S. 1557 ff.

RGRK
>Kommentar zum Bürgerlichen Gesetzbuch unter besonderer Berücksichtigung der Rechtsprechung des Reichsgerichts und des Bundesgerichtshofs, Band II, Teil 3/2, §§ 621 – 630, 12. Auflage, Berlin 1997

Richardi, Reinhard
>Kommentar zum Betriebsverfassungsgesetz mit Wahlordnung, 9. Auflage, München 2004

Rieble, Volker; Klumpp, Steffen
>Widerrufsrecht des Arbeitnehmer-Verbrauchers?, ZIP 2002, S. 2153 ff.

Rost, Friedhelm
>Arbeitnehmer und arbeitnehmerähnliche Person im BetrVG, NZA 1999, S. 113 ff.

Rupp, Hans
>Verfassungsrechtliche Probleme des Status der Freien Mitarbeiter, RdA 1978, S. 11 ff., S. 17 ff.

Rüthers, Bernd
>Rundfunkfreiheit und Arbeitsrechtsschutz, RdA 1985, S. 129 ff.

Schaffeld, Burkhard
>Freie Mitarbeit bei den Medien, NZA 1999, Sonderheft, S. 10 ff., Tendenz steigend: Freie Mitarbeiter bei den Medien, AuA 1998, S. 408 ff.

Schaub, Günter
Handbuch Arbeitsrecht, 11. Auflage, München 2005

Schiefer, Bernd
Kündigungsschutz und Unternehmerfreiheit - Auswirkungen des Kündigungsschutzes auf die betriebliche Praxis, NZA, 2002, S. 770 ff.

Schmidt, Karsten
„Unternehmer" – „Kaufmann" – „Verbraucher"; Schnittstellen im „Sonderprivatrecht" und Friktionen zwischen §§ 13, 14 BGB und §§ 1 ff. HGB, BB 2005, S. 837 ff.

Schmidt, Klaus; Koberksi, Wolfgang; Tiemann, Barbara; Wascher, Angelika
Kommentar zum Heimarbeitsgesetz, 4. Auflage, München 1998

Schmitt-Rolfes, Günter
Versteht das Arbeitsrecht die Medienwelt?, ZUM-Sonderheft 2000, S. 634 ff.

Schubert, Claudia
Der Schutz der arbeitnehmerähnlichen Person - Zugleich ein Beitrag zum Zusammenwirken von Arbeits- und Wirtschaftsrecht mit den zivilrechtlichen Generalklauseln, Dissertation, München 2004

Schwab, Norbert; Weth, Stephan
Arbeitsgerichtsgesetz, Kommentar, 1. Auflage, Köln 2004

Schwarz, Günter Christian
Gesetzliche Schuldverhältnisse, 1. Auflage, München 2003

Seidel, Norbert
Der Medienmensch im Tarifvertrag – Was leisten Tarifverträge für Arbeitnehmerähnliche?, ZUM-Sonderheft 2000, S. 660 ff.

Söllner, Alfred
Ohne Arbeit kein Lohn, AcP 1967, Band 167, S. 132 ff.

Stahlhacke, Eugen; Preis, Ulrich; Vossen, Reinhard
Kündigung und Kündigungsschutz im Arbeitsverhältnis, 8. Auflage, München 2002

Staudinger

Einführungsgesetz zum Bürgerlichen Gesetzbuche, Art. 1, 2, 50-218 EGBGB, 13. Neubearbeitung, Berlin 1998

Erstes Buch, Allgemeiner Teil §§ 134 – 163, (Allgemeiner Teil 4), 14. Neubearbeitung, Berlin 2003

Zweites Buch, Recht der Schuldverhältnisse, Einleitung zu §§ 241 ff.; §§ 241 – 243, 13. Neubearbeitung, Berlin 1995

Zweites Buch, Recht der Schuldverhältnisse, §§ 255-304 (Leistungsstörungsrecht I), 15. Neubearbeitung, Berlin 2004

Zweites Buch, Recht der Schuldverhältnisse, §§ 611-615 (Dienstvertragsrecht 1), 14. Neubearbeitung, Berlin 2005

Zweites Buch, Recht der Schuldverhältnisse, §§ 616-630, 14. Neubearbeitung, Berlin 2002

Zweites Buch, Recht der Schuldverhältnisse, §§ 631-651 (Werkvertragsrecht), 15. Neubearbeitung, Berlin 2003

Zweites Buch, Recht der Schuldverhältnisse, §§ 812-822, 14. Neubearbeitung, Berlin 1999

Stebut, Dietrich von

Der Wegfall von Kündigungsgründen des Vermieters, NJW 1985, S. 289 ff.

Stern, Klaus

Das Staatsrecht der Bundesrepublik Deutschland, Band III, Teilband 1: Allgemeine Lehren der Grundrechte, 1. Auflage, München 1988

Storr, Peter

Abgrenzung zwischen Arbeitnehmer-Eigenschaft und Freie Mitarbeit, NWB Fach 26, S. 2187 ff., (22/1990)

Strick, Kerstin

Die Anfechtung von Arbeitsverträgen durch den Arbeitgeber, NZA 2000, S. 695 ff.

Tandler, Ernst

Scheinselbständigkeit, Arbeitnehmer im Arbeitsrecht und Sozialversicherungsrecht, NZA 1999, S. 19 ff.

Trittin, Wolfgang

Umbruch des Arbeitsverhältnisses: Von der Arbeitszeit zum Arbeitsergebnis, NZA 2001, S. 1003 ff.

Tschöpe, Ulrich
Betriebsbedingte Kündigung, BB 2000, S. 2630 ff.

Ullmann, Elke
Das urheberrechtlich geschützte Arbeitsergebnis - Verwertungsrecht und Vergütungspflicht, GRUR 1987, S. 6 ff.

Uthoff, Hayo; Deetz, Werner; Brandhofe, Ruth; Nöh, Birgit
Funktionsverluste des Rundfunks – Wirkungsanalyse der Festanstellungsrechtsprechung des Bundesarbeitsgerichts, Berlin 1980

Vahrenwald, Arnold
Recht in Online und Multimedia, Loseblatt, 6. Aktualisierung, Neuwied 2001

Volmer, Bernhard; Germelmann, Claas-Hinrich
Kommentar zum Jugendarbeitsschutzgesetz, 3. Auflage, München 1986

Voß, Peter
Eröffnungsrede für das Symposium „Freie Mitarbeit in den Medien", ZUM-Sonderheft 2000, S. 614 ff.

Waltermann, Raimund
Risikozuweisung nach den Grundsätzen der beschränkten Arbeitnehmerhaftung, RdA 2005, S. 98 ff.

Wank, Rolf
Abgrenzung Arbeitnehmer - Freier, DB 1992, S. 90 ff.
Arbeitnehmer und Selbständige, München 1988

Weber, Ulrich; Ehrich, Christian; Burmester, Antje
Handbuch der arbeitsrechtlichen Aufhebungsverträge, 3. Auflage, Köln 2002

Woltereck, Frank
Wo der Sozialstaat versagt: „Freie Mitarbeit", AuR 1973, S. 129 ff.

Wrede, Bearice
Bestand und Bestandsschutz von Arbeitsverhältnissen in Rundfunk, Fernsehen und Presse, NZA 1999, S. 1019 ff.

Zmarzlik, Johannes; Anzinger, Rudolf
Kommentar zum Jugendarbeitsschutzgesetz, 5. Auflage, München 1998

**Studien zum deutschen
und europäischen Medienrecht**

Herausgegeben von Dieter Dörr und Udo Fink
mit Unterstützung der Dr. Feldbausch Stiftung

Band 1 Peter Charissé: Die Rundfunkveranstaltungsfreiheit und das Zulassungsregime der Rundfunk- und Mediengesetze. Eine verfassungs- und europarechtliche Untersuchung der subjektiv-rechtlichen Stellung privater Rundfunkveranstalter. 1999.

Band 2 Dieter Dörr: Umfang und Grenzen der Rechtsaufsicht über die Deutsche Welle. 2000.

Band 3 Claudia Braml: Das Teleshopping und die Rundfunkfreiheit. Eine verfassungs- und europarechtliche Untersuchung im Hinblick auf den Rundfunkstaatsvertrag, den Mediendienste-Staatsvertrag, das Teledienstegesetz und die EG-Fernsehrichtlinie. 2000.

Band 4 Dieter Dörr, unter Mitarbeit von Mark D. Cole: *Big Brother* und die Menschenwürde. Die Menschenwürde und die Programmfreiheit am Beispiel eines neuen Sendeformats. 2000.

Band 5 Martin Stock: Medienfreiheit in der EU-Grundrechtscharta: Art. 10 EMRK ergänzen und modernisieren! 2000.

Band 6 Wolfgang Lent: Rundfunk-, Medien-, Teledienste. Eine verfassungsrechtliche Untersuchung des Rundfunkbegriffs und der Gewährleistungsbereiche öffentlich-rechtlicher Rundfunkanstalten unter Berücksichtigung einfachrechtlicher Abgrenzungsfragen zwischen Rundfunkstaatsvertrag, Mediendienstestaatsvertrag und Teledienstegesetz. 2001.

Band 7 Torsten Schreier: Das Selbstverwaltungsrecht der öffentlich-rechtlichen Rundfunkanstalten. 2001.

Band 8 Dieter Dörr: Sport im Fernsehen. Die Funktionen des öffentlich-rechtlichen Rundfunks bei der Sportberichterstattung. 2000.

Band 9 Dieter Dörr (Hrsg.): www.otello.de. Klassik nur noch im Internet oder per pay? Symposium aus Anlass des 85. Geburtstages von Professor Dr. Heinz Hübner. 2000.

Band 10 Markus Nauheim: Die Rechtmäßigkeit des Must-Carry-Prinzips im Bereich des digitalisierten Kabelfernsehens in der Bundesrepublik Deutschland. Illustriert anhand des Vierten Rundfunkänderungsstaatsvertrages. 2001.

Band 11 Stefan Sporn: Die Ländermedienanstalt. Zur Zukunft der Aufsicht über den privaten Rundfunk in Deutschland und Europa. 2001.

Band 12 Christian Ebsen: Fensterprogramme im Privatrundfunk als Mittel zur Sicherung von Meinungsvielfalt. 2003.

Band 13 Dieter Dörr / Stephanie Schiedermair: Rundfunk und Datenschutz. Die Stellung des Datenschutzbeauftragten des Norddeutschen Rundfunks. Eine Untersuchung unter besonderer Berücksichtigung der verfassungsrechtlichen und europarechtlichen Vorgaben. 2002.

Band 14 Dieter Dörr (Hrsg.): Rundfunk über Gebühr. Die Finanzierung des öffentlich-rechtlichen Rundfunks im Zeitalter der technischen Konvergenz. 3. Mainzer Mediengespräch. 2003.

Band 15 Dieter Dörr / Stephanie Schiedermair: Die Deutsche Welle. Die Funktion, der Auftrag, die Aufgaben und die Finanzierung heute. 2003.

Band 16 Frauke Blechschmidt: Das Instrumentarium audiovisueller Politik der Europäischen Gemeinschaft aus kompetenzrechtlicher Sicht. 2003.

Band 17 Christine Jury: Die Maßgeblichkeit von Art. 49 EG für nationale rundfunkpolitische Ordnungsentscheidungen unter besonderer Berücksichtigung von Art. 151 EG. Eine Untersuchung am Beispiel öffentlich-rechtlicher Spartenkanäle. 2005.

Band 18 Sabine Groh: Die Bonusregelungen des § 26 Abs. 2 S. 3 des Rundfunkstaatsvertrages. 2005.

Band 19　Sylke Wagner: Das *Websurfen* und der Datenschutz. Ein Rechtsvergleich unter besonderer Berücksichtigung der Zulässigkeit sogenannter *Cookies* und *Web Bugs* am Beispiel des deutschen und U.S.-amerikanischen Rechts. 2006.

Band 20　Stephanie Reese: Der Funktionsauftrag des öffentlich-rechtlichen Rundfunks vor dem Hintergrund der Digitalisierung. Zur Konkretisierung des Funktionsauftrages in § 11 Rundfunkstaatsvertrag. 2006.

Band 21　Henrike Maaß: Der Dokumentarfilm – Bürgerlichrechtliche und urheberrechtliche Grundlagen der Produktion. 2006.

Band 22　Dorit Bosch: Die „Regulierte Selbstregulierung" im Jugendmedienschutz-Staatsvertrag. Eine Bewertung des neuen Aufsichtsmodells anhand verfassungs- und europarechtlicher Vorgaben. 2007.

Band 23　Johannes Gerhard Reitzel: Arbeitsrechtliche Aspekte der Arbeitnehmerähnlichen im Rundfunk. 2007.

Band 24　Ulf Böge / Jürgen Doetz / Dieter Dörr / Rolf Schwartmann (Hrsg.): Wieviel Macht verträgt die Vielfalt? Möglichkeiten und Grenzen von Medienfusionen. 2007.

www.peterlang.de

Ji-Soon Park

Arbeitnehmer und arbeitnehmerähnliche Personen

Rechtliche Erfassung der Arbeitnehmerähnlichkeit im geltenden Recht einschließlich eines Beitrags für die rechtsvergleichende Untersuchung des Arbeitnehmerbegriffs im koreanischen Arbeitsrecht

Frankfurt am Main, Berlin, Bern, Bruxelles, New York, Oxford, Wien, 2004.
XX, 368 S.
Europäische Hochschulschriften: Reihe 2, Rechtswissenschaft. Bd. 3953
ISBN 978-3-631-52559-3 · br. € 56.50*

Seit kurzem stellt die dramatische Zunahme der zur Grauzone gehörenden „Scheinselbständigen" insbesondere im Dienstleistungssektor eine große Herausforderung für das geltende, sogenannte dreigeteilte Beschäftigungsmodell dar, das seit langem zur arbeitsrechtlichen Prämisse gehört hat. Im Mittelpunkt dieser Arbeit steht daher die Neubesinnung auf die Abgrenzung zwischen Arbeitnehmern, Arbeitnehmerähnlichen und Selbständigen. Sie untersucht vor allem die Möglichkeit einer allgemeinen Definition und die Identität der Schutzkomplexe der von der Rechtsordnung nicht ganz einheitlich umrissenen und von der Wissenschaft bislang ungenügend behandelten Rechtsfigur der Arbeitnehmerähnlichen in dogmatischer und systematischer Hinsicht. Dadurch zeigt die Arbeit, dass die Problematik der Scheinselbständigkeit, die sich aus dem wirtschaftlichen Charakter des Dienstnehmers ergibt, mit dieser Rechtsfigur in der geltenden Rechtsordnung gelöst werden kann. Darüber hinaus zeigt sie diese Tendenz auch in einer rechtsvergleichenden Untersuchung des koreanischen Arbeitsrechts.

Aus dem Inhalt: Entstehungsgeschichte des Arbeitsvertragsbegriffs · Struktur des BAG-Modells zum Arbeitnehmerbegriff · Alternativmodell nach der teleologischen Begriffsbestimmung · Arbeitnehmerbegriff in der Gegenwart · Merkmale der arbeitnehmerähnlichen Personen · u.v.m.

Frankfurt am Main · Berlin · Bern · Bruxelles · New York · Oxford · Wien
Auslieferung: Verlag Peter Lang AG
Moosstr. 1, CH-2542 Pieterlen
Telefax 00 41 (0) 32 / 376 17 27

*inklusive der in Deutschland gültigen Mehrwertsteuer
Preisänderungen vorbehalten
Homepage http://www.peterlang.de